全国高职高专土木工程专业系列规划教材

# 工程事故分析与处理

## （第二版）

崔千祥
张耀军　主　编

刘经强
周翠玲　副主编
王志军

科学出版社

北　京

# 内 容 简 介

本书为《全国高职高专土木工程专业系列规划教材》之一。书中系统地介绍了建筑工程事故的类别、原因分析及处理方法等。内容包括：建筑物的检测和可靠性鉴定；地基、基础工程的事故处理；钢筋混凝土结构事故处理；砌体结构事故处理；钢结构事故处理；渗漏事故处理；旧房的增层与改造等。全书内容密切联系实际，针对工程中常见的质量事故，详尽地分析了其原因及处理方法，并列举了一些工程实例。

本书可作为高等工程专科学校、高等职业技术学院、成人教育学院等的土木工程专业的教材或教学参考书，也可供勘察设计、建筑施工、建设监理和房屋修缮及管理的人员使用。

图书在版编目（CIP）数据

工程事故分析与处理/崔千祥,张耀军主编.—02 版.北京:科学出版社,2007

（全国高职高专土木工程专业系列规划教材）

ISBN 978-7-03-018346-0

Ⅰ.工…　Ⅱ.①崔…②张…　Ⅲ.建筑工程-工程事故-事故分析-高等学校:技术学校-教材　Ⅳ.TU712

中国版本图书馆 CIP 数据核字(2006)第 157813 号

责任编辑:童安齐　彭明兰 / 责任校对:柏连海
责任印制:吕春珉 / 封面设计:耕者设计工程室

**科 学 出 版 社** 出版
北京东黄城根北街 16 号
邮政编码:100717
http://www.sciencep.com

铭浩彩色印装有限公司 印刷
科学出版社发行　　各地新华书店经销

*

2002 年 7 月第　一　版　开本:B5(720×1000)
2002 年 7 月第一次印刷　印张:19
2007 年 1 月第　二　版　字数:369 000
2017 年 5 月第十五次印刷

定价:36.00元
（如有印装质量问题，我社负责调换〈铭浩〉）

销售部电话 010-62136230　　编辑部电话　010-62137026(VA03)

# 第二版前言

本书作为高职高专土木工程专业系列规划教材之一,自 2002 年出版以来,对推进高职高专土木工程专业的课程建设和教学改革起到了积极的推动作用。鉴于本学科的迅速发展和技术的进步以及人才培养的要求,通过对四年的教学实践的总结,我们对本书作了适当的补充与修改,以更好地适应本课程教学的需要。

在充分吸纳读者的批评和建议的基础上,我们对本教材从以下方面进行了修订:

第一,资料更新。近几年,国家对建筑结构的设计和施工的标准和规范陆续作了修订。据此,书中的相关内容根据新的标准、规范进行了修正。

第二,内容增加。在混凝土结构的事故处理一章中,增加了用碳纤维布加固梁的内容,并增加了钢结构事故处理的相关内容。

第三,错误纠正。改正了第一版中的错误,包括作者疏忽、排印错误等。

本书由崔千祥、张耀军主编,刘经强、周翠玲、王志军副主编。参加编写的人员有:山东农业大学崔千祥(第二、八章),张耀军(第三章),刘经强(第七章),周翠玲(第一、九章);河北邢台职业技术学院王志军(第四章 4.1～4.6 节);华北矿业高等专科学校李维安(第四章 4.7～4.9 节);华北航天工业学院李兵(第五章);河北科技师范学院董艳英(第六章)。

由于编者水平有限,书中难免有不妥之处,敬请广大读者批评指正。

# 第一版前言

改革开放以来,我国的建筑业呈现出欣欣向荣的新气象。随着大规模基本建设的开展,建筑业将逐步成为国民经济的支柱产业之一。

建筑工程质量的优劣,是直接关系国家和人民生命财产的重大问题。近年来,我国的建筑和结构的设计、施工技术和管理水平都有了很大的发展和提高,但由于各方面的原因,建筑工程质量仍存在许多问题,重大工程事故时有发生。在已有的建筑物中,很多是20世纪六七十年代建造的。经过几十年的使用,已有不同程度的损伤或老化,有的已不能满足使用要求。对这些建筑物予以加固和改造,使其继续发挥效益,是摆在建筑业面前的重要问题。

综上所述,工程质量事故是建筑工程的设计、施工和使用中较常见的问题。正确处理工程质量事故,既是搞好工程建设的需要,更是一个称职的工程技术人员必须掌握的一项基本技能。

根据高职高专的教育特点,结合社会对技术人才的要求,本着提高学生素质和技能的原则,在多年教学实践的基础上,我们编写了《工程事故分析与处理》。书中内容力求具有针对性和实用性,并能反映建筑技术的最新成果。

本书由崔千祥担任主编,刘经强、周翠玲、王志军担任副主编。参加本书编写的有:山东农业大学崔千祥(第二、七章),刘经强(第六章),周翠玲(第一、八章);河北邢台职业技术学院王志军(第四章4.1~4.6节);华北矿业高等专科学校李维安(第四章4.7~4.9节);华北航天工业学院李兵(第五章);山东大学张敬明(第三章)。同济大学徐伟教授审阅了本书,提出许多宝贵意见,特在此表示衷心的感谢。

本书编写过程中,得到了有关院校老师的大力帮助,参考了许多文献,并引用了有关书刊中的资料,谨向这些老师和文献的作者表示感谢。

由于水平所限,书中难免有不妥和错误之处,敬请读者批评指正。

# 目　录

# 第一章　绪　　论

在建筑工程中,由于勘察、设计、施工、使用等方面存在某些失误,以及自然灾害等原因,工程出现了结构强度降低,刚度和稳定性不足及使用功能、建筑外观受到严重影响等问题。这些问题不仅影响建筑工程的正常使用,严重的还将导致工程报废,给国家财产造成巨大损失甚至危及人民的生命安全。因此,对工程质量存在的问题,采取有效的措施加以预防和处理,是一个不可忽视的问题。

## 1.1　工程质量事故类别与常见原因

### 1.1.1　工程质量事故

《建筑法》规定,"建筑工程勘察、设计、施工的质量必须符合国家有关建筑工程安全标准的要求","建筑物在合理使用寿命内,必须确保地基基础和主体结构的质量","交付竣工验收的建筑工程,必须符合规定的建筑工程质量标准"。

建筑工程的分部工程和单位工程,凡是不符合规定的建筑工程质量标准者,均应视为存在质量问题。这些质量问题在《建筑法》中划分为质量事故和质量缺陷两类。任何单位和个人都有权对质量事故、质量缺陷进行检举、控告和投诉。

建设部有关文件规定:凡质量达不到合格标准的工程,必须进行返修、加固或报废。由此造成的直接经济损失在100 000元以上的称为重大质量事故;直接经济损失在100 000元以下、5000元以上(含 5000 元)的为一般工程质量事故;不足5000 元的列为质量问题。

以上所述达不到质量标准,一般是指按照国家标准《建筑安装工程质量检验评定统一标准》(GBJ300-88)和《建筑工程质量检验评定标准》(GBJ301-88)对在建或建成工程进行检查验收,达不到合格的标准;或者建筑结构的功能达不到《建筑结构可靠度设计统一标准》(GB50068-2001)的规定者。

在工程实践中,工程质量的缺陷经常发生,把各种缺陷都称为事故是不妥当的。因为有些缺陷不仅不易避免,而且规范也允许,例如,普通混凝土结构的受拉区出现宽度不大的裂缝,只要不影响建筑物正常使用,能达到建筑功能的要求,就不应算为质量事故。但是应该注意,有些事故开始往往只表现为一般的质量缺陷,易被忽视,随着建筑物的使用或时间的推移,缺陷逐步发展,待发现问题严重时,则往往很难处理,或无法补救,甚至最终导致建筑物倒塌。因此,除了明显不会有严重后果的质量缺陷外,对其他的质量问题均应认真分析,进行必要的处理,并做出明确的结论。

已有的工程由于功能改变、加层、改造等原因,致使结构或构件不能满足有关规范的要求,尽管不属于一般意义上的事故,但其后续处理工作同事故的处理有许多相同或相似之处,故书中将其一并论述。

### 1.1.2 工程质量事故类别

工程质量事故的分类方法很多,如按事故原因、发生时期、造成的危害及事故处理方式等都可进行分类。按事故性质分类,主要有以下7类。

倒塌事故:指建筑物整体或局部倒塌。

开裂事故:包括砌体或混凝土结构开裂。

错位事故:包括建筑物方向、位置错误,结构构件尺寸、位置偏差过大及预埋件、预留洞等错位偏差超过规定等。

地基工程事故:地基失稳或变形、斜坡失稳等。

基础工程事故:包括基础错位、变形过大、强度不足、设备基础振动过大等。

结构或构件承载力不足事故:主要指因承载力不足留下的隐患性事故。如混凝土结构中漏放或少放钢筋,钢结构中杆件连接达不到设计要求等。

建筑功能事故:包括房屋漏水、渗水,隔热或隔声功能达不到设计要求,装饰工程质量达不到标准等。

### 1.1.3 工程质量事故的主要原因

造成工程质量事故的主要原因有9种,分别介绍如下。

(1) 违反基本建设程序

如不作可行性研究即搞项目建设,无证设计或越级设计,无图施工,越级承包工程,盲目蛮干等均可造成事故。

(2) 地质勘察问题

如不认真进行地质勘察,随便估计地基承载力;勘测钻孔间距太大、深度不够、勘察报告不详细、不准确等,不能全面、准确地反映地基的实际情况,导致基础设计错误等。

(3) 设计计算问题

如结构方案不正确,结构计算简图与实际受力情况不符,少算或漏算荷载,内力计算错误,结构构造不合理等。

(4) 建筑材料、制品质量低劣

如结构材料力学性能不符合标准,化学成分不合格;水泥标号不足,安定性不合格;钢筋强度低、塑性差;混凝土强度达不到要求;防水、保温、隔热、装饰等材料质量不良等。

（5）建筑物使用不当

如未经核算就在原有建筑物上加层；任意改变用途，加大设备荷载；在结构或构件上凿各种孔洞、沟槽；不清除屋面上大量的积灰，不进行必要的维修等。

（6）施工中忽视结构理论

如不懂土力学原理，盲目施工，造成不应发生的塌方、移位或裂缝；不能正确区别构件在使用和施工阶段的受力性质；忽视砌体工程施工阶段的稳定性；对装配式结构施工中各阶段的强度、刚度和稳定性认识不足；施工荷载不控制，造成严重超载；不验算悬挑结构在施工中的强度和稳定性；模板、支撑以及脚手架设置不当等。

（7）施工工艺不当

如土方开挖、回填没有合理的安全、技术措施；各分项工程施工顺序组织不合理；砌体工程组砌方法不当而出现通缝；混凝土拆模时间太早，造成裂缝或者局部倒塌；防水细部不按规程操作等。

（8）施工组织管理不善

不熟悉图纸，盲目施工；任意修改设计；不按施工规程操作；对进场材料与制品不按规定检查验收；没有健全的各级技术责任制等管理制度；施工方案考虑不周，技术组织措施不当；土建与其他各专业施工单位配合协调差等。

（9）灾害性事故

如地震、大风、大雪、火灾、爆炸等引起的整体失稳、倒塌事故。

# 1.2　质量事故处理的任务与特点

## 1.2.1　事故处理的主要任务

技术范畴的质量事故处理的主要任务有 6 项。

（1）创造正常施工条件

工程质量事故大多数发生在施工期，而且事故往往影响施工的正常进行。只有及时、正确地处理事故，才能创造正常的施工条件。

（2）确保建筑物安全

对结构裂缝、变形等明显的质量缺陷，必须做出正确的分析、鉴定，估计可能出现的发展变化及其危害性，并进行适当处理，以确保结构安全。对结构构件中的隐患，如混凝土或砂浆强度不足，构件中漏放钢筋或钢筋严重错位等事故，都要从设计、施工等方面进行周密的分析和必要的计算，并采用适当的处理措施，排除这些隐患，保证建筑物安全使用。

（3）满足使用要求

建筑物尺寸、位置、净空、标高等方面的过大误差事故，隔热保温、隔声、防水、防火等建筑功能事故，以及损害建筑物外观的装饰工程事故等，均可能影响功能或使用要求,因此必须予以适当的处理。

（4）保证建筑物具有一定的耐久性

有些质量事故虽然在短期内不影响使用和安全,但可能降低耐久性。如混凝土构件中的较宽裂缝、混凝土密实性差、钢构件防锈质量差等,均可能减少建筑物使用年限,也必须进行适当处理。

（5）防止事故恶化,减小损失

很多质量事故随时间和外界条件而变化,必须及时采取措施,避免事故不断扩大造成不应有的损失。如持续发展的过大的地基不均匀沉降、混凝土和砌体受压区宽度不大的裂缝等均应及时处理,防止发展成倒塌造成人身伤亡事故。

（6）有利于工程交工验收

施工中发生的质量事故,必须在后续工程施工前对事故原因、危害、是否处理、处理方法等问题做出必要的结论,并使有关方面达成共识,做好记录备案,各方签字,避免到交工验收时发生不必要的争议而延误工程的使用。

### 1.2.2　质量事故处理的特点

与新建工程的施工相比,工程质量事故的处理有其特殊性,主要表现在以下6点。

（1）复杂性

由于建筑物种类繁多,使用功能不同,建筑物所处环境条件不同,造成事故处理施工中出现复杂的技术问题。如果事故发生在使用阶段,还涉及使用方面的问题。同一形态的事故,其产生的原因、性质及危害程度会截然不同。所有这些众多的因素,造成质量事故处理的复杂性。

（2）危险性

除了事故的复杂性给其处理工作带来的危险性外,还有以下两个方面的危险因素:一是有些事故随时可能诱发建筑物的突然倒塌;二是事故排除过程中,也可能造成事故恶化或人员伤亡。

（3）连锁性

处理建筑物局部质量事故的同时,应考虑修复工程对下部结构乃至地基的影响。如板承载力不足的加固,往往引起从板、梁、柱到基础的连锁性加固。

（4）选择性

同一事故的处理方法和处理时间可有多种选择。在处理时间方面,一般均应及时进行处理,但也有些事故,匆忙处理,不能取得预期的效果,甚至造成事故重复处理。在处理方案方面,要综合考虑安全性、经济性、可行性、方便程度、可靠性等因素,分析比较后选定最优方案。

（5）技术难度大

通常修复补强工程比新建工程的技术难度大得多。因此除了正确分析事故原因并提出有针对性的措施外,还必须严格控制事故处理设计、施工准备和操作、检查验收以及处理效果检验等项工作的质量。

(6)高度的责任性

事故处理不仅涉及结构安全和建筑功能等方面的技术问题,而且还牵涉到单位之间的关系和人员处理,所以事故处理必须十分慎重。

## 1.3 质量事故处理的原则与要求

### 1.3.1 事故处理必须具备的条件

质量事故处理必须具备以下 6 项条件。

(1)事故情况清楚

一般包括事故发生的时间、部位,事故状况的描述。有必要的图纸说明,事故观测记录和发展变化规律等。

(2)事故性质明确

确定事故性质,主要应明确区分以下 3 个问题。

1)是结构性的还是一般性的问题。如建筑物裂缝是由承载力不足引起的,还是地基不均匀沉降或温度变形而造成的;又如构件产生过大的变形,是结构刚度不足还是施工缺陷造成的等。

2)是表面性的还是实质性的问题。如混凝土表面出现蜂窝麻面,就需要查清内部有无孔洞;又如结构裂缝,应查明裂缝深度,对钢筋混凝土结构,还要查明钢筋锈蚀情况等。

3)区分事故处理的迫切程度。事故是否需要立即处理,如不及时处理,建筑物(或结构)会不会突然倒塌,是否需要采取防护措施,以免事故扩大恶化。

(3)事故原因分析准确、全面

要对事故原因进行准确全面的分析。如地基承载力不足造成事故,应该查清是地基土质不良还是地下水位变化,或者出现侵蚀性环境;是原地质勘察报告不准,还是发现新的地质构造,或是施工工艺或组织管理不善而造成等。又如结构构件承载力不足,是设计截面偏小,还是施工质量差,或是超载。

(4)事故评价基本一致

对发生事故部分的建筑结构质量进行评价,包括建筑功能、结构安全、使用要求及对施工的影响等评价。要根据实测的资料,结合工程实际构造等情况进行结构验算,有的还要做荷载试验,确定结构实际性能。在进行上述工作时,有关各单位的评价应基本达成一致。

(5)处理目的和要求明确

常见的处理目的要求有:恢复夕观、防渗堵漏、封闭保护、复位纠偏、减少荷载、结构补强、拆除重建等。

（6）事故处理所需资料齐全

包括有关施工图纸、施工原始资料（材料质量证明、施工记录、试块试验报告、检查验收记录等），事故调查报告，有关单位对事故处理的意见和要求等。

### 1.3.2　质量事故处理的注意事项

（1）综合治理

首先要防止原有事故的处理引发新的事故；其次注意处理方法的综合应用，以便取得最佳效果。如构件承载力不足，不仅可选择补强加固方案，还可考虑结构卸载、增设支撑、改变结构组成等多种方案或其综合应用。

（2）消除事故的根源

这不仅是一种处理方向和方法，而且还是防止事故再次发生的重要措施。如超载引起的事故，应严格控制施工或使用荷载；地基浸水引起地基下沉，首先应切断浸水来源等。

（3）事故处理期的安全

事故处理期间的安全，一般应注意以下 4 个方面。

1）随时可能发生倒塌事故的，只有得到可靠支护后，方准许进行事故处理，以防发生人员伤亡。

2）对需要拆除的结构部分，应在制定安全措施后，方可开始拆除工作。

3）凡涉及结构安全的，都应对处理阶段的结构强度和稳定性进行验算，提出可靠的安全措施，并在处理中严密监视结构的稳定性。

4）在不卸载情况下进行结构加固时，要注意加固方法对结构承载力的影响。

（4）加强事故处理的检查验收工作

为确保事故处理的工程质量，必须从准备阶段开始，对各施工环节进行严格的质量检查验收。处理工作完成后，还应对处理工程的质量进行全面检验，以确认处理效果。

### 1.3.3　不需处理的质量事故

有些工程质量问题，虽已超出规范的规定而构成事故，但不会影响到结构的安全。可以针对工程的具体情况，通过分析论证，从而作出不需要专门处理的结论。常见的有以下 5 种情况。

（1）不影响结构安全和正常使用

如有的错位事故，如要纠正，困难很大或造成巨大经济损失，经过全面分析论证，只要不影响生产工艺和正常使用，可以不作处理。

（2）施工质量检验存在问题

如有的混凝土结构检验强度不足，是因为试块制作、养护、管理不善，其试验结果并不能真实地反应结构混凝土质量。在采用非破损检验等方法测定结构实际强度已达到设计要求时,可不作处理。

(3) 不影响后续工程施工和结构安全

如后张法制作预应力屋架,下弦产生细微裂缝等局部缺陷,只要经过分析验算,证明施工中不会发生问题,就可继续施工。因为一般情况下,下弦混凝土截面中的施工应力大于正常的使用应力,只要通过施工的考验,使用时不会发生问题,不需专门处理,仅进行表面修补即可。

(4) 利用后期强度

有的混凝土强度虽未达到设计要求,但相差不多,同时短期内不会满荷载(包括施工荷载),此时可考虑利用混凝土后期强度,只要使用前达到设计强度,也可不作处理,但应严格控制施工荷载。

(5) 通过对原设计进行验算可以满足安全要求

基础或结构构件截面尺寸不足,或材料力学性能达不到设计要求,而影响结构承载力,可以根据实测的数据,结合设计的要求进行验算。如仍能满足安全要求,并经设计单位同意后,可不进行处理。但应指出,这是在挖设计潜力,需特别慎重。

不论何种情况,事故虽然可以不进行处理,但仍必须征得设计及有关单位的同意,并备好必要的书面文件,经有关单位签证后,供交工和使用参考。

# 1.4  事故处理的程序与主要内容

工程质量事故处理的一般程序为:事故调查→事故原因分析→结构可靠性鉴定→事故调查报告→确定处理方案→事故处理设计→处理施工→检查验收→结论。

### 1.4.1  事故调查

事故调查内容包括勘察、设计、施工、使用及环境条件等方面的调查,一般可分为初步调查、详细调查和补充调查。

(1) 初步调查

初步调查的内容包括以下 4 项。

1) 工程情况。建筑物所在场地的特征,如临近建筑物情况、有无腐蚀性环境条件等,建筑结构主要特征,事故发生时工程的现场情况或工程使用情况等。

2) 事故情况。发现事故的时间和经过,事故现状和实测数据,从发现到调查时的事故发展变化情况,人员伤亡和经济损失,事故的严重性(是否危及结构安全)和迫切性(不及时处理是否会出现严重后果)以及是否对事故进行过处理等。

3) 设计资料。设计图纸(建筑、结构、水电、设备)和说明书,工程地质和水文地质勘测报告等。

4）其他资料。建筑材料及成品等的合格证和检验报告；施工原始记录；已交工的工程应调查其用途、使用荷载等有关情况。

（2）详细调查

详细调查包括如下 7 项内容。

1）设计情况。设计单位资质，图纸是否齐全，设计构造是否合理，结构计算简图和计算方法及结果正确与否。

2）地基基础情况。地基实际状况，基础构造尺寸和勘察报告，设计要求是否一致。必要时应开挖检查。

3）结构实际状况。结构布置、构造连接方法、构件状况等。

4）结构上各种作用的调查。主要调查结构上的作用及其效应，以及作用效应组合的分析。必要时进行实测统计。

5）施工情况。施工方法、施工规范执行情况，施工进度，施工荷载的统计分析。

6）建筑物变形观测。沉降观测记录，结构或构件变形观测记录等。

7）裂缝观测。裂缝形状与分布特征，裂缝宽度、长度、深度及裂缝的发展变化规律等。

（3）补充调查

补充调查往往需要补做某些试验、检验和测试工作，通常包括以下 5 个方面的工作。

1）对有怀疑的地基进行补充勘测。如持力层以下的地质情况；原勘测孔之间的地质情况等。

2）测定所用材料的实际性能。如取钢材、水泥进行物理试验、化学分析；在结构上取试样，检验混凝土或砖砌体的实际强度；用回弹仪、超声波和射线进行非破坏性检验。

3）建筑物内部缺陷的检查。如用锤击结构表面，检查有无起壳和空洞；凿开可疑部位的表层，检查内部质量；用超声波探伤仪测定结构内部的孔洞、裂缝和其他缺陷等。

4）荷载试验。根据设计和使用要求，对结构或构件进行荷载试验，检查其实际承载能力、抗裂性能与变形情况。

5）较长时期的观测。对建筑物已出现的缺陷进行较长时间的观测检查，以确定缺陷是否已经稳定，还是在继续发展，并进一步寻找其发展变化的规律等。

实践表明，许多事故要依据补充调查的资料才可以进行分析与处理，所以补充调查的重要作用不可忽视。但是补充调查项目既费事又费钱，只在已调查资料还不能满足分析、处理事故要求时，才做一些必要的补充调查。

### 1.4.2 事故原因分析

事故原因的分析应建立在事故调查的基础上，其主要目的是分清事故的性质、类别及其危害程度,为事故处理提供必要的依据。因此,原因分析是事故处理工作程序中的一项关键工作。在进行原因分析时,应着重弄清以下 3 个事项。

（1）确定事故原点

事故原点是事故发生的初始点,如房屋倒塌开始于某根柱的某个部位等。事故原点的状况往往反映出事故的直接原因。因此,在事故分析中,寻找与分析事故原点非常重要。找到事故原点后,就可围绕它对现场上各种现象进行分析,把事故的发生和发展全部揭示出来,从中找出事故的直接原因和间接原因。

（2）正确区别同类型事故的不同原因

同类型的事故,其原因会不同,有时差别很大。要根据调查的情况对事故进行认真、全面的分析,找出事故的根本原因。

（3）注意事故原因的综合性

不少事故,尤其是重大事故的原因往往涉及设计、施工、材料、制品质量和使用等几个方面。在事故原因分析中,要全面估计各种因素对事故的影响,以便采取综合治理措施。

### 1.4.3　结构可靠性鉴定

结构可靠性是指结构在规定的时间内、规定的条件下完成预定功能的能力,包括安全性、适用性和耐久性。结构可靠性鉴定,就是根据事故调查取得的资料,对结构的安全性、适用性和耐久性进行科学的评定,为事故的处理决策确定方向。

可靠性鉴定是在实测数据的基础上,按照国家现行标准(如《建筑结构荷载规范》(GB50009-2001)《混凝土结构设计规范》(GB50010-2002)等)的规定,对结构进行验算,最后做出结构可靠程度的评价。

结构可靠性鉴定结论一般白专门从事建筑物鉴定的机构做出。

### 1.4.4　事故调查报告

为满足事故处理的要求,事故调查报告应包括下述主要内容:工程概况,重点介绍与事故有关部分的工程情况;事故概况,主要包括事故发生或发现时间、事故现状和发展变化情况;事故是否已进行过处理,包括对缺陷部分进行的封堵、为防止事故恶化而设置的临时支护措施;如已进行过处理,但未达到预期效果,也应予以注明;事故调查中的实测数据和各种试验数据;事故原因分析;结构可靠性鉴定结论;事故处理的建议等。

### 1.4.5　确定处理方案

质量事故处理方案应根据事故调查报告、实地勘察结果和确认的事故性质以及用户的要求确定。同类型和同一性质的事故可选用不同的处理方案。如结构或构件承载力不足,可采用结构卸载,或通过改变结构受力体系以减小结构内力,或用结构补强等方案处理。在选用处理方案时,应遵循前面提到的原则,尤其应该重视工程实际条件,以确保处理工作顺利进行和处理效果的可靠。

### 1.4.6　事故处理设计

事故处理设计应注意以下 3 个事项:

(1) 应按照有关设计规范的规定进行

设计应按照有关设计规范的规定进行,对各种作用(包括处理施工中的作用)的影响均要考虑全面,不得遗漏。

(2) 考虑施工的可行性

事故处理设计除了选用合理的构造措施和按照结构上的实际作用,进行承载力、正常使用功能等方面的设计计算外,还应考虑施工方法和施工方案的可行性,以确保处理质量和安全。

(3) 重视结构环境的不良影响

事故处理设计时,对高温、腐蚀、冻融、振动等环境原因造成的结构损坏,气温变化引起的结构裂缝和渗漏等,均应提出相应的处理对策,防止事故再次发生。

### 1.4.7　事故处理施工

事故处理施工应严格按照设计要求和有关标准、规范的规定进行,并应注意以下 5 个事项:

(1) 把好材料质量关

事故处理所用材料的质量应符合有关材料标准的规定。选用的复合材料,如树脂混凝土、微膨胀混凝土、喷射混凝土、化学灌浆材料、粘结剂等均应在施工前进行试配,并检验其物理力学性能,确保处理质量和施工的顺利进行。

(2) 认真复查事故实际状况

事故处理施工中,如发现事故情况与调查报告中所述内容差异较大,应停止施工,会同设计等单位采取适当措施后再施工。施工中若发现原结构的隐蔽工程有严重缺陷,可能危及结构安全时,也应立即采取适当的支护措施,或紧急疏散现场人员。

(3) 做好施工组织设计

事故处理前,要认真编制施工方案或施工组织设计,对施工工艺、质量、安全等提出具体措施,并进行技术交底。

(4) 加强施工检查

要根据有关规范的规定,认真检查原材料、半成品的质量,混凝土和砂浆强度以及施工质量等。其中尤应着重检查节点质量和新旧混凝土连接的质量。质量检查应从施工准备开始,直至竣工验收,及时办理隐蔽工程的必要的中间验收记录。

(5) 确保施工安全

事故现场中不安全因素较多,另外还有处理时必须做的局部拆除或剔凿等新增加的危险因素,处理所用材料多数有毒或有腐蚀性等,因此事故处理前必须制定可靠的安全技术和劳动保护措施,并在施工中严格贯彻执行。

### 1.4.8 工程验收和处理效果检验

事故处理工作完成后,应根据规范规定和设计要求进行检查验收,并办理交工验收文件。

为确保处理效果,凡涉及结构承载力等使用安全和其他重要性的处理工作,常需做必要的试验、检验工作。常见的检验工作有:混凝土钻芯取样,用于检查密实性和裂缝修补效果或检测实际强度;结构荷载试验;超声波检测焊接或内部质量;池、罐等工程的渗漏检验等。

### 1.4.9 事故处理结论

工程质量事故经过处理后,都应有明确的书面结论。若对后续工程施工有特定的要求,或对建筑物使用有一定的限制条件,也应明确地在结论中提出。

## 思 考 题

1.1 建筑工程质量事故是如何分类的?

1.2 事故处理的主要任务是什么?

1.3 处理工程质量事故要注意哪些问题?

1.4 事故处理的程序及主要内容有哪些?

# 第二章　建筑物的检测和可靠性鉴定

施工中或使用中出现事故的建筑物(或结构构件),对其进行处理前,首先要由专业鉴定机构或组织进行全面的质量检测,并做出可靠性鉴定结论,为事故的处理提供依据。本章介绍建筑物的检测内容和鉴定方法。

## 2.1　钢筋混凝土结构的检测

钢筋混凝土结构具有承载力大、整体性能好等优点,是工程上广泛应用的结构类型。由于设计、施工和使用中的种种原因,会存在各种不同的质量问题。房屋功能的改变,厂房生产工艺的变化,均会增加建筑结构的荷载;突然出现的灾害,如火灾、地震等,更易使结构受到损坏。对其进行的检测是质量鉴定、加固补强的必要前提。这类检测,是在已有构件上直接检测,要尽量不损伤或少损伤混凝土构件,但又要达到规定的检测精确度,因此存在一定的难度。

### 2.1.1　结构构件的外观和位移检查

建筑结构的外观特征能大致反映出它本身的使用状况。如构件由于各种原因承受过大荷载,会在混凝土表面出现裂缝或剥落;钢筋混凝土构件中的钢筋锈蚀则产生沿钢筋方向的裂缝;柱子倾斜,会使其偏心受压以致失稳倒塌。因此对混凝土结构的外观和变形、位移的测定应予以重视。

1. 结构构件的外形尺寸

结构构件的尺寸,直接关系到构件的刚度和承载力。准确度量构件尺寸,可以为结构验算提供可靠的资料。

用钢尺测量构件长度,并分别测量构件两端和中部的截面尺寸,确定构件的高度和宽度。构件尺寸的允许偏差,如设计上无特殊要求时,应符合《混凝土结构工程施工及验收规范》(GB50204-2002)的规定(见表2.1)。

表 2.1　构件尺寸的允许偏差

| 构　件　名　称 | 项　目 | 允许偏差/mm |
|---|---|---|
| 板、梁<br>柱<br>墙板<br>薄腹梁、桁架 | 长　度 | +10, -5<br>+5, -10<br>±5<br>+15, -10 |
| 板、梁、柱、墙板、薄腹梁、桁架 | 宽　度 | ±5 |
| 板、梁、柱、墙板、薄腹梁、桁架 | 高　度 | ±5 |

## 2. 构件表面蜂窝面积

蜂窝是指混凝土表面无水泥砂浆,露出石子深度大于 5mm,但小于保护层厚度的缺陷。它是由于混凝土配比中砂浆少石子多、砂浆与石子分离、混凝土搅拌不匀、振捣不实及模板露浆等多种原因造成的。可用钢尺或百格网量取蜂窝的面积。

根据《建筑工程质量检验评定标准》(GBJ301-88),检查按梁、柱和独立基础的件数各抽查 10%,但不得少于 3 件;条形基础、圈梁每 30～50m 抽查一处(每处 3～5m),但不少于 3 处;墙和板按有代表性的自然间抽查 10%;墙每 4m 左右高为一个检查层,每层 1 处,板每间为 1 处,但均不少于 3 处。蜂窝在梁、柱上一处不大于 1000cm² ,累计不大于 2000cm² 为合格;基础、墙、板上一处不大于 2000cm² ,累计不大于 4000cm² 为合格。

## 3. 构件表面的孔洞和露筋缺陷

孔洞是指深度超过保护层厚度,但不超过截面尺寸 1/3 的缺陷。它是由于混凝土浇筑时漏振或模板严重漏浆所致。检查数量与检查混凝土表面蜂窝面积数量相同。检查方法为凿去孔洞周围松动石子,用钢尺量取孔洞的面积及深度。梁、柱上的孔洞面积任何一处不大于 40cm² ,累计不大于 80cm² 为合格;基础、墙、板上的孔洞面积任一处不大于 100cm² ,累计不大于 200cm² 为合格。

露筋是指钢筋没有被混凝土包裹而外露的缺陷。它是由于钢筋骨架放偏、混凝土漏振或模板严重漏浆所致。旧建筑物的露筋还可能是由于混凝土表层碳化、钢筋锈蚀膨胀致使混凝土保护层剥落形成。检查数量与检查混凝土表面蜂窝面积的数量相同。用钢尺量取钢筋外露长度。梁、柱上每个检查件(处)任何一根主筋露筋长度不大于 10cm,累计不大于 20cm 为合格,但梁端主筋锚固区内不允许有露筋。基础、墙、板上每个检查件(处)任何一根主筋露筋长度不大于 20cm,累计不大于 40cm 为合格。

## 4. 混凝土裂缝

钢筋混凝土结构出现裂缝难以避免。形成混凝土裂缝的原因很多,荷载超载、地基沉降引起裂缝;温差变化、混凝土收缩等产生裂缝;养护方法不当和过早拆模也产生裂缝等。《混凝土结构设计规范》(GB50010-2002)中规定,一般非预应力结构中的屋架、托架和重级工作制吊车梁的裂缝宽度不大于 0.2mm,其他非预应力结构构件的裂缝宽度不大于 0.3mm。

用钢尺度量裂缝长度;用刻度放大镜、塞尺或裂缝宽度比测表检测裂缝的宽度。

## 5. 构件的搭接长度

楼板放在梁上,梁放在柱子上,都有一定的搭接长度。搭接长度不足,会引起局部破坏,严重者导致构件整体破坏。匀构构件的搭接长度用钢尺直接量取。

6. 构件的挠度和垂直度

结构构件在荷载的作用下产生变形,其竖向变形(挠度)应不超过规范的规定。构件竖向变形的大小可用钢丝拉线和钢尺量测。

柱子、屋架、大型墙板的垂直度通常用线锤、钢尺或经纬仪量测。按照《混凝土结构工程施工质量验收规范》(GB50204-2002)的规定,构件垂直度允许偏差不得超过表2.2的数值。

表 2.2　构件垂直度允许偏差

| 名　　　　称 | | 允　许　偏　差/mm |
| --- | --- | --- |
| 柱高≤5m | | 5 |
| 柱高>5m | | 10 |
| 柱高≥10m 的多节柱 | | 1/1000 标高但不大于 20 |
| 桁架屋架、拱形屋架 | | 1/250 屋架高 |
| 薄腹梁屋架 | | 5 |
| 托架梁 | | 10 |
| 大型墙板 | 每层山墙倾斜 | 2 |
| | 建筑物全高 | 10 |

## 2.1.2　结构混凝土中钢筋质量的检验

在进行结构安全性验算时,需要按原设计资料和构件承受的荷载进行计算。如对构件中钢筋的数量和质量有怀疑时,可对钢筋的材质、配筋数量、规格和锈蚀程度进行检验。

1. 钢筋的材质

钢筋材质检验,一般只在结构构件上作抽查验证。凿去构件局部保护层,观察钢筋型号,量取钢筋直径。若从构件中取样试验时,要考虑构件仍有足够的安全度,还应注意样品的代表性。

2. 钢筋配筋数量

钢筋一般布置在构件截面四周,可用钢筋位置探测仪测出主筋、箍筋的位置及钢筋的数量。也可以抽样检查,即凿去构件上局部保护层,直接检查主筋和箍筋的数量。如混凝土表层有双排或多排主筋,只能局部凿除混凝土保护层,直接检测。

3. 混凝土碳化深度和钢筋保护层厚度

混凝土中水泥完全水化,约有 35% 的氢氧化钙被游离出来,使混凝土呈碱性。钢筋在此环境中表面形成钝化膜,阻止了钢筋的锈蚀。混凝土的碳化,是空气中的二氧化碳渗入到混凝土孔隙中,与氢氧化钙生成碳酸钙,使水泥石的碱度降低,这个过程叫做混凝土的碳化。当混凝土碳化到钢筋表面时,钢筋就有锈蚀的危险。这时如不及时检修,将严重影响混凝土结构的使用寿命。因此评估混凝土结构的剩余寿命时,混凝土碳化深度是重要的依据之一。

测量混凝土的碳化深度时,用凿子或电钻在测区打直径约为 15mm 的孔洞,其深度略大于混凝土的碳化深度。除去孔洞中的粉末和碎屑(不得用液体冲洗),立即用浓度为 10% 的酚酞酒精溶液洒在孔洞内壁。如果酚酞试液变为紫色,则混凝土未被碳化;相反,酚酞试液不变色,说明混凝土已被碳化。测出不变色混凝土的厚度即为碳化深度,测试结果精确至 0.5mm。

钢筋保护层可用保护层厚度测定仪测量,也可在构件上凿去部分保护层,用钢尺直接度量。

4. 混凝土中钢筋锈蚀程度

钢筋锈蚀会减小钢筋的截面面积,减弱钢筋和混凝土之间的粘结力,降低构件的承载力。检测混凝土中钢筋锈蚀程度的方法通常采用直接观测法和自然电位法。

(1) 直接观测法

钢筋锈蚀后,锈蚀产物的体积比钢筋相应部分体积大,产生的膨胀力使混凝土的保护层开裂或剥落。因此根据构件表面上沿钢筋方向的裂缝,可以判断钢筋的锈蚀状况。构件裂缝状况与钢筋截面损失情况的大致关系如表 2.3 所列,可供检测时参考。

表 2.3　构件破损状态与钢筋截面损失率

| 破　损　状　态[1) | 钢筋截面损失率/% |
| --- | --- |
| 无顺筋裂缝 | 0～1 |
| 有顺筋裂缝 | 0.5～10 |
| 保护层局部剥落 | 5～20 |
| 保护层全部剥落 | 15～25 |

1) 表中所指的破损状态,是指构件在长期使用下出现的情况,不包括事故造成的构件破损。

直接观测法的另一个作法,是在构件表面凿去局部保护层,暴露钢筋,直接观察锈蚀程度。锈蚀严重的,应精确量取锈蚀层厚度和钢筋剩余有效截面。也可从构件上截取锈蚀钢筋样品送试验室测定钢筋的锈蚀程度。这种方法要破损构件保护层或钢筋,检测的点数不能太多。

(2) 自然电位法

混凝土中的钢筋,在呈碱性的混凝土作用下,处于钝化状态,并建立一个稳定的电位,称为自然电位。电位值的大小反映出钢筋所处的状态。当钢筋钝化状态破坏后,钢筋的自然电位会发生较大幅度的变化。通过测量混凝土中钢筋的电位及其变化规律,判断钢筋锈蚀程度的方法,称为自然电位法。钢筋的自然电位与钢筋的腐蚀概率间的关系如图 2.1 所示。

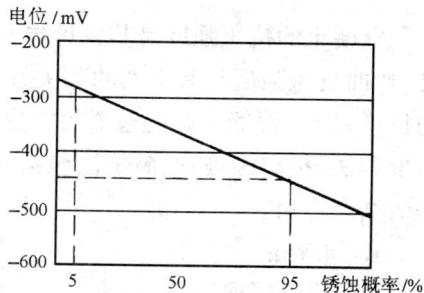

图 2.1　电位-锈蚀概率曲线

图 2.2 为自然电位法测量示意图,所用伏特计内阻应为 $10^7 \sim 10^{14}\Omega$。参比电极可选用硫酸铜电极、甘汞电极或氧化汞电极,局部剥露的钢筋在测量前应磨光除锈,保证接触良好。表 2.4 为冶金建筑研究总院给出的钢筋的自然电位与锈蚀情况的判断标准。

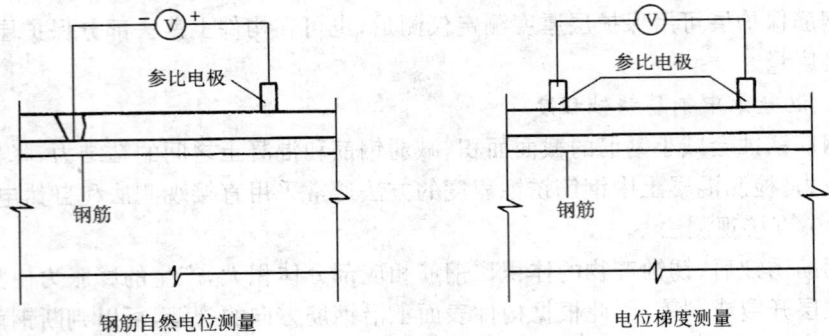

钢筋自然电位测量　　　　　　　　　　　　　　　　电位梯度测量

图 2.2　现场测量电位示意图

**表 2.4　钢筋锈蚀判断标准**

| 混凝土中钢筋的电位/V | 锈蚀情况 |
| --- | --- |
| $0 \sim -250$ | 不锈蚀 |
| $-250 \sim -400$ | 有可能锈蚀 |
| $< -400$ | 锈蚀 |

注:当两电极相距 20cm 时,若电位梯度为 $150 \sim 200\text{mV}$ 时低电位处判为锈蚀。

用自然电位法检测混凝土中的钢筋锈蚀情况,方法简单迅速,测量过程基本是非破损性的。但是,自然电位的变化受多种因素影响,有时会出现一定的误差。因此,可用其作为初步判断的参考,而不能作为唯一的判断依据。最好把自然电位法与直接观测法相结合,以使检测结果更加精确。

### 2.1.3　混凝土强度检测

混凝土的抗压强度是其各种物理力学指标的综合反映。它与混凝土的抗拉强度、弯曲抗压强度等有密切的相关性,且测试方便可靠,故工程中主要测试混凝土的抗压强度。混凝土强度检测的方法有局部破损法、非破损法和综合法。破损法包括取芯法、拔出法等;非破损法包括回弹法、超声法、射线法等;综合法则是几种方法的结合应用。

1. 回弹法

(1)检测原理

回弹法是根据混凝土的回弹值、碳化深度与抗压强度之间的相互关系来推定其抗压强度的一种非破损测强方法。测试时,用具有规定动能的弹击锤弹击混凝土表面,使局部混凝土发生变形并吸收一部分能量,剩余的能量则回传给弹击锤。被混凝土吸收的能量取决于混凝土表面的硬度,表面的硬度低,被混凝土吸收的能量就多,传给弹击锤的能量就少;相反,表面硬度高,吸收的能量少,传给弹击锤的能量多,混凝土表面的硬度越大,其抗压强度就越高。

（2）回弹仪

回弹值的测定用回弹仪。回弹仪的性能必须符合标准状态的要求,以保证测试时具有稳定的性能和规定的精度。进行建筑结构检测,一般用 N 型回弹仪,其主要技术参数见表 2.5。

表 2.5　回弹仪主要技术参数

| 项　　　目 | 型　　号 | |
| --- | --- | --- |
| | HT225 | HT75 |
| 冲击动能/J | 2.207 | 0.735 |
| 拉簧刚度/(N/cm) | 7.85 | 2.62 |
| 冲击锤重量/g | 370 | 140 |
| 冲击杆前端球径/mm | $\phi50$ | $\phi50$ |
| 冲击面硬度 | HRC59～63 | HRC59～63 |
| 指针系统最大静摩擦力/N | 0.59 | 0.59 |
| 外形尺寸/mm | $\phi60\times280$ | $\phi60\times280$ |
| 质量/kg | 1 | 0.7 |
| 使　用　范　围 | 一般混凝土 | 低强度混凝土、轻混凝土、黏土砖 |

为保证测试的精确,回弹仪在使用时要达到以下标准状态的质量要求:

1）作水平弹击时,弹击锤脱钩的瞬间,回弹仪的标准动能应为 2.207J。

2）弹击锤和弹击杆碰撞的瞬间弹击拉簧处于自由状态,此时弹击锤起点应在刻度尺上的零点处。

3）在洛氏硬度 HRC 为 $60\pm2$ 的钢砧上,回弹仪的率定值应为 $80\pm2$。

（3）回弹值测量

1）测试准备。被测试构件和测试部位应具有代表性,试样的抽样原则为:当测定单个构件的混凝土强度时,可根据混凝土质量的实际情况决定测试数量。当用抽样法测定整体结构或成批构件的混凝土强度时,随机抽取的试样数量不少于结构或构件总数的 30%。

测点布置采用测区、测面的概念。一个测区相当于一个试块;一个测面相当于混凝土试块的一个表面。在每个抽取的试样上均匀布置测区,测区数不少于 10 个,相邻测区的间距不宜大于 2m，每个测区宜分为两个测面（布置在结构或构件的两个相对浇筑侧面上），测区大小约 400cm²。若不满足此要求时，一个测区允许只有一个测面。

测面应清洁、平整、干燥，不应有接缝、饰面层、粉刷层、浮浆、油垢以及蜂窝、麻面等，必要时可用砂轮清除表面的杂物和不平整处，打磨后的测面应用钢丝刷刷去浮灰及碎屑。

2）回弹仪的操作及测读。测试时，应使回弹仪轴向与测试面垂直，缓慢均匀施加压力，待弹击杆反弹后测读回弹值。每一测区弹击 16 点（当一个测区有两个测面时，则每一测面弹击 8 点）。测点应在测面上均匀分布，避开外露的石子和气孔，相邻测点间距一般不小于 3cm。测点距构件边缘或外露钢筋、铁件的距离不小于 5cm，同一测点只允许弹击 1 次。

3）回弹值的数据整理。分别剔除测区 16 个测点回弹值的 3 个最大值和 3 个最小值，然后计算剩下 10 个测点回弹值的平均值，作为该测区的回弹值 $N$（精确至 0.1）。

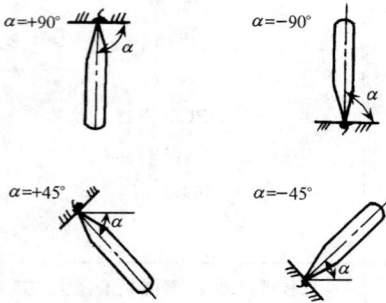

图 2.3 测试角度 α 示意图

当回弹仪轴线不呈水平方向时，应根据回弹仪轴线与水平方向的夹角 $\alpha$（见图 2.3）进行修正。即将测区平均回弹值加上角度修正值。

$$\overline{N} = \overline{N}_\alpha + \Delta N_\alpha \qquad (2.1)$$

式中：$\overline{N}_\alpha$——回弹仪与水平方向成 $\alpha$ 角测试时，测区的平均回弹值，计算至 0.1；

$\Delta N_\alpha$——按表 2.6 查得的不同测试角 $\alpha$ 的回弹值修正值，计算至 0.1。

表 2.6 不同测试角度 α 的回弹值修正值 $\Delta N_\alpha$

| | | 测 试 角 度 α | | | | | | | |
|---|---|---|---|---|---|---|---|---|---|
| | | +90° | +60° | +45° | +30° | −30° | −45° | −60° | −90° |
| $\overline{N}_\alpha$ | 20 | −6.0 | −5.0 | −4.0 | −3.0 | +2.5 | +3.0 | +3.5 | +4.0 |
| | 30 | −5.0 | −4.0 | −3.5 | −2.5 | +2.0 | +2.5 | +3.0 | +3.5 |
| | 40 | −4.0 | −3.5 | −3.0 | −2.0 | +1.5 | +2.0 | +2.5 | +3.0 |
| | 50 | −3.5 | −3.0 | −2.5 | −1.5 | +1.0 | +1.5 | +2.0 | +2.5 |

注：表中未列入的相应于 $\overline{N}_\alpha$ 和 $\Delta N_\alpha$ 修正值，可用内插法求得，精确至一位小数。

当测试面不是混凝土的浇筑侧面时，应将测区平均回弹值加上浇筑面修正值 $\Delta N_s$，$\Delta N_s$ 如表 2.7 所示。

表 2.7　不同浇筑面的回弹值修正值

| | | $\Delta N_s$ | |
|---|---|---|---|
| | | 表　面 | 底　面 |
| $\overline{N}_s$ | 20 | +2.5 | −3.0 |
| | 25 | +2.0 | −2.5 |
| | 30 | +1.5 | −2.0 |
| | 35 | +1.0 | −1.5 |
| | 40 | +0.5 | −1.0 |
| | 45 | 0 | −1.5 |
| | 50 | 0 | 0 |

注：表中未列入的相应于 $\overline{N}_s$ 和 $\Delta N_s$ 修正值,可用内插法求得,精确至一位小数。

（4）混凝土强度评定

由测区平均回弹值 $\overline{N}$ 及平均碳化深度 $\overline{L}$ 可计算出测区混凝土抗压强度 $R_n$。《回弹法评定混凝土抗压强度技术规程》(JGJ/T23-2001)给出了全国通用测强曲线,曲线的方程为

$$R_n = 0.025 \cdot \overline{N}_i^{2.0108} \cdot 10^{-0.0358\overline{L}_i} \tag{2.2}$$

式中:$R_n$——测区混凝土抗压强度;

$\overline{N}_i$——测区平均回弹值;

$\overline{L}_i$——测区平均碳化深度。

根据此式,制作了测区混凝土强度值换算表,见《回弹法评定混凝土抗压强度技术规程》(JGJ/T23-2001),由测区的平均回弹值及平均碳化深度查表得出混凝土强度。

为提高回弹法测强的精度,各地区各单位可根据本地区本单位经常使用的混凝土原材料制定专用测强曲线。地区测强曲线的制定方法见《回弹法评定混凝土抗压强度技术规程》(JGJ/T23-2001)的规定。

2. 超声波法

超声波法是检验混凝土强度、混凝土内部缺陷、均匀性及混凝土裂缝深度的一种非破损检测方法。超声波法检测混凝土强度的基础是超声波在混凝土中的传播速度与混凝土强度的相关关系。超声波检测系统包括超声波检测仪和换能器(探头)及耦合剂(见图 2.4)。

（1）检测原理

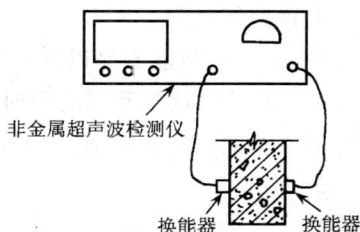

图 2.4　超声波检测系统

超声仪器产生高压电脉冲,激励发射换能器内的压电晶体获得高频声脉冲,声脉冲传入混凝土介质,由接收换能器接收通过混凝土传来的声信号,测出超声波在混凝土中传播的时间。量取声通路的距离,算出超声波在混凝土中传播的速度。对

于配制成分相同的混凝土,强度越高则声速越大,反之越小。二者的关系如下:

$$f_c = K \cdot v^4 \tag{2.3}$$

式中:$f_c$——混凝土的抗压强度(MPa);

$v$——超声脉冲在混凝土中传播的速度(km/s);

$K$——系数,混凝土的各种参数确定后,可以认为是个常数。

(2)地区超声测强曲线的制定和使用

与制定回弹法地区或专用测强曲线一样,选用当地的不同原材料,制成立方体试块,在各种不同龄期下检测超声脉冲通过试块的速度和试块的抗压强度。超声测试面取试块成型时的侧面。每个试块上测3点,取3个测点声速的平均值。在强度$f_c$和声速$v$的直角坐标图上画出$f_c$-$v$曲线,配置回归方程,计算各方程的相对误差$\delta$和相对标准差$S_r$,最后取平均相对误差$\delta$、相对标准差$S_r$和相关数$r$符合规定且$\delta$和$S_r$值较小的回归方程式作为绘制测强曲线和计算构件测区强度的推算公式。

推荐采用的回归方程式有3种:

$$f_c = A \cdot V^B \tag{2.4}$$

$$f_c = A \cdot e^{Bv} \tag{2.5}$$

$$f_c = A + Bv + Cv^2 \tag{2.6}$$

式中:$A$、$B$、$C$——待定系数。

(3)超声波声速值测定

超声检测的现场准备及测区布置与回弹法相同,测点应尽量避开缺陷和内部应力较大部位,还应离开与声路平行的钢筋。在每个测区相对的两测面选择相对的呈梅花状的5个测点。对测时,要求两换能器的中心同置于一条轴线上,然后逐个对测。为了保证混凝土与换能器之间有可靠的声耦合,应在混凝土测面与换能器之间涂上黄油作为耦合剂。

实测时,将换能器涂以耦合剂后置于测点并压紧,将接收信号的首波幅度调至30～40mm后测读各测点的声时值。取各测区5个声时值中的3个中间值的算术平均值作为测区声时值$t_m$($\mu$s),则测区声速值$V$(km/s)为

$$V = L/t_m \tag{2.7}$$

式中:$L$——超声波传播距离,可用钢尺直接在构件上量测(mm)。

3. 拔出法

拔出法属于半破损检测方法。它通过测定埋设或安装在混凝土中的锚固件的抗拔力来确定混凝土强度。由于锚固件拔出时带出伞状的混凝土块,所以抗拔力是由混凝土的抗拉、抗剪强度决定的一个力学指标。因而可以根据抗拔力与混凝土抗压强度的相关关系来确定混凝土强度。

拔出法分为预埋拔出法和后装拔出法两种。工程事故的现场检测中常用的是后装拔出法，此法是在已硬化的被检测的混凝土上钻直径为 18mm、深 50mm 的小孔，孔的轴线必须与混凝土表面垂直，插入短锚杆(见图 2.5)锚固。用混凝土拔出试验仪将锚杆拔出，记录拔出力，根据拔出力推算混凝土抗压强度。

4．钻芯法

(1) 适用范围

钻芯法是使用钻芯机直接从结构上钻取芯样，进行压力试验，根据芯样的抗压强度推定混凝土强度的一种半破损检测方法。其结果直观可靠，能真实地反映结构混凝土的质量。这种方法不仅可以直接检验混凝土的抗压强度，还可以在芯样上发现施工时造成的缺陷。

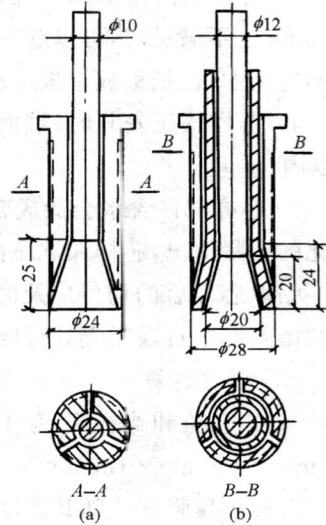

图 2.5　锚杆构造
(a)弧形肋板锚杆；(b)圆锥套管锚杆

由于钻芯法对结构有所损伤，钻芯的位置应选择在结构受力小、没有钢筋和预埋铁件的部位，而且应考虑取样的代表性。另外，因钻芯法试验费用较高，所以不提倡将其作为结构强度的全面检测方法。建议将钻芯法与其他非破损方法结合使用。一方面利用非破损方法来减少钻芯的数量，另一方面又利用钻芯法来提高非破损方法的可靠性。

《钻取芯样法测定结构混凝土抗压强度技术规程》(GB50308-99)中规定的适用钻取芯样检测混凝土强度的场合如下：

1) 对试块抗压强度测试结果有怀疑时。

2) 因材料、施工或养护不良而发生质量问题时。

3) 混凝土遭受冻害、火灾、化学侵蚀或其他损害时。

4) 需检测经多年使用的建筑结构或建筑物中混凝土强度时。

(2) 芯样钻取

取芯之前应考虑对结构可能带来的影响。混凝土强度过低，取芯时容易损坏，所以被取芯结构的混凝土强度不宜低于 10MPa。

取芯一般使用带冷却装置的岩石或混凝土钻机。钻芯时一定要避开结构主筋，以免造成结构性损伤。

芯样的技术要求有以下 5 点：

1) 芯样的大小。混凝土中骨料最大粒径不大于 40mm，芯样直径为 100mm；骨料最大粒径不大于 60mm，芯样直径为 150mm。

2) 芯样高度应为直径的 0.95～2.0 倍，一般采用 1.0 倍。

3）芯样的两个端面要处理平整,不平整度应控制在每100mm长度内不大于0.05mm。不满足时,可以磨平,也可以用高于芯样强度一级以上的水泥砂浆抹平。但不能用木板、纸板或铝板等松软材料垫平试压。

4）芯样试压安装时,端面与轴线之间的垂直度要严格控制,其偏差应控制在2°以内。

5）芯样试件含水会造成软化而降低强度。鉴于混凝土构件在使用中难免遇水软化的实际情况,芯样在试压前,应在清水中浸泡两昼夜。

钻取芯样后的构件应及时对孔洞进行修补,一般采用比原设计强度等级高一级的微膨胀细石混凝土进行修补。

（3）强度计算

采用直径和高度均为100mm的芯样,其强度值等同于现行规范规定的150mm×150mm×150mm立方体的标准强度。

芯样抗压强度值随其高度的增加而降低,降低值与混凝土强度等级有关。试件抗压强度还随其尺寸的增大而减少。综合以上因素,芯样强度按下式换算成150mm×150mm×150mm立方体的标准强度:

$$f_c = \frac{4P}{\pi \cdot D^2 \cdot K} \tag{2.8}$$

式中:$f_c$——150mm×150mm×150mm立方体强度(MPa);

$P$——芯样破坏时的最大荷载(kN);

$D$——芯样直径(mm);

$K$——换算系数,芯样尺寸为$\phi$150mm×150mm时$K=0.95$,芯样直径为$\phi$100mm时$K$值按芯样高度($h$)和直径($d$)之比及混凝土强度等级按表2.8采用。

表 2.8　换算系数 $K$

| 高径比 $h/d$ | 混凝土强度等级 $f_c$/MPa | | |
|---|---|---|---|
| | $35 < f_c \leqslant 45$ | $25 < f_c \leqslant 35$ | $15 < f_c \leqslant 25$ |
| 1.00 | 1.00 | 1.00 | 1.00 |
| 1.25 | 0.98 | 0.94 | 0.90 |
| 1.50 | 0.96 | 0.91 | 0.86 |
| 1.75 | 0.94 | 0.89 | 0.84 |
| 2.00 | 0.92 | 0.87 | 0.82 |

注:$h/d$为表中数值之间时,可用内插法求得。

5. 综合法

采用单一的某种检测法测定混凝土的抗压强度,其测试精度会受到限制。所谓综合法,就是应用两种或多种测试方法同时检测,以提高检测精度。常用的有超声-

回弹综合法和超声-回弹-取芯综合法。下面介绍超声-回弹综合法的应用。

回弹法只能反映混凝土表面质量,内部情况很难确定,而超声法对混凝土内部质量可得到验证。两者合用,互补所长,消除误差,可提高测试结果的精度。

超声-回弹综合法采用的仪器和使用方法与前述相同,测试步骤介绍如下。

(1)测声速值和回弹值

按超声法和回弹法分别测定每个测区混凝土的声速值和回弹值。测区的大小、数量、选取原则以及对测试表面的技术要求,均同前述的超声法和回弹法。

一般讲,超声法的测试点应布置在同一测区的回弹点测试面上,但探头安装位置(超声测点)不宜与弹击点(回弹测点)重叠。只有同一测区内侧得的回弹值和声速值才能作为推算该测区混凝土强度的综合参数,不同测区的测值不应混淆。

(2)求测区混凝土强度

根据测得的测区声速平均值和回弹平均值,由强度 $f_c$-回弹值 $\overline{N}$-声速值 $v$ 基准曲线求得测区混凝土强度。《超声回弹综合法检测混凝土强度技术规程》(CECS02:2005)建议应优先采用专用或地区测强曲线推定混凝土的强度。当无此类测强曲线时,经验证后可采用全国通用测强曲线。通用测强曲线按卵石和碎石两种骨料进行回归,给出的基准曲线方程如下:

卵石混凝土

$$f_c = 0.0038v^{1.28} \cdot N^{1.95} \tag{2.9}$$

碎石混凝土

$$f_c = 0.0038v^{1.72} \cdot N^{1.57} \tag{2.10}$$

验证曲线的方法类似制作曲线的方法。选用本地区常用的混凝土原材料,按最佳配合比配制强度等级为 C10、C20、C30、C40、C50 的混凝土,制作边长为 150mm 的立方体试块各 3 组,采用自然养护。用超声仪和回弹仪,按试件龄期分别为 28d、60d 和 80d 进行超声-回弹综合法测试和试块抗压试验。根据测得的每个试块回弹值、声速值,按通用测强曲线计算其强度值,并计算实测试块强度值和通用测强曲线推算的强度值之间的相对标准差 $S_r$。若 $S_r \leqslant \pm 15\%$,则可使用全国通用测强曲线;若 $S_r > \pm 15\%$,应另建立专用或地区测强曲线。

## 2.1.4 混凝土中的缺陷检测

结构混凝土内部的缺陷主要有裂缝、孔洞和不密实区。检测方法有放射性同位素检测、超声波检测和取芯直接观测。超声波检测是较常用的方法,它是利用声波通过混凝土时,声速的衰减和波形的变化判断混凝土中存在缺陷的性质、范围和位置。

1. 超声波检测垂直裂缝深度

混凝土中出现裂缝,裂缝空间充满空气,由于固体与气体界面对声波构成反射面,通过去的声能很小,声波绕裂缝顶端通过(见图 2.6),依此可测出裂缝深度。

采用超声波法检测裂缝深度的具体要求有 2 条。

1)需要检测的裂缝中不得充水和泥浆。

2)若有主筋穿过裂缝且与两换能器连线大致平行时,探头应避开钢筋。避开的距离应大于估计裂缝深度的 1.5 倍。

先在无缝处测定该混凝土平测时的声波速度。把收、发换能器平置于裂缝附近有代表性的、质量均匀的混凝土表面,以换能器边缘间距离 $l'$ 为准,取 $l'$ = 100mm、150mm、200mm、250mm 和 300mm,分别测读超声波穿过的时间 $t'$。以距离 $l'$ 为横坐标,时间 $t'$ 为纵坐标,绘制时-距坐标图(见图 2.7)。如被测处的混凝土质量均匀、无缺陷,则各点应大致在一条直线上。声波的实际传播距离为

$$l' = l'_i + a \tag{2.11}$$

式中:$l'$——第 $i$ 点的超声波的实际传播距离(mm);

$l'_i$——第 $i$ 点的两换能器内边缘间距(mm);

$a$——常数,从"时-距"坐标图中求得(mm)。

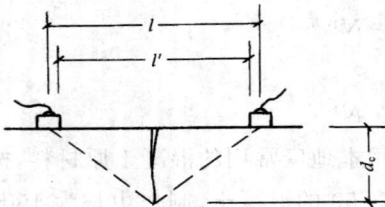

图 2.6  超声检测垂直裂缝

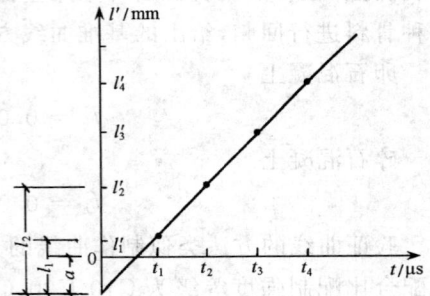

图 2.7  平测"时-距"图

然后将发、收换能器置于混凝土表面裂缝的各一侧(见图 2.6),取 $l_i$ = 100mm、150mm、200mm、250mm 和 300mm,分别测读超声波时传播时间 $t'$,裂缝深度按下式计算

$$d_{ci} = \frac{l_i}{2} \sqrt{\left(\frac{t_i^0}{t_i}\right)^2 - 1} \tag{2.12}$$

式中:$d_{ci}$——裂缝深度(mm);

$t_i^0$、$t_i$——测距为 $l_i$ 时,不跨缝、跨缝测读的声时值($\mu$s);

$l_i$——不跨缝时第 $i$ 次的超声传播距离(mm)。

以不同测距求得的 $d_{ci}$ 的平均值作为该裂缝的深度值 $d_c$,若所得 $d_c$ 值大于某一个 $l_i$,则应把与该 $l_i$ 对应的 $d_{ci}$ 舍去,重新计算 $d_c$。

这种方法适用于裂缝深度在 600mm 以内的混凝土裂缝的检测。

## 2. 超声波检测斜裂缝深度

如图 2.8 所示,将一只换能器置于裂缝一侧的 $A$ 处,将另一只换能器置于裂缝另一侧靠近裂缝的 $B$ 处。测出声波传播时间。然后将 $B$ 处换能器向远离裂缝方向移动至 $B'$ 处,若传播时间减小,则裂缝向换能器移动方向倾斜,否则裂缝向换能器移动的反方向倾斜。

裂缝深度是通过测试与作图相结合的方法确定的。以测定裂缝走向时的两次结果为第一组数据,在坐标纸上作图。方法为:先在坐标纸上按比例标出换能器及混凝土表面的裂缝位置。以第一次测量时两只换能器位置 $A$、$B$ 为焦点,以 $t_1 \cdot v$ 为两动径之和作椭圆,再以第二次测量时换能器的位置 $A$、$B'$ 为焦点,以 $t_2 \cdot v$ 为两动径之和再作一个椭圆,两椭圆的交点即为裂缝末端 $D$。$D$ 点到构件表面的距离 $DE$ 即为裂缝深度值(见图 2.9)。重复上述过程可测得 $n$ 组数据和得出 $n$ 个裂缝深度值,剔除换能器间距小于裂缝深度值的情况,取余下(不少于 2 个)的裂缝深度值的平均值作为检测结果。

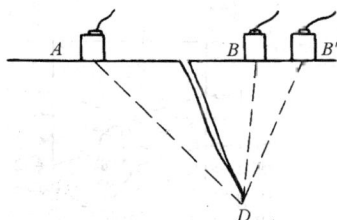

图 2.8　检测裂缝倾斜方向

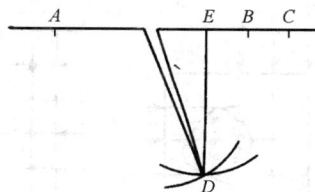

图 2.9　确定裂缝顶点

## 3. 超声波检测深裂缝深度

在大体积混凝土中,当裂缝深度在 600mm 以上时,可先钻孔,然后放入径向振动式换能器进行检测。

在裂缝两侧对称地钻 2 个垂直于混凝土表面的孔,孔径大小以能自由地放入换能器为宜,孔深至少比裂缝预计深度深 70mm。钻孔冲洗干净后注满清水。将收、发换能器分别置于 2 个孔中(见图 2.10),以同样高度等间距下落,逐点测读超声波波幅值并记录换能器所处的深度。当发现换能器达到某一深度,其波幅达到最大值,再向下测量波幅变化不大时,换能器在孔中的深度即为裂缝的深度。为便于判断,可绘制孔深与波幅值的关系图(见图 2.11)。

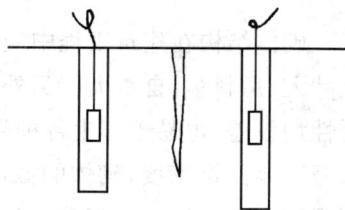

图 2.10　深裂缝检测

## 4. 超声波检测混凝土内部的空洞和不密实区

结构混凝土中的空洞和不密实区可用超声波按如下方法检测出来。

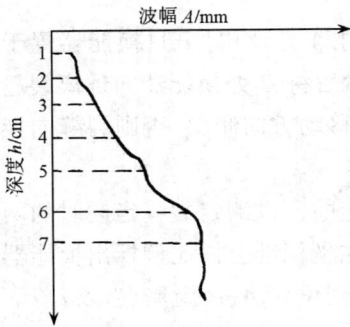

图 2.11　裂缝深度-波幅关系图

先在被测构件上划出网格,用对测法测出每一点的声速值 $v_i$、波幅 $A_i$ 与接收频率 $f_i$(见图 2.12)。若某测区中某此测点的波幅 $A_i$ 和频率 $f_i$ 明显偏低,可认为这些测点区域的混凝土不密实。若某测区某些测点的声速 $v_i$ 和波幅 $A_i$ 明显偏低,可认为该区域混凝土内存在空洞。为了判定不密实区或空洞在结构内部的具体位置,可在测区的 2 个相互平行的测试面上,分别画出交叉测试的两组测点位置进行测试(见图 2.13),根据波幅、声速的变化即可确定不密实区或空洞的位置。

为了确认超声检测的正确性,可在怀疑混凝土内部存在不密实区或空洞的部位钻孔取芯,直接观察验证。

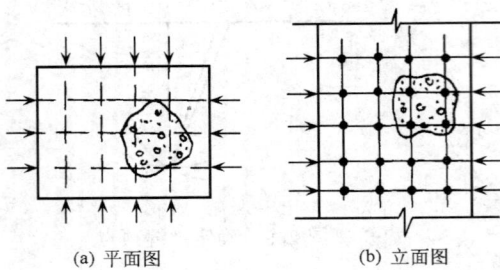

(a) 平面图　　　　　　(b) 立面图

图 2.12　对测法测点布置

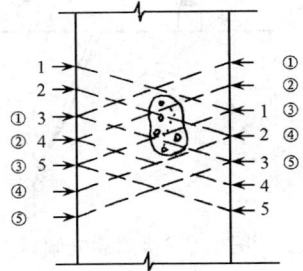

图 2.13　交叉测试法

## 2.2　砌体结构检测

砌体结构在建筑工程中应用广泛,量大面广。但砌体结构的强度低,构件截面尺寸大,用料多、自重大。另外,由于其抗拉、抗剪强度低,故砌体结构的整体性、抗震性均较差,也易于产生各种裂缝。对出现质量事故的砖砌体,主要检测的内容有:灰缝砂浆的饱满度、砌体的截面尺寸、垂直度、裂缝、砌体表面剥蚀层深度、灰缝砂浆强度及砖的抗压强度等。

### 2.2.1　砌体灰缝饱满度检测

砖砌体中的砌筑砂浆必须填实饱满,水平灰缝的砂浆饱满度应不小于 80%。检验的数量和方法为,每步架抽查不少于 3 处,每处揭开 3 块砖,用钢尺或百格网度量砖底面与砂浆的粘结痕迹面积。取 3 块砖的砂浆饱满度百分率的平均值作为该处的灰缝饱满度。对事故部位的砌体可重点抽查。

### 2.2.2 砌体截面尺寸及垂直度检测

砖柱、砖墙的截面尺寸是其承载力验算的依据。检测前,把砌体表面的粉刷层铲除,用钢尺直接量取。

测量砌体的垂直度时,应清除砌体表面的粉刷层,用经纬仪或吊线和钢尺测量。《建筑工程质量检验评定标准》(GBJ301-88)规定,多层砖砌体结构,每层的垂直度允许偏差为5mm;砌体全高不大于10m者,允许偏差为10mm;砌体全高大于10m者,允许偏差为20mm。

检查数量,有明显偏斜或截面面积缺损的砖柱、砖墙应进行重点检测,其余部分进行随机检查。外墙按楼层每20m抽查1处,但不少于3处。内墙按有代表性的自然间抽查10%,但不少于3间,每间不少于2处。砖柱不少于5根。

### 2.2.3 砌体裂缝检测

砌体裂缝一般有沉降裂缝、温度裂缝、荷载裂缝和自然灾害如火灾、地震等引起的裂缝。检测裂缝时,重点要查清裂缝的长度、宽度、方向和数量。

检测时,用钢尺量取裂缝的长度,记录其数量和走向。用塞尺、卡尺或裂缝宽度比测表测量裂缝的宽度。把检测结果详细地标注在墙体立面图或砖柱的展开图上。

### 2.2.4 砌体剥落层检测

砌体受气温变化、雨水浸入、冻融和有害物质的侵蚀,墙面缓慢地由表及里地发生疏松、剥落等变化,减弱了砌体的承载能力。

检测数量和方法为:在占建筑物开间30%的墙面上随机抽样检查,也可以按墙面剥蚀的程度,分类抽样检测。剥蚀部分比较疏松,用小锤敲击墙面表层,除去腐蚀层,用钢尺直接量取砖的剥蚀层深度。

### 2.2.5 砌体的强度检测

砌体强度是砌体结构的主要力学指标。检验的方法有直接法和间接法两类。

直接法是直接测定砖砌体的某一单项强度指标(如抗压强度、抗剪强度等)。当需要其他强度指标时,可根据已测定的指标推算砌体砂浆的强度等级,并测定砖或砌块的强度等级,最后推断砌体的其他强度指标。常用的方法有:压强法、剪切法、拔出法和粘结法等。

间接法是先测定砌筑砂浆和砖的强度等级,据此推断砖砌体的其余强度指标。常用的方法有冲击法、点荷法、剪切法、粘结法、回弹法等。

## 1. 冲击法检测砂浆的强度

### (1)检测原理

冲击法是通过给砂浆颗粒施加冲击功,致使砂浆颗粒破碎,对其进行颗粒筛分,量测并计算砂浆颗粒的总表面积。研究发现,砂浆颗粒的总表面积 $A$ 与其接受的冲击功 $W$ 之间呈稳定的线性关系(见图 2.14)。由图可以看出,各直线的斜率

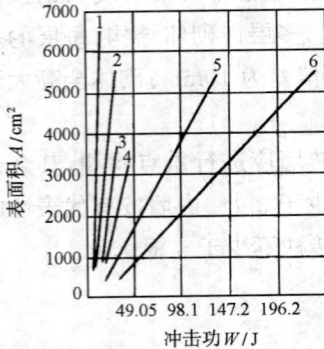

图 2.14 不同强度砂浆冲击功与
表面积的关系

1. 3.4MPa; 2. 5.9MPa;
3. 9.1MPa; 4. 15.5MPa;
5. 20.4MPa; 6. 35.8MPa

$(\Delta A/\Delta W)$ 不同,反映出砂浆强度的高低。强度高的砂浆,在相同冲击功的作用下,破碎的程度要轻,总表面积就小。因此,可根据冲击功、破碎后砂浆的总表面积确定砂浆的强度。

### (2)检验步骤

1)试料准备。

① 将从砌体中取出的砂浆凿碎成直径为 10mm 左右接近圆形的颗粒,取通过孔径为 12mm,并剩留在孔径为 10mm 筛上的试样作为试验用料;

② 取 180～200g 试料放入烘箱,在 50～60℃ 温度下烘烤 2h;

③ 将冷却后的试料分成 3 份,每份 50g,精确至 0.01g。

2)冲击、筛分、称量。将试料放入冲击筒中,并将顶面摊平。按表 2.9 所示选择合适的冲击功(重锤和落锤高度),先后分别对试料冲击 2 次后,用标准筛筛分、天平称量,冲击 4 次后筛分、称量,再冲击 4 次后筛分、称量。同时要做好试验记录。称量天平的感量应小于 0.01g。

**表 2.9 冲击功的选择**

| 估计硬化砂浆强度 /MPa | 砂 浆 特 征 | 冲击总功 /J | 锤重 /N | 落锤高度 /m | 冲击次数 |
|---|---|---|---|---|---|
| <5.0 | 试料结构酥松,用手可捏碎,密度小于 1.9kg/cm³ | 10 | 10 | 0.10 | 10 |
| 5.0～10.0 | 试料棱角容易掰碎,肉眼观察孔隙较多,密度在 1.95kg/cm³ 左右 | 18 | 15 | 0.12 | 10 |
| 10.0～20.0 | 试料棱角不易掰掉,结构较密实,密度在 2.0kg/cm³ 左右 | 45 | 15 | 0.30 | 10 |
| 20.0～30.0 | 呈青绿色,使用工具才能破碎,密度在 2.1kg/cm³ 左右 | 72 | 20 | 0.36 | 10 |
| >30.0 | 呈青绿色,需使用尖锐工具才能破碎,密度在 2.1kg/cm³ 以上 | 100 | 20 | 0.50 | 10 |

3) 计算。

① 破损试料消耗的机械能,按下式求出:

$$W = G \cdot h \tag{2.13}$$

式中:$W$——冲击机械能(J);

$G$——锤重(N);

$h$——落锤高度(m)。

② 试料的总表面积按下式计算:

$$A = \frac{1}{\gamma_0} 10.5 \sum \frac{\alpha_i}{d_{cpi}} \tag{2.14}$$

式中:$\gamma_0$——试料表观密度;

$\alpha_i$——试料在各筛号上的筛余量;

$d_{cpi}$——各筛号上试料的平均粒径,如表 2.10 所示。

表 2.10　各筛号上试料的平均粒径

| 各筛号上粒度范围/cm | 1.2~1.0 | 1.0~0.5 | 0.5~0.25 | 0.25~0.12 | 0.12~0.06 | 0.06~0.03 | 0.03~0.015 |
|---|---|---|---|---|---|---|---|
| 平均粒径 $d_{cpi}$ /cm | 1.097 | 0.722 | 0.361 | 0.177 | 0.0866 | 0.0433 | 0.022 |

对于小于 0.015cm 的试料,其表面积按下式计算:

$$A_{i \leqslant 0.015} = \frac{1510 \times \alpha_{i \leqslant 0.015}}{\gamma_0} \tag{2.15}$$

③ 取 3 个不同功耗下测得的表面积试验结果,即 $W_1$、$A_1$、$W_2$、$A_2$、$W_3$、$A_3$,用最小二乘法求得线性方程,计算出回归直线的斜率($\Delta A / \Delta W$)。

4) 按事先经大量实验确定的 $\Delta A / \Delta W$ 与 $f$ 的关系式,计算硬化砂浆的抗压强度。$\Delta A / \Delta W$ 与 $f$ 之间呈幂函数关系,即

$$f = a \cdot \left( \frac{\Delta A}{\Delta W} \right)^{-b} \tag{2.16}$$

式中:$f$——砂浆抗压强度(MPa);

$\Delta A / \Delta W$——单位功表面积增量(cm²/J);

$a$、$b$——待定系数,按回归分析方法确定。

北京地区的沙子,其细度模数为 2.1~2.9,按砂浆中沙用量为 1300~1600 kg/m³,配制 48 种不同配合比、不同强度的水泥砂浆和混合砂浆,得到的关系式为

$$f = 394.9 \left( \frac{\Delta A}{\Delta W} \right)^{-0.54} \tag{2.17}$$

若沙子细度模数或砂浆中沙子用量不在上述范围,应予以修正。另外,砌体灰缝表层的沙易发生碳化,使砂浆变硬,使测试结果受到影响。故测试时,应从砌体内部取

出未碳化的砂浆作为检测依据。

砖的强度也可用以上砂浆强度的检测方法测定。

2. 点荷法

点荷法是通过圆锥体对从砌筑砂浆层取出的试件施加集中的点式荷载,根据试件所能承受的点荷值,综合考虑试件的尺寸,从而计算出砂浆的立方体抗压强度的方法。

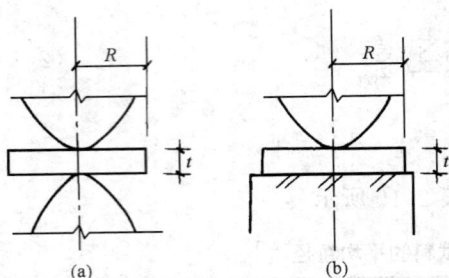

点荷法可两点加载,也可单点加载(见图 2.15)。加载头是一个圆锥体,锥顶为半径为 5mm 的截球体。

双点加荷时,上下压头应对中,试样应保持水平。单点加荷时,试样下表面应平整。测试时,记录试样所能承受的最大点荷载值 $P$,以及试样破坏截面的厚度 $t$ 和荷载作用点至破坏面边缘的距离 $R$,一般取 $R=15\sim25$mm。

图 2.15  点荷法加载示意图

两点点荷载值 $P$ 与砂浆立方体抗压强度 $f$ 之间的关系为

$$\frac{P}{(0.05R+1)(0.03t)(0.1t+1)+0.4} = 0.030f^{0.92} + 0.033 \quad (2.18)$$

式中:$P$——点荷值(kN);

$f$——砂浆立方体强度(MPa);

$t$——试件破坏截面的厚度(mm)。

3. 砖的强度等级测定

砖的强度等级可用冲击法测定,也可直接从砖墙上取样做抗压试验。检验时,同一类型的砌体上至少取 5 块试样进行试验,以算术平均值作为砖的抗压强度。砖的强度等级的测定标准见表 2.11 所示。

表 2.11  砖强度等级的测定标准

| 强度等级 | 抗压强度/MPa | | 抗折强度/MPa | |
|---|---|---|---|---|
| | 5 块平均值不小于 | 单块最小值不小于 | 5 块平均值不小于 | 单块最小值不小于 |
| MU20 | 20 | 14 | 4.0 | 2.6 |
| MU15 | 15 | 10 | 3.1 | 2.0 |
| MU10 | 10 | 8.0 | 2.3 | 1.3 |
| MU7.5 | 7.5 | 4.5 | 1.8 | 1.1 |

# 2.3 建筑物的沉降观测

建筑物的沉降观测包括：建筑物沉降的长期观测及不均匀沉降的现场观测。

## 2.3.1 建筑物沉降的长期观测

为掌握重要建筑物或软土地基上建筑物在施工过程中，以及使用的最初阶段的沉降情况，及时发现建筑物有无不正常的下沉现象，以便采取措施保证工程质量和建筑物安全，在一定的时期内，需对建筑物进行连续的沉降观测。

1. 观测点的设置

建筑物的沉降用水准仪观测。观测点的数量和位置应能全面反映建筑物的沉降情况。一般是沿建筑物四周每隔15～30m 布置1个，数量不少于6个。在基础形式和地质条件改变处或荷载较大的地方也要布置观测点。观测点一般设置在墙上，用角钢制成(见图 2.16)。

2. 数据测读及整理

水准测量采用闭合法。为保证测量精度，宜采用Ⅱ级水准。测量过程中要做到固定人员、固定测量工具。观测前应严格校验仪器。

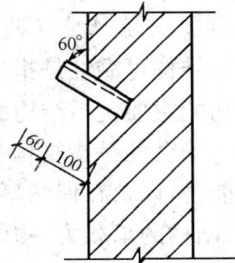

图 2.16　沉降观测点

沉降观测一般是在增加荷载(新建建筑物)或发现建筑物沉降量增加(已使用的建筑物)后开始。观测时应同时记录气象资料。观测次数和时间根据具体情况确定。一般情况下，对新建民用建筑，每施工完一层(包括地下部分)应观测1次。工业建筑按不同荷载阶段分次观测，但施工期间的观测次数不应少于 4 次。已使用建筑物则根据每次沉降量大小确定观测次数。一般是以沉降量在 5～10mm 以内为限度。当沉降发展较快时，应增加观测的次数，随着沉降量的减小而逐渐延长沉降观测的时间间隔，直至沉降稳定为止。

测读各观测点的高程时，水准尺离水准仪的距离为 20～30m。水准仪离前、后水准尺的距离要相等(最好用同一根水准尺)。测完观测点数据后，要回视后视点，两次观测同一后视点的读数误差要求小于 1mm。将观测结果记入沉降观测记录表，并在表上计算出各观测点的沉降量和累计沉降量。

## 2.3.2 建筑物不均匀沉降观测

根据以上测得的结果，计算各观测点的沉降差，可获得建筑物的不均匀沉降情况。在进行现场调查时，由于已经发生了不均匀沉降，观测点应布置在建筑物的阳角和沉降最大处，挖开覆土露出建筑物基础的顶面上。观测时，将水准仪布置在与两观测点等距离的地方。将水准尺置于观测点(基础顶面)上，从水准仪上读出同一水平上的数值,从而可计算出两观测点的沉降差。同理可测出所有观测点中每两测点间的沉降差,整理计算可得出建筑物的不均匀沉降情况。

# 2.4 建筑结构的可靠性鉴定

### 2.4.1 可靠性鉴定的概念

1. 鉴定的目的

建筑结构鉴定的目的,是利用检测手段,通过科学分析,按结构设计规范和相应标准要求,推断结构的现存抗力和剩余寿命,为工程事故的处理、决策提供依据。

2. 可靠性鉴定的概念

结构可靠性是指在规定的时间和条件下结构完成预定功能的能力。结构的预定功能主要包括结构的安全性、适用性和耐久性。

安全性是指结构在正常施工和正常使用的条件下,承受可能出现的各种作用的能力,以及在偶然事件发生时和发生后,仍能保持必要的整体稳定性的能力。例如:结构的承载力、构件连接、塑性变形、抗倾覆和抗滑动稳定以及压杆稳定等。

适用性是指结构在正常使用条件下,满足预定功能要求的能力。例如:正常使用要求的允许变形(挠度、外观变形等)、裂缝、缺损等。

耐久性是指在正常维护条件下,随时间变化而能满足预定功能要求的能力。例如:结构材料的老化(混凝土碳化、钢筋锈蚀)等。

结构可靠性鉴定就是通过调查、检测、分析和判断等手段,对实际结构的安全性、适用性和耐久性进行评定取得结论的全过程。

### 2.4.2 可靠性鉴定的方法、标准和程序

1. 鉴定方法

当前,建筑结构的可靠性鉴定方法有:传统经验法、实用鉴定法和概率法。

(1)传统经验法

传统经验法是我国习用的鉴定方法。这种方法是在按原设计规程校核的基础上,根据现行规范规定凭经验判定。它具有鉴定程序少、方法简便、快速、直观及经济等特点,主要用于较易分析的一般性建筑物的鉴定。该方法要求鉴定人员的水平要高。即使这样,鉴定结论也可能因人而异。

(2)实用鉴定法

实用鉴定法是在传统经验法的基础上发展起来的。它运用数理统计理论,采用现代化的检测技术和计算手段对建筑物进行多次调查、分析、逐项评价和综合评价。实用鉴定法一般需进行以下 3 项工作。

1)初步调查。调查建筑物概况,包括建设规模、图纸资料、用途变化、环境条

件、结构形式及鉴定目的等。

2) 调查建筑物的地基基础(基础和桩、地基变形及地下水)、建筑材料(混凝土和钢材、砖的性能和围护结构的材料)、建筑结构(结构尺寸、变形、裂缝、损伤、接头、承载能力等)。

3) 结构计算和分析,以及在试验室进行构件试验或模型试验。

由此可见,这种方法需要专门机构完成,并要花费相当多的时间和资金。在实际工作中,往往与传统经验鉴定法相结合,以弥补经验法的不足,提高鉴定的可靠性。

(3) 概率法

概率法是运用概率和数理统计原理,采用非定值统计规律对结构的可靠度进行鉴定的一种方法。又称为可靠度鉴定法。其基本概念是把结构抗力 $R$、作用力 $S$ 作为随机变量分析,它们之间的关系表示为

$R>S$ 时,表示可靠;

$R=S$ 时,表示合格,达到极限状态;

$R<S$ 时,表示失效。

失效的可能性用概率表示,称为失效概率。只要计算出失效概率,即可得到建筑物的可靠度。但是,失效概率的计算是建立在大量可信的结构损耗情况的原始数据基础上的。然而,收集大量的数据是很困难的。

目前,对建筑结构的鉴定,多数采用经验鉴定法和实用鉴定法,概率法的应用仅限于近似概率法。可靠概率法的应用必将提高建筑物可靠性鉴定的科学性。

2. 鉴定的标准

目前,我国编制的以建筑结构可靠性理论为核心的鉴定标准、规程有《工业厂房可靠性鉴定标准》(GBJ144-90)和《钢铁工业建(构)筑物可靠性鉴定规程》(YBJ219-89)。两者的编制原则是一样的。后者针对鉴定钢铁工业建(构)筑物的特点和需要增加了检查要点、结构耐久性评估等内容。实践证明,这两个标准和规程的原则也适用于民用建筑物的鉴定,只是有些具体规定,如综合鉴定评级等不能直接使用,要根据标准原则作具体判断。

此外,建设部房管部门编制了一系列民房鉴定标准。主要包括《危险房屋鉴定标准》(JGJ125-99)、《民用建筑可靠性鉴定标准》(GB50292-1999)等。这几种标准采用的也是实用鉴定法。鉴定中进行细致全面的检查,必要时辅以测试和验算,以保证鉴定的准确性。对地震区的结构可靠性鉴定,尚需依据《建筑抗震鉴定标准》(GB50023-95)的要求进行。

以上标准和规程是针对专业鉴定人员编写的。鉴定工作要在专业工程师及以上资格者主持下完成,对鉴定人员的工程经验和理论知识要求较高。

3. 鉴定程序

目前常用的是实用鉴定法。其鉴定的工作程序如图 2.17 所示。

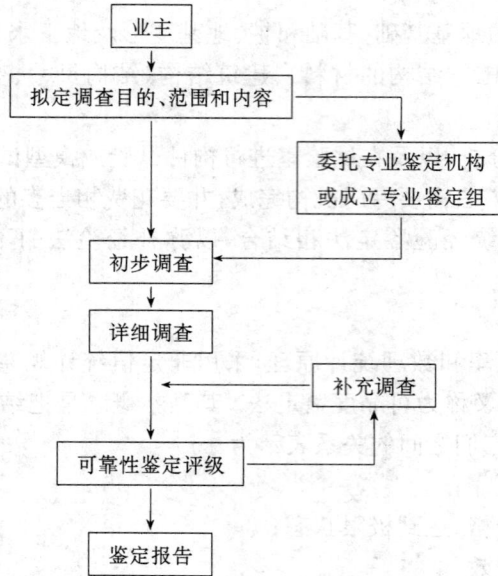

图 2.17　建筑物的鉴定工作程序

（1）鉴定的目的、范围和内容

建筑物鉴定的目的、范围和内容一般由建筑物的所有者（业主）或管理者提出，委托专门的鉴定机构进行鉴定。

（2）初步调查

初步调查内容包括：

1）收集并审阅原设计图、竣工图及工程地质报告、竣工验收文件和观测记录等。

2）了解原始施工情况，重点了解有质量问题部位的施工情况。

3）了解房屋的使用条件，包括结构上的各种作用、使用环境和使用变化情况。

4）填写初步调查表，做好调查记录。

（3）详细调查

详细调查内容包括：

1）结构布置、支撑系统、圈梁布置、结构构造和连接构造。

2）地基基础情况，必要时要开挖检查或试验。

3）结构上的作用及作用效应，必要时进行实测统计。

4）结构材料性能的检测与分析，结构构件的计算分析，可辅以结构现场检验。

（4）可靠性鉴定评级

按《工业厂房可靠性鉴定标准》（GBJ144-90）和《房屋完损等级评定标准》（试行）对建筑物或结构构件进行鉴定评级。

（5）鉴定报告

鉴定报告一般包括以下内容：建筑物的概况；鉴定的目的、范围和内容；检查、分析和鉴定结果；结论与建议；附录等。

## 2.4.3 鉴定评级标准

在《工业厂房可靠性鉴定标准》(GBJ144-90)中，建筑物可靠性鉴定评级划分为子项、项目或组合项目、评定单元3个层次，每个层次又划分为4个等级，如表2.12所示。

表 2.12 建筑结构可靠性鉴定评级层次及等级划分

| 层次 | 评定单元 | 项目或组合项目 | | 子 项 |
|---|---|---|---|---|
| 等级 | 一、二、三、四 | A、B、C、D | | a、b、c、d |
| 范围与内容 | 评定单元 | 结构布置和支撑系统 | 结构布置和支撑布置 | |
| | | | 支撑系统长细比 | 支撑杆件长细比 |
| | | 承重结构系统 | 地基基础 地基、斜坡 | |
| | | | 基础 | 按结构类别同相应结构的子项 |
| | | | 桩和桩基 | 桩、桩基 |
| | | | 混凝土结构 | 承载能力、构造和连接、裂缝、变形 |
| | | | 钢结构 | 承载能力（包括构造和连接）、变形、偏差 |
| | | | 砌体结构 | 承载能力、构造和连接、变形裂缝、变形 |
| | | 围护结构系统 | 使用功能 | 屋面系统、墙体及门窗、地下防水设施、防护设施 |
| | | | 承重结构 | 按结构类别同相应结构的子项 |

### 1. 子项、项目、单元的概念

（1）子项

子项是建筑结构可靠性评定的第一层次。地基基础的子项是指地基、基础、桩和桩基、斜坡；混凝土结构、钢结构、砌体结构及其构件是指承载能力、构造和连接、变形（含倾斜）、裂缝（或偏差）；围护结构系统是指按使用功能不同划分的屋面系统、墙体和门窗、地下防水、防护措施。由于每个子项是根据某项功能的极限状态评定的，因此，子项的评定等级是结构构件能否满足单项功能要求（可靠性要求）的评定基础，分为a、b、c、d四级。

（2）项目

项目是建筑结构可靠性评级的第二层次。按其构成又可细分为基本项目和组合项目。如地基基础、结构和结构构件属基本项目，承重结构体系、结构布置（含支撑系统）、围护结构系统属组合项目。除结构布置（结构布置和支撑系统）无子项直接进入第二层次评定外，其他项目均根据各子项的评定结果进行评定。因此，项目的评定等级是结构构件或结构体系能否满足各项功能要求(可靠性要求)的综合评定结果,分为 A、B、C、D 四级。

(3) 单元

单元是建筑物可靠性评定等级的第三层次。一般指建筑结构的整体或局部,以及某些特定的结构系统(如承重墙体、吊车梁系统、屋盖系统等)。由于单元的评定是根据各项目的评定结果进行综合评定的,因此,单元的评定等级是对建筑结构(整体或局部)的可靠性总的评定结果,分为一、二、三、四 4 个等级。

2. 鉴定等级标准

建筑结构的可靠性鉴定,按下列规定评定等级。

评定为 a、A 及一级,即满足国家现行规范要求,不必采取措施。

评定为 b、B 及二级,即略低于国家现行规范要求,但不影响正常使用,可不必采取措施。单元若有个别项目、项目中若有个别次要子项不满足国家现行规范要求,应采取适当措施。

评定为 c、C 及三级,即不满足国家现行规范要求,影响正常使用,但不至于随时发生事故,应采取措施。单元若有个别项目、项目中若有个别次要子项严重不满足国家现行规范要求,应立即采取适当措施。

评定为 d、D 及四级,即严重不满足国家现行规范要求,随时有发生事故的可能,必须立即采取措施。

前述的措施,对于评为 b、B 及二级的,一般是指维护,个别为耐久性处理或者加固措施;对于评为 c、C 及三级的,是指加固、补强,或个别更换等措施;对于评为 d、D 及四级的,是指应急、加固、更换或报废等措施。

上述的分级原则,实际上是分 4 级的总的概念。鉴于子项是整体评级的基础,所以鉴定标准中对分级标准的划分应力求恰如其分,以保证项目、单元的分级标准仍能遵循上述原则。

3. 子项、项目的鉴定评级

(1) 结构布置和支撑系统

结构布置和支撑系统的鉴定评级包括结构布置和支撑布置以及支撑系统长细比 2 个项目。

1) 结构布置和支撑布置。结构布置和支撑布置项目应按下列规定评定等级。

A 级:结构和支撑布置合理,结构形式与构件选型正确,传力路线合理,结构构造和连接可靠,符合国家现行标准规定,满足使用要求。

B 级:结构和支撑布置合理,结构形式与构件选型基本正确,传力路线基本合理,结构构造和连接基本可靠,基本符合国家现行标准规定,局部可不符合国家现行标准规定,但不影响安全使用。

C 级:结构和支撑布置基本合理,结构形式、构件选型、结构构造和连接局部不符合国家现行标准规定,影响安全使用,应进行处理。

D级:结构和支撑布置、结构形式、构件选型、结构构造和连接不符合国家现行标准规定,危及安全,必须进行处理。

2)支撑系统长细比。钢支撑杆件的长细比宜按表2.13中的规定评定等级。

支撑系统长细比项目的评定等级,应根据单个支撑杆件长细比子项各个等级的百分比,按下列规定确定。

A级:含b级且不大于30%,不含c级、d级。

B级:含c级且不大于30%,不含d级。

C级:含d级小于10%。

D级:含d级且大于或等于10%。

结构布置和支撑系统组合项目的评定等级,按结构布置和支撑布置、支撑长细比项目中的较低等级确定。

表2.13 钢支撑杆件长细比评定等级

| 厂房情况 | 支撑杆件种类 | | 支撑杆件长细比 | | | |
|---|---|---|---|---|---|---|
| | | | a级 | b级 | c级 | d级 |
| 无吊车或有中级工作制吊车 | 一般支撑 | 拉杆 | ≤400 | >400,≤425 | >425,≤450 | >450 |
| | | 压杆 | ≤200 | >200,≤225 | >225,≤250 | >250 |
| | 下柱支撑 | 拉杆 | ≤300 | >300,≤325 | >325,≤350 | >350 |
| | | 压杆 | ≤150 | >150,≤200 | >200,≤250 | >250 |
| 有重级工作制吊车或有5t以上锻锤厂房 | 一般支撑 | 拉杆 | ≤350 | >350,≤375 | >375,≤400 | >400 |
| | | 压杆 | ≤200 | >200,≤225 | >225,≤250 | >250 |
| | 下柱支撑 | 拉杆 | ≤200 | >200,≤225 | >225,≤250 | >250 |
| | | 压杆 | ≤150 | >150,≤175 | >175,≤200 | >200 |

注:1)表内一般支撑系统指除下柱支撑以外的支撑。

2)对于直接或间接承受动力荷载的支撑结构,计算单角钢受拉杆件长细比时,应采用角钢的最小回转半径。但在计算单角钢交叉拉杆在支撑平面外的长细比时,应采用与角钢肢边平行轴的回转半径。

3)设有夹钳式吊车或刚性料耙式吊车的厂房中,一般支撑拉杆的长细比宜按无吊车或有中、轻级工作制吊车厂房的下柱支撑中拉杆一栏评定等级。

4)对于动荷较大的厂房,其支撑杆件长细比评级宜从严。

5)当有经验时,一般厂房的下柱支撑杆件长细比评级可适当从宽。

6)下柱交叉支撑压杆长细比较大时,可按拉杆进行验算,并按拉杆细比评定等级。

(2)地基基础

地基基础的鉴定评级,包括地基、基础、桩和桩基础、斜坡4个子项。

1)地基。地基项目宜根据地基变形观测资料,按下列规定评定等级:

A级:厂房结构无沉降裂缝或裂缝已终止发展,不均匀沉降小于国家现行《建筑地基基础设计规范》(GB50007-2002)规定的容许沉降差,吊车运行正常。

B级：厂房结构沉降裂缝在短期内有终止发展趋向，连续2个月地基沉降速度小于2mm/月，不均匀沉降小于国家现行《建筑地基基础设计规范》(GB50007-2002)规定的容许沉降差，吊车运行基本正常。

C级：厂房结构沉降裂缝继续发展，短期内无终止趋向，连续2个月地基沉降速度大于2mm/月，不均匀沉降大于国家现行《建筑地基基础设计规范》(GB50007-2002)规定的容许沉降差，吊车运行不正常，但轨顶标高或轨距尚有调整余地。

D级：厂房结构沉降裂缝发展显著，连续2个月地基沉降速度大于2mm/月，不均匀沉降大于国家现行《建筑地基基础设计规范》规定的容许沉降差，吊车运行不正常，轨顶标高或轨距没有调整余地。

当生产对地基沉降速度有特殊要求时，可根据生产要求规定地基沉降速度的评级标准。

2）基础。基础项目应根据基础结构的类别，按相应结构的规定评定等级。

3）桩和桩基。桩和桩基项目包括桩、桩基两个子项，分别按下列规定评定等级。

① 桩基应按地基项目评定等级。

② 单桩宜按下列标准评定等级。

a级：木桩没有或者有轻微表面腐烂，钢桩没有或者有轻微表面腐蚀。

b级：木桩腐烂的横截面积小于原有横截面积的10％，钢桩腐蚀厚度小于原有壁厚的10％。

c级：木桩腐烂的横截面积为原有横截面积的10％～20％，钢桩腐蚀厚度为原有壁厚的10％～20％。

d级：木桩腐烂的横截面积大于原有横截面积的20％，钢桩腐蚀厚度大于原有壁厚的20％。

当基础下为群桩时，其子项等级应根据单桩各个等级的百分比按下列规定确定。

a级：含b级且不大于30％，不含c级、d级。

b级：含c级且不大于30％，不含d级。

c级：含d级且小于10％。

d级：含d级且大于或等于10％。

桩和桩基项目的评定等级，应按桩、桩基子项的较低等级确定。

4）斜坡。斜坡项目应根据其稳定性按下列规定评定等级。

A级：没有发生过滑动，将来也不会再滑动。

B级：以前发生过滑动，停止滑动后将来不会再滑动。

C级：发生过滑动，停止滑动后将来可能再滑动。

D级：发生过滑动，停止滑动后目前又滑动或有滑动迹象。

5）组合项目。地基基础组合项目的评定等级，按地基、基础、桩和桩基、斜坡 4 个项目中的最低等级确定。

当地下水水位或水质有较大变化，或因土压和水压显著增大对地下墙有不利影响时，可在鉴定报告中用文字说明。

（3）混凝土结构

混凝土结构或构件的鉴定评级包括承载力、构造和连接、裂缝、变形 4 个子项。

1）承载能力。混凝土结构或构件应进行承载力验算。其承载力的评级标准如表 2.14 所示。

表 2.14　混凝土结构构件承载力评定等级

| 构　件　种　类 | 承载力评定等级 | | | |
| --- | --- | --- | --- | --- |
| | $R/\gamma_0 S$ | | | |
| | a 级 | b 级 | c 级 | d 级 |
| 屋架、托架、屋面梁、平台主梁、柱和中级、重级工作制吊车梁 | ≥1.0 | <1.0 ≥0.95 | <0.95 ≥0.90 | <0.90 |
| 一般构件(包括楼盖、现浇板、梁等) | ≥1.0 | <1.0 ≥0.90 | <0.90 ≥0.85 | <0.85 |

注：1）表中 $R$ 为结构或构件的抗力；$S$ 为结构或构件的作用效应；$\gamma_0$ 为结构重要性系数，对安全等级为一级、二级、三级的结构构件，可分别取 1.1、1.0、0.9。

　　2）结构倾覆和滑移的验算，应符合国家现行规范的规定。

　　3）根据研究结果表明，当混凝二结构受拉构件的受力裂缝小于 0.15mm 和受弯构件的受力裂缝小于 0.2mm 时，构件可不作承载能力的验算。

2）裂缝。钢筋混凝土结构或构件的裂缝子项，可按下列规定评定等级。

① 受力主筋造成的裂缝。结构或构件受力主筋处的横向和斜向裂缝宽度可按表 2.15、表 2.16、表 2.17 中的规定评定等级，并应考虑检测时尚未作用的各种因素对裂缝宽度的影响。

表 2.15　Ⅰ、Ⅱ、Ⅲ级钢筋配筋的混凝土结构或构件裂缝宽度评定等级

| 构件的使用条件 | | 裂缝宽度/mm | | | |
| --- | --- | --- | --- | --- | --- |
| | | a 级 | b 级 | c 级 | d 级 |
| 室内正常环境 | 一般构件 | ≤0.40 | >0.40，≤0.45 | >0.45，≤0.70 | >0.70 |
| | 屋架、托架 | ≤0.20 | >0.20，≤0.30 | >0.30，≤0.50 | >0.50 |
| | 吊车梁 | ≤0.30 | >0.30，≤0.35 | >0.35，≤0.50 | >0.50 |
| 露天或室内高湿度环境 | | ≤0.20 | >0.20，≤0.30 | >0.30，≤0.40 | >0.40 |

注：露天或室内高湿度环境一栏系指处于下列工作条件的结构或构件：直接受雨淋，或室内经常受蒸汽及凝结水作用，以及与土壤直接接触的结构或构件。

**表 2.16　Ⅱ、Ⅲ、Ⅳ级钢筋配筋的预应力混凝土结构或构件裂缝宽度评定等级**

| 构件的使用条件 | | 裂缝宽度/mm | | | |
| --- | --- | --- | --- | --- | --- |
| | | a 级 | b 级 | c 级 | d 级 |
| 室内正常环境 | 一般构件 | ≤0.20 | >0.20,≤0.35 | >0.35,≤0.50 | >0.50 |
| | 屋架、托架 | ≤0.05 | >0.05,≤0.10 | >0.10,≤0.30 | >0.30 |
| | 吊车梁 | ≤0.05 | >0.05,≤0.10 | >0.10,≤0.30 | >0.30 |
| 露天或室内高湿度环境 | | ≤0.02 | >0.02,≤0.05 | >0.05,≤0.20 | >0.20 |

**表 2.17　碳素钢丝、钢绞线、热处理钢筋、冷拔低碳钢丝配筋的预应力混凝土结构或构件裂缝宽度评定等级**

| 构件的使用条件 | | 裂缝宽度/mm | | | |
| --- | --- | --- | --- | --- | --- |
| | | a 级 | b 级 | c 级 | d 级 |
| 室内正常环境 | 一般构件 | ≤0.02 | >0.02,≤0.10 | >0.10,≤0.20 | >0.20 |
| | 屋架、托架 | ≤0.02 | >0.02,≤0.05 | >0.05,≤0.20 | >0.20 |
| | 吊车梁 | — | ≤0.05 | >0.05,≤0.20 | >0.20 |
| 露天或室内高湿度环境 | | — | ≤0.02 | >0.02,≤0.10 | >0.10 |

② 主筋锈蚀产生的裂缝。结构或构件因主筋锈蚀产生的沿主筋方向的裂缝宽度按下列要求评定等级。

a 级：无裂缝。

b 级：无裂缝。

c 级：裂缝宽度≤2mm。

d 级：裂缝宽度>2mm。

因主筋锈蚀导致结构或构件掉角以及混凝土保护层脱落者属 d 级。

有实践经验时，由主筋锈蚀产生的沿主筋方向裂缝宽度的评定等级，根据裂缝出现的部位、结构或构件的重要性和所处环境、裂缝的长度及其扩展宽度，可适当从宽。

3）变形。混凝土结构或构件的变形子项按表 2.18 中的规定评定等级。

4）构造和连接。混凝土结构的构造和连接子项可按下列规定评定等级。

① 当预埋件的锚板和锚筋的构造合理，经检查无变形或位移等异常情况时，可根据承载能力评为 a 级或 b 级；当预埋件的锚板有明显变形或锚板、锚筋与混凝土之间有明显滑移、拔脱现象时，根据其严重程度可按评定基本原则评为 c 级或 d 级。

表 2.18 混凝土结构或构件变形评定等级

| 结构或构件类型 | | 变形 | | | |
|---|---|---|---|---|---|
| | | a 级 | b 级 | c 级 | d 级 |
| 单层厂房屋架、托架 | | $\leq l_0/500$ | $>l_0/500,\leq l_0/450$ | $>l_0/450,\leq l_0/400$ | $>l_0/400$ |
| 多层框架主梁 | | $\leq l_0/400$ | $>l_0/400,\leq l_0/350$ | $>l_0/350,\leq l_0/250$ | $>l_0/250$ |
| 其他:屋盖、楼盖及楼梯构件 | $l_0>9m$ | $\leq l_0/300$ | $>l_0/300,\leq l_0/250$ | $>l_0/250,\leq l_0/200$ | $>l_0/200$ |
| | $7m\leq l_0\leq 9m$ | $\leq l_0/250$ | $>l_0/250,\leq l_0/200$ | $>l_0/200,\leq l_0/175$ | $>l_0/175$ |
| | $l_0<7m$ | $\leq l_0/200$ | $>l_0/200,\leq l_0/175$ | $>l_0/250,\leq l_0/200$ | $>l_0/125$ |
| 吊车梁 | 电动吊车 | $\leq l_0/600$ | $>l_0/600,\leq l_0/500$ | $>l_0/500,\leq l_0/400$ | $>l_0/400$ |
| | 手动吊车 | $\leq l_0/500$ | $>l_0/500,\leq l_0/450$ | $>l_0/175,\leq l_0/125$ | $>l_0/350$ |
| 风荷载下多层厂房 | 框架层间水平变形 | $\leq h/400$ | $>h/400,\leq h/350$ | $>h/350,\leq h/300$ | $>h/300$ |
| | 框架总体水平变形 | $\leq H/500$ | $>H/500,\leq H/450$ | $>H/450,\leq H/400$ | $>H/400$ |
| 单层厂房排架柱平面外倾斜 | | $\leq H/1000$ 且 $H>10m$ 时,$\leq 20mm$ | $>H/1000,\leq H/750$ 且 $H>10m$ 时,$>20mm,\leq 30mm$ | $>H/750,\leq H/500$ 且 $H>10m$ 时,$>30mm,\leq 40mm$ | $>H/500$ 且 $H>10m$ 时,$>40mm$ |

注:1) 表中 $l_0$ 为构件的计算跨度,$H$ 为柱或框架总高,$h$ 为框架层高。

2) 本表所列为按长期荷载效应组合的变形值,应减去或加上制作反拱或下拱值。

② 当连接点的焊缝与螺栓符合国家现行标准规定和使用要求时,可按评级基本原则评为 a 级或 b 级;当节点焊缝或螺栓连接有局部拉脱、剪断、破损或较大滑移者,根据其严重程度可按评定原则评为 c 级或 d 级。

5) 组合项目。混凝土结构或构件的项目评定等级根据承载能力、构造和连接、裂缝、变形 4 个子项的等级,按下列原则确定。

① 当变形、裂缝的评定等级与承载能力或构造和连接的评定等级相差不大于一级时,以承载能力或构造和连接中的较低等级作为该项目的评定等级。

② 当变形、裂缝的评定等级比承载能力或构造和连接的评定等级低二级时,以承载能力或构造和连接中的较低等级降一级作为该项目的评定等级。

③ 当变形、裂缝的评定等级比承载能力或构造和连接的评定等级低三级时,以承载能力或构造和连接中的较低等级降一级或二级作为该项目的评定等级。

(4) 砌体结构

砌体结构或构件的鉴定评级包括承载能力、变形裂缝、变形、构造和连接 4 个子项。变形裂缝是指由于温度、收缩、变形和地基不均匀沉降引起的裂缝。

1) 承载能力。砌体结构或构件应进行承载能力验算。结构或构件承载能力子项应按表 2.19 中的规定评定等级。

**表 2.19 砖砌体结构和构件承载能力评定等级**

| 构件类型 | 承载能力 | | | |
|---|---|---|---|---|
| | $R/\gamma_0 S$ | | | |
| | a 级 | b 级 | c 级 | d 级 |
| 砌体结构和构件 | ≥1.0 | <1.0,≥0.95 | <0.95,≥0.90 | <0.90 |

注：1) 当砌体结构或构件已出现明显的受压、受弯、受剪等受力裂缝时,应根据其严重程度,按评级基本原则评定为 c 级或 d 级。

2) 验算结构或构件承载力时,应考虑由于留洞、风化剥落、各种变形裂缝和构件倾斜引起的有效截面的削弱和附加内力。

2) 变形裂缝。砌体结构或构件的变形裂缝子项按表 2.20 中的规定评定等级,并结合裂缝发生部位、裂缝长度、裂缝是否稳定以及房屋有无振动等因素进行综合判断。

**表 2.20 砌体变形裂缝宽度评定等级**

| 构 件 | 变 形 裂 缝 | | | |
|---|---|---|---|---|
| | a 级 | b 级 | c 级 | d 级 |
| 墙、有壁柱墙 | 无裂缝 | 墙体产生轻微裂缝,最大裂缝宽度<1.5mm | 墙体开裂较严重,最大裂缝宽度在 1.5～10mm 范围内 | 墙体裂缝严重,最大裂缝宽度>10mm |
| 独立柱 | 无裂缝 | 无裂缝 | 最大裂缝宽度<1.5mm,且未贯通柱截面 | 柱断裂产生水平错位 |

注：本表适用于黏土砖、硅酸盐砖以及粉煤灰砖砌体。

3) 变形。墙、柱砌体变形子项按表 2.21 和表 2.22 中的规定评定等级。

**表 2.21 单层厂房砌体结构或构件变形评定等级**

| 构件类别 | 变形或倾斜值 $\Delta$/mm | | | |
|---|---|---|---|---|
| | a 级 | b 级 | c 级 | d 级 |
| 无吊车厂房墙、柱 | ≤10 | >10,≤30 | >30,≤60 或≤$H$/150 | >60,或>$H$/150 |
| 有吊车厂房墙、柱 | ≤$H_T$/1250 | 有倾斜,但不影响使用 | 有倾斜,影响吊车运行,但可调节 | 有倾斜,影响吊车运行,已无法调节 |
| 独立柱 | ≤10 | >10,≤15 | >15,≤40,或≤$H$/170 | >40,或>$H$/150 |

注：1) 表中 $H_T$ 为柱脚底面至吊车梁或吊车桁架顶面的高度,$\Delta$ 为单层厂房砌体墙、柱变形或倾斜值;$H$ 为砌体结构房屋总高。

2) 本表适用于墙、柱高度 $H$≤10m。当墙、柱高度>10m 时,各级变形或倾斜值可增大 10%。

**表 2.22 多层厂房砌体结构或构件变形评定等级**

| 构件类别 | 层间变形或倾斜值 δ/mm | | | | 总变形或倾斜值/mm | | | |
|---|---|---|---|---|---|---|---|---|
| | a 级 | b 级 | c 级 | d 级 | a 级 | b 级 | c 级 | d 级 |
| 墙、带壁柱墙 | ≤5 | >5,≤20 | >20,≤40 或≤h/100 | >40, 或>h/100 | ≤10 | >10,≤30 | >30,≤60 或≤H/120 | >60,或 >H/120 |
| 独立柱 | ≤5 | >5,≤15 | >15,≤30 或≤h/120 | >30, 或>h/120 | ≤10 | >10,≤20 | >20,≤45 或≤H/150 | >50,或 >H/150 |

注:1) $\delta$ 为多层厂房墙、柱层间变形或倾斜值;$h$ 为多层厂房层间高度。

2) 本表适用于房屋总高 $H \leq 10m$。当房屋总高 $H > 10m$ 时,总高度每增加 1m,各级变形或倾斜值增大 10%。

3) 取层间变形和总变形中较低的等级作为厂房变形子项的评定等级。

4) 构造和连接。砌体结构的构造和连接子项包括墙、柱高厚比,墙、柱与梁的连接(搁置长度、垫板设置、预埋件与构件连接),墙与柱的连接等,可按下列规定评定等级。

a 级:墙、柱高厚比小于或等于国家现行规范容许值,构造和连接符合国家现行规范要求。

b 级:墙、柱高厚比大于国家现行规范容许值,但不超过 10%;或构造和连接有局部缺陷,但不影响结构的安全使用。

c 级:墙、柱高厚比大于国家现行规范容许值,但不超过 20%,或构造和连接有较严重的缺陷,已影响结构的安全使用。

d 级:墙、柱高厚比大于国家现行规范容许值,且超过 20%,或构造和连接有严重缺陷,已危及结构的安全。

5) 组合项目。砌体结构或构件的项目评定等级应根据承载能力、构造和连接、变形裂缝、变形 4 个子项的评定等级,按下列原则确定。

① 当变形裂缝、变形的评定等级与承载能力或构造和连接中的较低评定等级相差不大于一级时,以承载能力或构造和连接中的较低等级作为该项目的评定等级。

② 当变形裂缝、变形的评定等级比承载能力或构造和连接中的较低评定等级低二级时,以承载能力或构造和连接中的较低等级降一级作为该项目的评定等级。

③ 当变形裂缝、变形的评定等级比承载能力或构造和连接中的较低评定等级低三级时,可根据变形裂缝、变形对承载能力的影响程度及其发展速度,以承载能力或构造和连接中的较低等级降一级或二级作为该项目的评定等级。

(5) 钢结构

钢结构或构件的鉴定评级包括承载能力(包括构造和连接)、变形、偏差 3 个子项。

1) 承载能力。钢结构或构件应进行强度、稳定性、连接、疲劳等承载能力的验算。结构或构件的承载能力(包括构造和连接)子项可按表 2.23 评定等级。

2) 变形。钢结构或构件的变形子项可按表 2.24 评定等级。

## 表 2.23 钢结构或构件承载能力评定等级

| 结构或构件类型 | 承载能力 $R/\gamma_0 S$ | | | |
|---|---|---|---|---|
| | a 级 | b 级 | c 级 | d 级 |
| 屋架,托架,梁,柱,中、重级工作制吊车梁 | $\geqslant 1.0$ | $<1.0,\ \geqslant 0.95$ | $<0.95,\ \geqslant 0.90$ | $<0.90$ |
| 一般构件 | $\geqslant 1.0$ | $<1.0,\ \geqslant 0.90$ | $<0.90,\ \geqslant 0.85$ | $<0.85$ |

注:1) 凡杆件或连接构造有裂缝或锐角切口者,根据对其承载能力影响程度,可按基本评级原则评为 c 级或 d 级。

2) 对于焊接吊车梁,当上翼缘连接焊缝及其近旁出现疲劳开裂,或受拉区腹板在加劲肋端部或受拉翼缘的横向焊缝处出现疲劳开裂时,或受拉翼缘焊有其他钢件者,应按基本评级原则评为 c 级或 d 级。

## 表 2.24 钢结构或构件变形评定等级

| 钢结构或构件类别 | | 变形 | | | |
|---|---|---|---|---|---|
| | | a 级 | b 级 | c 级 | d 级 |
| 檩条 | 轻屋架 | $\leqslant l/150$ | >a 级变形,功能无影响 | >a 级变形,功能有局部影响 | >a 级变形,功能有影响 |
| | 其他屋盖 | $\leqslant l/200$ | | | |
| | 桁架、屋架及托架 | $\leqslant l/400$ | >a 级变形,功能无影响 | >a 级变形,功能有局部影响 | >a 级变形,功能有影响 |
| 实腹梁 | 主 梁 | $\leqslant l/400$ | >a 级变形,功能无影响 | >a 级变形,功能有局部影响 | >a 级变形,功能有影响 |
| | 其他梁 | $\leqslant l/250$ | | | |
| 吊车梁 | 轻级和 $Q<50t$ 中级桥式吊车 | $\leqslant l/600$ | >a 级变形,吊车运行无影响 | >a 级变形,吊车运行有局部影响,可补救 | >a 级变形,吊车运行有影响,不可补救 |
| | 重级和 $Q>50t$ 中级桥式吊车 | $\leqslant l/750$ | | | |
| 柱 | 厂房柱横向变形 | $\leqslant H_T/1250$ | >a 级变形,吊车运行无影响 | >a 级变形,吊车运行有局部影响 | >a 级变形,吊车运行有影响,不可补救 |
| | 露天栈桥柱的横向变形 | $\leqslant H_T/2500$ | | | |
| | 厂房和露天栈桥柱的纵向变形 | $\leqslant H_T/4000$ | | | |
| 墙架构件 | 支撑砌体的横梁(水平向) | $\leqslant l/300$ | >a 级变形,功能无影响 | >a 级变形,功能有影响 | >a 级变形,功能有严重影响 |
| | 压型钢板、瓦楞铁等轻墙横梁(水平向) | $\leqslant l/200$ | | | |
| | 支 柱 | $\leqslant l/400$ | | | |

注:1) 表中 $l$ 为受弯构件的跨度,$H_T$ 为柱脚底面到吊车梁或桁架上顶面的高度。柱变位为最大一台吊车水平荷载作用下的水平变位值。

2) 本表为按长期荷载效应组合的变形值减去或加上制作反拱或下挠值。

3）偏差。钢结构或构件的偏差子项按下列规定评定等级。

① 天窗架、屋架和托架的不垂直度。

a 级：不大于天窗架、屋架和托架的 1/250，且不大于 15mm。

b 级：构件的不垂直度略大于 a 级的允许值，但沿厂房纵向有足够的垂直支撑保证这种偏差不再发展。

c 级或 d 级：构件的不垂直度大于 a 级的允许值，且有发展的可能时，可按评级基本原则评为 c 级或 d 级。

② 受压构件对通过主受力平面的弯曲矢高。

a 级：不大于杆件自由长度的 1/1000，且不大于 10mm。

b 级：不大于杆件自由长度的 1/660。

c 级或 d 级：大于杆件自由长度的 1/660，可按评级原则评为 c 级或 d 级。

③ 实腹梁的侧弯矢高。

a 级：不大于构件跨度的 1/660。

b 级：略大于构件跨度的 1/660，且不可能发展。

c 级或 d 级：大于构件跨度的 1/660，可按评级原则评为 c 级或 d 级。

④ 吊车梁轨道中心对吊车梁轴线的偏差 $e$。

a 级：$e \leqslant 10mm$。

b 级：$10mm < e \leqslant 20mm$。

c 级或 d 级：$e > 20mm$，吊车梁上翼缘与轨底接触面不平直，有啃轨现象，可按评级基本原则评为 c 级或 d 级。

4）组合项目。钢结构或构件的项目评定等级应根据承载能力（包括构造和连接）、变形、偏差 3 个子项的等级，按下列原则确定。

① 当变形、偏差的评定等级与承载能力（包括构造和连接）的评定等级相差不大于一级时，以承载能力（包括构造和连接）的等级作为该项目的评定等级。

② 当变形、偏差的评定等级比承载能力（包括构造和连接）的评定等级低二级时，以承载能力（包括构造和连接）的等级降一级作为该项目的评定等级。

③ 当变形、偏差的评定等级比承载能力（包括构造和连接）的评定等级低三级时，可根据变形、偏差对承载能力的影响程度，以承载能力（包括构造和连接）的等级降一级或二级作为该项目的评定等级。

（6）围护结构

围护结构系统的鉴定评级包括使用功能和承重结构或构件两个项目。

1）使用功能。使用功能项目包括屋面系统、墙体及门窗、地下防水和防护设施 4 个子项。使用功能的各子项可按表 2.25 评定等级。

表 2.25　围护结构系统使用功能评定等级

| 子项名称 | a 级 | b 级 | c 级 | d 级 |
|---|---|---|---|---|
| 屋面系统 | 构造完好、排水通畅 | 有老化、鼓泡、开裂或轻微损坏、堵塞等现象，但不漏水 | 多处老化、鼓泡、开裂、腐蚀或局部损坏、穿孔。有堵塞或漏水现象 | 多处严重老化、腐蚀或多处损坏、穿孔、开裂，局部严重堵塞或漏水 |
| 墙体及门窗 | 完好 | 墙体及门窗框、扇完好，抹面、装修、连接或玻璃等轻微损坏 | 墙体及门窗或连接局部损坏，已影响使用功能 | 墙体及门窗或连接严重破坏，部分已丧失使用功能 |
| 地下防水 | 完好 | 基本完好，有较大潮湿现象，但没有明显渗漏 | 局部损坏或有渗漏现象 | 多处破损或有较大漏水现象 |
| 防护设施 | 完好 | 有轻微损坏，但不影响防护功能 | 局部损坏，已影响防护功能 | 多处损坏，部分已丧失防护功能 |

注：防护设施系指为了隔热、隔冷、隔尘、防湿、防腐、防爆、防雷和安全而设置的各种设施及天棚吊顶等。

围护结构系统使用功能项目评定等级，可根据各子项对建筑物使用寿命和生产的影响程度确定一个或数个主要子项，其余为次要子项。应取主要子项中最低等级作为该项目的评定等级。

2）承重结构或构件。围护结构体系中的承重结构或构件项目的评定，应根据其结构类别按相应结构或构件的评级规定评定等级。

3）组合项目。围护结构系统组合项目的评定等级，按使用功能和承重结构或构体项目中的较低等级确定。

对只有局部地下防水或防护设施的工业厂房，围护结构系统的项目评定等级，可根据其重要程度进行综合评定。

（7）单元的综合评定

单元的综合鉴定等级分为一、二、三、四 4 个级别，应包括承重结构系统、结构布置和支撑系统、围护结构系统 3 个组合项目，以承重结构系统为主，按下列规定评定单元的综合评级。

1）当结构布置和支撑系统、围护结构系统的评定等级与承重结构系统的评定等级相差不大于一级时，可以承重结构系统的评定等级作为该评定单元的评定等级。

2）当结构布置和支撑系统、围护结构系统的评定等级比承重结构系统的评定等级低二级时，可以承重结构系统的评定等级降一级作为该评定单元的评定等级。

3）当结构布置和支撑系统、围护结构系统的评定等级比承重结构系统的评定等级低三级时，可根据上述原则和具体情况，以承重结构系统的评定等级降一级或二级,作为该评定单元的评定等级。

4) 综合评定中宜结合评定单元的重要性、耐久性、使用状态等综合判定,可对上述评定结果作不大于一级的调整。

鉴定报告中除对厂房评定单元进行综合鉴定评级外,还应对 C 级、D 级承重构件的数量、分布位置及处理建议作详细说明。

**4. 结构耐久性评估**

(1) 结构耐久性评估评定等级标准

目前,结构耐久性评估的主要依据是《钢铁工业建(构)筑物可靠性鉴定规程》(YJB219-89)。

结构的寿命包括无形寿命和自然寿命。结构的无形寿命是指结构建成以后尚未达到自然寿命之前,由于种种原因而终止预定功能的时间。如某厂房建成后使用若干年,尽管结构尚未损坏到应当报废的状态,但由于工艺改造的需要,不得不拆除改建就属于此类。实际工程中这类事件是相当普遍的。结构的自然寿命 $Y$ 也称耐久年限或使用寿命,是指结构在正常维护下,使用一段时间后,已不能满足预定功能要求的时间。结构的剩余耐久年限 $Y_r$(推算值)是指结构经过 $Y_0$ 年使用后,距自然寿命 $Y$ 的剩余年限。

结构耐久性鉴定不同于耐久性设计。被鉴定的结构的耐久性状态已成事实,所以只能根据现有结构的耐久性性能及使用中的耐久性累积损伤信息反馈,确定其耐久性鉴定结果。

结构耐久性评估的重点,是估计结构在正常使用和正常维护的条件下继续使用是否满足下一个目标使用年限 $Y_m$(2a,5a,10a,…)的要求。结构耐久性评估可根据结构耐久性系数 $K_n = Y_r/Y_m$,按表 2.26 中的规定确定等级。

表 2.26　结构耐久性评估等级标准

| 耐 久 性 评 估 | | | a 级 | b 级 | c 级 | d 级 |
|---|---|---|---|---|---|---|
| 混凝土结构 | 钢结构 | 砌体结构 | | | | |
| 结构耐久性系数 $K_n$ 主筋处于未碳化区 | 维修保护膜尚起作用 | 坚硬砌体 | ≥1.5 | 1.5>$K_n$≥1.0 | <1.0 | |
| 主筋处于已碳化区 | 维修保护膜不起作用 | 松软砌体 | | | ≥1.0 | <1.0 |

注:表中当结构耐久性系数 $K_n$<1.0 时,应对结构进行安全验算。

结构或构件综合评定中耐久性评估与结构适用性(变形、挠度……)评级的重要性相同。所以往往结构耐久性评估和结构综合评定等级相差一至二级。

(2) 混凝土结构耐久性评估

目前,混凝土结构耐久性寿命理论包括混凝土碳化或其他化学变化理论、混凝土裂缝寿命理论和结构承载力寿命理论。由于混凝土裂缝寿命理论没有结构承载

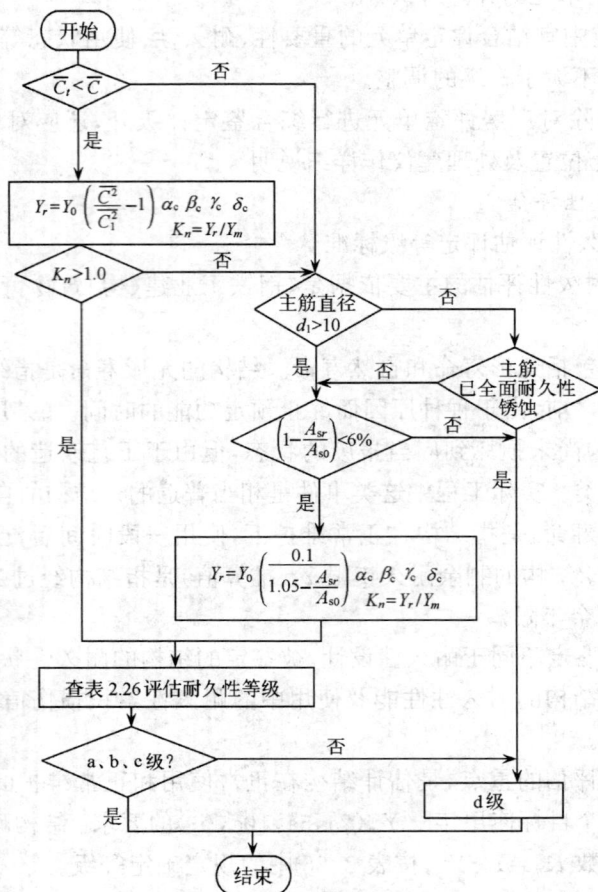

图 2.18　混凝土结构耐久性评估图

$\overline{C}$——混凝土结构构件截面受力主筋平均保护层厚度(mm)，$\overline{C} = \dfrac{1}{n}\sum_{1}^{n} C_i$

$C_i$——混凝土结构构件截面第 $i$ 排受力主筋保护层厚度(mm)

$n$——混凝土结构构件受力主筋排数

$\overline{C}_t$——混凝土结构构件截面受力主筋侧平均碳化深度(mm)

$Y_r$——结构构件自然寿命剩余年限(推算值)(a)

$Y_0$——结构构件已使用年限(a)

$Y_m$——结构构件下一个目标使用年限(a)

$A_{sr}$——钢筋锈蚀后当前剩余截面面积(mm$^2$)

$A_{s0}$——钢筋锈蚀前截面面积(mm$^2$)

$K_n$——结构耐久性系数

$\beta_c$——混凝土结构耐久性的钢筋保护层材质系数，按表 2.27 取用

$\alpha_c$——混凝土结构耐久性的混凝土材质系数，按表 2.28 取用

$\gamma_c$——环境对混凝土结构耐久性影响系数，按表 2.29 取用

$\delta_c$——混凝土结构耐久性的结构损伤系数，按表 2.30 取用

力寿命理论直接可靠,所以一般应用碳化寿命理论和结构承载力寿命理论。根据混凝土碳化耐久性研究成果,以混凝土碳化到主筋表面作为 b、c 级的分界线。根据承载力耐久性研究成果,对主筋直径不大于 10mm 的钢筋,发生全面锈蚀则评为 d 级;主筋值径大于 10mm 的钢筋锈蚀断面损失小于或等于 6% 时,可按 c 级考虑,大于 6% 时则评为 d 级。

当构件中一半以上均主筋处于耐久性腐蚀状态,即使通过一般维修和局部更换,也不能满足规定的构件评定等级 b 级的要求,达到这种状态的时间 $Y_r$ 称为该构件自然寿命剩余耐久年限(推算值)。

混凝土结构的耐久性评估可按图 2.18 进行。

上述评估不包括处于液相腐蚀环境下的结构和由于生产工艺产生杂散电流造成混凝土结构中钢筋的强电化腐蚀,也不包括预应力混凝土结构。对预应力混凝土结构,如碳化未至主筋时,可按耐久寿命理论评级,如果碳化超过主筋,可按主筋 $d_i < 10$mm 评级。

**表 2.27　混凝土结构耐久性的钢筋保护层系数 $\beta_c$**

| 构件状态 | 混凝土结构保护层厚度/mm | | | | | | |
|---|---|---|---|---|---|---|---|
| | 1C | 15 | 20 | 25 | 30 | 35 | ≥40 |
| 受力主筋直径≤10mm | 0.9 | 1.0 | 1.1 | 1.2 | 1.3 | | |
| 受力主筋直径>10mm | | 0.8 | 0.9 | 1.0 | 1.1 | 1.2 | 1.3 |

注:当有厚度≥15～20mm 的良好砂浆抹面时,表中系数可乘 1.3 采用。

**表 2.28　混凝土结构耐久性的混凝土材质系数 $\alpha_c$**

| 混凝土强度/MPa | 15.0 | 20.0 | 25.0 | 30.0 | 35.0 | ≥40.0 |
|---|---|---|---|---|---|---|
| 混凝土材质系数 | 0.85 | 1.00 | 1.15 | 1.30 | 1.45 | 1.60 |

**表 2.29　环境对混凝土结构耐久性影响系数 $\gamma_c$**

| 腐蚀程度分类 | 环　境　状　况 | | | |
|---|---|---|---|---|
| | 一般区 | | 干湿交替区 | |
| | 构件主筋直径/mm | | 构件主筋直径/mm | |
| | ≤φ10 | >φ10 | ≤φ10 | >φ10 |
| IV | 0.6 | 0.7 | 0.4 | 0.5 |
| V | 0.7 | 0.8 | 0.5 | 0.6 |
| VI,沿海 5km 以内 | 0.8 | 0.9 | 0.6 | 0.7 |
| 潮湿区、室外 | 0.9 | 1.0 | 0.7 | 0.8 |
| 一般室内 | 1.0 | 1.1 | 0.8 | 0.9 |
| 室内干燥区 | 1.2 | 1.3 | 0.8 | 0.9 |

注:腐蚀程度根据《工业建筑防腐设计规范》(GBJ46-82)第 2.1.1 条分类。

**表 2. 30　混凝土结构耐久性的结构损伤系数 $\delta_c$**

| 损　伤　程　度 | | $C/d_i$ | | 备　　注 |
|---|---|---|---|---|
| | | 0.5～1.5 | 1.5～2.5 | |
| 有主筋耐久性腐蚀,混凝土保护层成片脱落 | | 0.5 | 0.3 且 $d<10$mm | 必须检查钢筋剩余截面积,考虑折损进行计算 |
| 构件截面角部沿主筋出现耐久性腐蚀裂缝 | | 0.8 | 0.6 | |
| 保护层机械损伤 | 干燥区 | 0.9 | 0.8 | |
| | 潮湿区 | 0.3～0.8 | 0.3～0.6 | |
| 无　　损　　伤 | | 1.0 | 1.0 | |

注:1) 检查主截面钢筋一半以上出现表中所列情况者,应乘以表中系数。

2) $C$ 为平均保护层厚度(mm), $d_i$ 为主筋直径(mm)。

# 思　考　题

2.1　混凝土结构的检测内容有哪些?

2.2　混凝土的抗压强度用何方法检测?如何检测?

2.3　混凝土结构内部的缺陷如何检测?

2.4　砌体结构的检测内容有哪些?

2.5　砌体强度怎样检测?

2.6　建筑物的可靠性鉴定有几种方法?各有何特点?

2.7　建筑物可靠性鉴定的评级层次和等级如何划分?

2.8　简述混凝土结构可靠性鉴定的内容和方法。

2.9　简述砌体结构可靠性鉴定的内容和方法。

# 第三章　地基、基础工程事故处理

地基、基础工程事故是最常见的质量事故之一。本章主要介绍地基工程事故的类别、发生事故的原因、地基事故处理方案的选择和各种处理方案的施工方法，以及简单基础事故的处理方法。

建筑物事故的发生，不少与地基问题有关。地基事故的主要原因是由于勘察、设计、施工不当或环境和使用情况发生改变引起的，最终表现为产生过大的变形或不均匀沉降，从而使基础或上部结构出现裂缝或倾斜，削弱和破坏了结构的整体性、耐久性，严重的导致建筑物倒塌。

地基事故，按其性质可分为地基强度和变形两大类。地基强度问题引起的地基事故主要表现在地基承载力不足或丧失稳定性；地基变形问题引起的事故常发生在软土、湿陷性黄土、膨胀土、季节性冻土等地区。

地基事故发生后，首先应进行认真细致的调查研究，然后根据事故发生的原因和类型，因地制宜地选择合理的基础托换方法，进行处理。在进行托换前，要对建筑物被托换的安全性予以论证；在托换过程中，应采取严密的监控措施，保证建筑物的各部位之间不致产生过大的沉降差，还应保证邻近建筑物的安全性。

## 3.1　地基工程事故类别、特征及其效应

### 3.1.1　地基失稳事故

地基失稳破坏的原因，是由于地基中各点的剪应力随着荷载的增加而不断增加，当地基中局部范围内的剪应力达到土的抗剪极限强度时，便会产生局部剪切破坏。如局部破坏的范围扩大而连成整体，则地基将失去稳定性，并可能引起建筑物的严重破坏。地基的失稳破坏属剪切破坏，有以下 3 种情况。

**1. 整体剪切破坏**

当荷载大于某数值时，基础急剧下沉。同时，在基础周围的地面有明显的隆起现象，继而，基础倾斜，甚至倒塌，地基发生整体剪切破坏。如加拿大特朗斯康谷仓，受载后，地基发生滑动严重倾斜，是地基发生整体滑动、丧失稳定性的典型例子（见图 3.1）。该谷仓建在较厚的软黏土地基上，受荷后谷仓西侧突然陷入土中 8.8m，东侧则抬高 1.5m，但该谷仓的整体性很强，仓身完好无损。

图 3.1　地基整体剪切破坏

**2. 局部剪切破坏**

与前类似,滑动面从基础的一边开始,终止于地基中的某点。只有当基础发生相当大的竖向位移时,滑动面才发展到地面。破坏时,基础周围地面也有隆起现象,但基础无明显的倾斜或倒塌。软黏土和松沙地基易发生这一类型的破坏。

**3. 冲切剪切破坏**

压缩性较大的软黏土和松沙,由于弱土层的变形使基础连续下沉,产生过大的沉降,基础就像切入土中一样。故称为冲切剪切破坏。

在建筑工程中,地基失稳事故比变形事故少,但失稳的后果是严重的,有时是灾难性的。如广东海康县 7 层框架结构的旅馆建造在淤泥质软土地基上,设计人员在无地质勘探资料的情况下,盲目地按照 100～120kPa 的承载力设计,并错误地采用独立基础,造成因地基失稳而倒塌的严重事故。事故发生后,实测地基承载力仅为 40～50kPa,又由于少算荷载,柱的承载力也远达不到要求。基础的严重不均匀沉降,使上部结构产生很大的附加内力,导致结构倒塌,造成直接经济损失 60 余万元。

## 3.1.2　地基变形事故

**1. 软土地基的不均匀沉降**

（1）软弱土地基变形特征

软土一般是指抗剪强度较低、压缩性较高、渗透性较小的淤泥、淤泥质土、某些冲填土和杂填土及其他高压缩性土层。软弱土地基的变形主要有以下 3 个特征。

1）沉降大而不均匀。软土地区大量沉降观测资料统计表明,砖混结构的建筑物 3 层房屋的沉降量约为 15～20cm,4 层房屋一般为 20～50cm,5～6 层房屋的沉降可达到 70cm。有吊车的单层工业厂房沉降约为 20～40cm。如果上部结构各部分荷载的差异较大,建筑物的体型又较复杂,或者土层不均匀,将会引起很大的不均匀沉降。软土地基的不均匀沉降,是造成建筑物裂缝损坏或倾斜等事故的重要原因。

2）沉降速率大。软土地基的沉降速率较大，一般工业与民用建筑，活荷载较小时，竣工时沉降速率大约为 0.5～15mm/d，活荷载大的工业建筑（构筑）物，最大沉降速率可达 45mm/d。约在施工期 0.5～1a 的时间内，是建筑物差异沉降发展最为迅速的时期，也是建筑物最易出现裂缝的时期。

3）沉降稳定历时长。因软弱土的渗透性低，孔隙水不易排除，故沉降稳定历时长。在比较厚的软土层上，建筑物基础的沉降往往持续几年乃至十几年。

（2）不均匀沉降对上部结构产生的效应

1）砖墙开裂。不均匀沉降侹墙体受弯或受剪而开裂。

2）砖柱断裂。砖柱断裂产生水平和垂直两种裂缝。前者是因不均匀沉降使柱产生纵向弯曲所致，多出现在柱中部，沿水平灰缝发展，使砖柱受压面积减少，严重时可使局部压碎。垂直缝一般因承压强度不足所致，发生在强度薄弱处。

3）钢筋混凝土柱倾斜或断裂。因沉降差别大使柱倾斜，并在柱顶产生较大的水平力，使柱身弯矩增大而开裂，且集中在柱身变形截面处及地面附近。

4）高耸建筑物倾斜。

2. 湿陷性黄土地基的变形

（1）变形特征

湿陷性黄土呈黄色或褐黄色，粉土颗粒含量常占土重的 60% 以上，含有大量的碳酸盐、硫酸盐和氯化物等可溶盐类，天然孔隙比在 1 左右，土中具有肉眼可见的大孔隙。在覆土层的自重压力和建筑物的附加压力作用下受水浸湿，土的结构迅速破坏，其强度也迅速降低，并发生显著的附加沉降。湿陷性黄土的变形特征如下。

1）变形量大。湿陷性黄土的湿陷变形只出现在受水浸湿部位，常超过正常压缩变形几倍甚至几十倍。

2）发展速度快。地基浸水后 1～3d 就开始湿陷。对一般的事故，往往一二天就能产生 20～30cm 的变形量。

这种量大、速度快而不均匀的湿陷，会导致建筑物发生严的变形甚至破坏。

（2）对上部结构产生的效应

1）基础及上部结构开裂。因变形大，故基础及墙体结构裂缝大、开展迅速。

2）倾斜。湿陷性变形只出现在浸水部位，无浸水处不发生，从而形成沉降差，造成建筑物倾斜。

3）折断。当地基多处湿陷时，基础产生弯曲变形，引起基础和管道等折断。

3. 膨胀土地基的变形

（1）膨胀土变形特征

膨胀土是指黏粒成分主要由强亲水性矿物组成，具有吸水膨胀和失水收缩且胀缩性能较大的黏性土。膨胀土地基的变形主要表现为不均匀性和可逆性。随季节气候的变化，反复吸水、失水，会使地基变形不均匀，且长期不稳定。

（2）对上部结构的效应

膨胀土地基变形对上部结构的效应，主要是使结构开裂，且开裂有如下特点。

1）地域性和成群性。某区域范围内的房屋大部分出现开裂现象，一般在建成后三五年出现开裂，也有少数在施工期就开裂的。

2）遇水膨胀，失水收缩，反复作用。

3）在地质条件相同的情况下，单层房屋开裂较为普遍。

4）室内地面开裂。

# 3.2　地基工程事故的原因

## 3.2.1　地质勘察问题

### 1. 勘察工作不认真，提供的指标不确切

勘察工作不认真，报告中提供的指标不确切。如武昌某办公楼，设计前仅做简易勘探，提供了不准确的勘测数据。设计人员按偏高的地基承载力设计，房屋尚未竣工就出现较大的不均匀沉降，倾斜约为 40cm，并引起附近房屋开裂。

### 2. 勘察不全面

勘察时钻孔间距太大，不能全面准确地反映实际情况，在丘陵地区或地质情况变化大时，更易发生问题。如四川某单层厂房，地基的基岩起伏达 0.5m/m，勘察资料未提供详细数据，设计时，将基础按相同埋置深度置于覆土层上，造成厂房基础出现较大的不均匀沉降，引起墙体裂缝，宽度达 6mm。

### 3. 钻孔深度不够

对较深范围内地基的软弱层、暗浜、墓穴、孔洞等情况没有查清，仅依据地表面或基底以下深度不大范围内的情况提供勘察资料。如南京某宿舍楼为 5 层砖混结构，采用不埋式板式基础。施工到 5 层时，基础断裂。补充勘探发现，楼西部地表面杂填土 1.4m 以下，有一层淤泥及灰壳层，厚度达 2m，属高压缩性。建筑物座落在软硬悬殊的地基上，是造成基础断裂的原因。

### 4. 勘察报告不详细、不准确

勘察报告不详细、不准确，引起基础设计方案的错误。如四川某工程，根据岩石深度在基底 5m 以下的资料，采用了 5m 长的爆扩桩基础，建成后，中部产生较大的沉降，墙体开裂，经补充勘察，发现中部基岩面深达 10m。

## 3.2.2　设计方案及计算问题

### 1. 设计方案不合理

有些工程的地质条件差，变化复杂，由于基础设计方案选择不合理，不能满足上

部结构与荷载的要求,因而引起建筑物开裂或倾斜。如厦门市某楼为 7 层框架结构,片筏基础,地基软土用砂井处理,建成后,差异沉降达 35cm,导致电梯无法安装。

### 2. 盲目套用图纸

不考虑实际情况,盲目套用图纸。各地的工程地质条件千差万别,错综复杂,即使同一场地也会有所不同,加之建筑物的结构形式、平面布置及使用条件也不同。如果盲目地套搬标准图或已有图纸,就可能造成事故的发生。如山西太原某住宅楼,套用该市标准图纸施工,建成后不久出现内外墙开裂的事故,影响安全,住户被迫搬出。后查明原因为地基承载力不足。

### 3. 设计计算错误,荷载不准确

有的设计单位资质低,设计人员不具备相应的设计水平,也有的无证设计或根本不懂有关理论,仅凭经验设计,使得设计出错,造成事故。如某水电车间,单层砖混结构,钢筋混凝土屋面梁、板,砖壁柱,毛石条形基础。由于忽视了屋面梁传给壁柱的集中力作用,基础按等宽布置,结果使得纵墙基础底面压力分布不均匀,导致纵墙严重开裂,地圈梁及条形基础均裂缝,影响使用。

## 3.2.3 施工问题

地基、基础为隐蔽工程,要认真组织施工,保证施工质量,否则会留下隐患。施工方面的问题主要有:

1) 不按图纸施工或不按技术操作规程施工。

2) 偷工减料,使得砌体、混凝土强度达不到要求。

3) 管理不善,不按建设要求和施工程序办事。如洛阳一幢 5 层砖混结构宿舍,地基用灰土桩处理。因管理混乱,工地无固定的技术人员把关,缺乏细致认真的技术交底和质量检查,灰土桩施工质量低劣,不得不返工重做,造成巨大的经济损失。

## 3.2.4 环境及使用问题

### 1. 基础施工的环境效应

打桩、钻孔灌注桩及基坑开挖等不同程度地对周围建筑物产生一定的危害。南京某外文书店,在桩基施工中,因振动影响,引起附近某家属宿舍楼墙体开裂,地面、楼梯等出现裂缝。

### 2. 地下水位的变化

多种因素会引起地下水位的变化,特别是水位在基础底面以下变化时,将产生严重的后果。水浸湿、软化岩土坝可使地基的强度降低,引起建筑物过大的沉降或不均匀沉降,最终导致倾斜或开裂。如浙江某教学楼,建成后 16 年使用正常,1976 年由于该楼附近开挖深井,过量抽取地下水,引起地基不均匀沉降,使墙体开裂,最大裂缝宽度达 40mm。

3. 使用条件的变化

（1）盲目加层

不作认真的鉴定和可靠性研究，盲目加层；或加层改造未处理好地基和上部结构问题。如哈尔滨某居民住宅，未经验算，由1层增至4层，不久便因基础沉降不匀出现严重裂缝，最后不得已全部拆除。

（2）大面积堆载

大面积堆载多发生在工业厂房或仓库内外，地面堆载量大且不匀，容易造成基础向内（或外）侧倾斜，对上部结构和生产使用带来不良后果。主要表现有墙、柱开裂，吊车卡轨、地下管道损坏等。

（3）管理不善

上、下水管道漏水未及时修理，引起地基湿陷发生事故。

（4）改变功能

不经论证，改变房屋使用功能，使得荷载增加过大或不均匀，导致地基不均匀沉降。

## 3.3  地基工程事故的分级标准和处理方案选择

### 3.3.1  地基事故的分级

地基变形是衡量地基状况的主要指标。我国现行《建筑地基基础设计规范》（GB5007-2002）提供了地基的允许变形值，可作为地基加固和纠偏的依据。如砌体承重结构基础的局部倾斜，当为中、低压缩性土时，为0.002（纵向6～10m内基础两点的沉降差与其距离的比值）。因地基所引起的事故的分级标准可参考表3.1分析判断。

表 3.1  建筑物地基事故的判断与严重程度分级

| 事　　故　　特　　征 | 严重程度 |
| --- | --- |
| 不均匀沉降超标，墙面出现1mm以下的裂缝或稍微倾斜 | 1 |
| 不均匀沉降超标，墙面、梁、柱出现少量裂缝，门窗开启不灵 | 2 |
| 不均匀沉降显著或均匀沉降很大，墙、柱、梁开裂普遍，倾斜明显，影响安全和适用 | 3 |
| 不均匀沉降严重，结构有破损，危及安全，不能使用 | 4 |

对于严重程度为1级、2级事故的建筑物，可先对其观察，视沉降和裂缝是否稳定和建筑物的重要程度，确定处理与否；对于严重程度为3级的建筑物，无论其发展情况和重要程度如何，均应立即着手补救处理；对于严重程度为4级的建筑物，需要采取紧急安全措施，并进行有效地补救托换处理。

### 3.3.2 地基的托换方案选择

地基托换或基础托换是指对原有建筑物的地基或基础进行处理和加固的技术总称。

发生地基事故的建筑物，要根据事故的特征，区分地基事故类型，查清事故原因，因地制宜地选择技术有效、经济合理、施工简便的托换方法。可供选择的托换方法有：基础扩大托换、坑式托换、桩式托换、灌浆托换、纠偏托换等。纠偏又分为迫降纠偏法(掏土、压重、降水、注水等)和顶升纠偏法，有时还需采取排水、减重、护坡等综合治理措施。选择托换方案一般应考虑以下5个方面的影响因素：

1) 地基事故的类型、范围大小、变形特征。

2) 建筑场地地基分布与组成状况，地下水位高低与水质(有无侵蚀性)。

3) 建筑物的结构、基础状况，完整程度，荷载大小等。

4) 周围房屋的密集程度。

5) 施工条件、经验、造价等。

如某浴室建造在湿陷性黄土地基上，由于管道漏水发生湿陷事故，该场地湿陷性土层太厚，地下水位较低，考虑到黄土开挖后，可保持直坡的特点，确定采用简易的墩式托换方法。对于荷载大、上部结构刚度较好、地质条件复杂、持力层埋藏深、地下水位较高地区，可采用桩式托换。

需指出，地基处理费用一般较高，且托换施工有一定难度，是否采用地基托换的处理方法应进行经济上的权衡分析后决定。可能的话，宜优先采用结构或地面处理的方法。

# 3.4 建筑物的基础加固

### 3.4.1 基础扩大托换

许多原有建筑物或加层工程，常因地基承载力不足或基础面积偏小而产生过大的沉降或不均匀沉降，致使建筑物开裂或基础断裂。加宽或加大基础底面积的方法，且因施工简单、所需设备少，得到较多的应用。

基础扩大托换方法，一般可采用混凝土围套或钢筋混凝土围套法进行加固。前者用于扩大宽度不大于30cm的基础，后者用于扩大宽度大于30cm的基础。基础扩大的方法有单面加宽、双面加宽和四面加宽。

1. 单面加宽

当基础承受的荷载偏心较大，或产生不均匀沉降时，可采用单面加宽的方法[见图3.2(a)]。为了使新加部分与原基础有很好的连接，将原基础表面凿毛(或剔

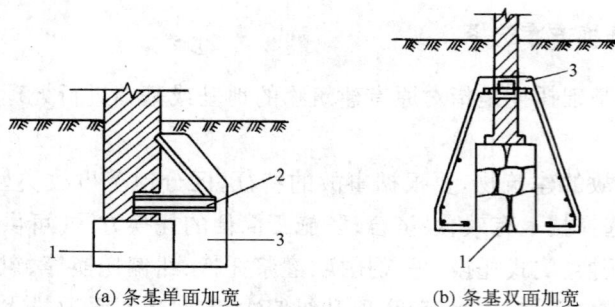

(a) 条基单面加宽　　　　　　(b) 条基双面加宽

图 3.2　条基单面加宽和双面加宽

1. 原有基础；2. 工字钢；3. 加宽部分

缝),每隔一定间距设置角钢挑梁,用膨胀混凝土将其牢靠地锚固在原基础上,浇捣混凝土前,接缝处涂刷界面处理剂。

2. 双面加宽

当基础承受过大的中心荷载或小偏心荷载时采用双面加宽的方法[见图 3.2(b)]。新旧基础接缝处,采用剔挖原基础灰缝或在原基础上凿凹槽形成剪力键的办法。

3. 四面加宽

对于独立基础,采用四面加宽的方法进行加固(见图 3.3)。每边加宽小于 30cm 时,用素混凝土围套;大于 30cm 时,用钢筋混凝土围套。

4. 抬梁法

用抬梁法加大基础面积,是在原基础两侧挖坑并做新基础,通过钢筋混凝土梁将墙体荷载部分转移到新做的基础上,从而间接加大原基础的底面积(见图 3.4)。新加的抬墙梁应设置在原地基梁的下部,这种方法具有对原基础扰动少,设置数量灵活的特点。

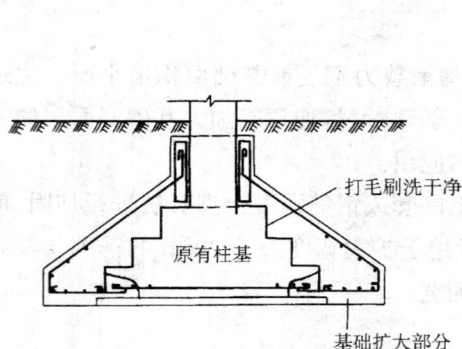

图 3.3　基础四面加宽

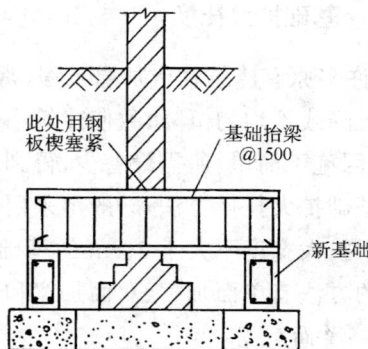

图 3.4　抬梁法加大基底面积

用抬梁法加大基底面积,应注意抬梁要避开底层的门、窗和洞口。抬梁顶与墙之间用钢板楔紧,以提高新增基础传力的可靠性。

最后指出,条形基础的扩宽应按 1.5~2m 的长度划出许多区段,分段进行施工,在每一区段中挖出设计要求的宽度和深度的地槽,浇筑扩宽基础。绝不能在基础上挖连续的地槽使地基土暴露,以免导致土体被挤出,使基础产生不均匀沉降。

5. 斜撑法

斜撑法加大基底面积,用于独立基础承载力不足时的加固。在原独立基础之间增建新的独立基础,用斜撑连接新加基础和框架柱(见图 3.5)。钢筋混凝土斜撑与框架柱之间的连接要牢固,以保证荷载传递的可靠性。

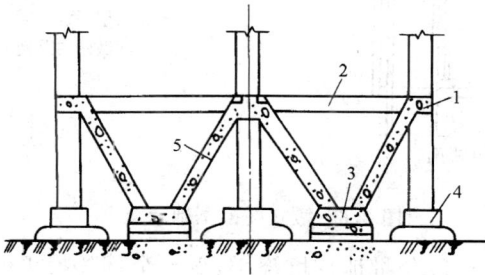

图 3.5 斜撑法加大基础面积
1. 沿墙周分布的圈梁或框架;2. 楼板;3. 新增基础;4. 原有基础;5. 斜支撑

### 3.4.2 墩式托换

1. 墩式托换方法

墩式托换又称坑式托换。是将原持力层地基土分段挖去,然后浇筑混凝土墩或砌筑毛石墩,使基础支承到较好的土层上的地基加固方法。

墩式托换适用于土层易于开挖,地下水位较低的地质条件。其特点是费用低、施工简单易行,此外托换工作可在建筑物外部进行,在施工期间建筑物仍可正常使用。

墩式托换的施工步骤如下:

1) 在贴近被托换基础的旁边,人工开挖比原基础底面深约 1.5m,长、宽分别为 1.2m 和 0.9m 的导坑。

2) 将导坑横向扩展到原基础下面,并继续下挖至所要求的持力层标高处。

3) 用混凝土浇筑基础下的坑体(或用毛石砌墩)至基底 80mm 处,养护 1d 后,用干硬性膨胀混凝土填塞捣实,顶紧原基础底面(见图 3.6)。如有条件,可采用早强混凝土以加快施工进度。

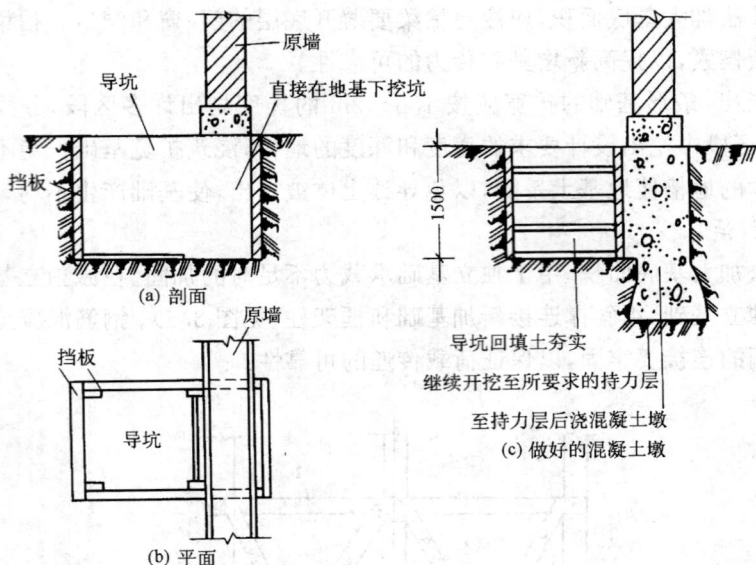

图 3.6　墩式托换基础示意图

4）按以上步骤，分段分批地挖坑浇墩，直至全部托换工作完成为止。墩体可以是间断的，也可以是连续的，主要取决于原基础的荷载和地基的承载力。

2. 工程实例

（1）工程与事故概况

某水电车间为单层砖混结构，钢筋混凝土梁、板屋面，毛石基础，顶部设圈梁，地处水塘边。因不均匀沉降，靠水塘一侧的山墙、拐角及纵墙的一段，开裂严重，且继续发展。挖槽检查，开裂墙体下的钢筋混凝土圈梁及毛石基础也有明显裂缝。

（2）事故原因

1）管理不当。使用过程中排水措施不力，造成端部地基浸水，强度降低，引起基础沉降。

2）基础方案不合理。壁柱承受的是集中力，其下部基础应比窗间大。而原设计采用了相同宽度的条形基础方案，使得纵墙下基底压力分布不均匀。加之上部刚度差，不具备调整基底压力和变形的能力，故壁柱间的墙体上发生了裂缝。

（3）事故处理

根据事故的原因，选择基础扩大托换方案。分别对墙体开裂部位处的两个壁柱、拐角及山墙中段等 4 处基础进行加固处理（见图 3.7）。

施工时，先在屋面梁底加设临时支撑，卸除加固部位基础上的部分荷载。然后从基础两侧开挖坑槽，将扩大加固部位基底下的土掏出。按设计的长、宽、厚度浇筑混凝土墩，基础底设双向 $\phi 12@150$ 的钢筋网。原基础两侧凿毛、剔缝，新浇混凝土

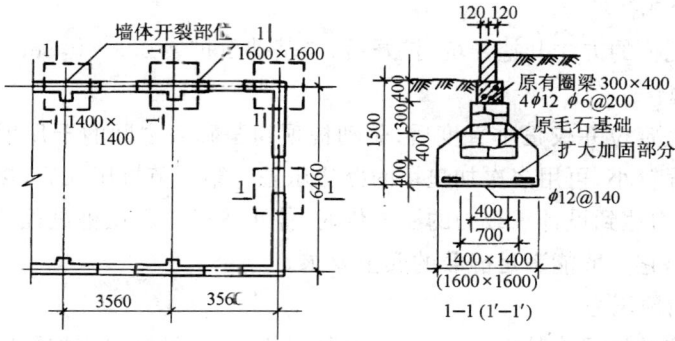

图 3.7　墩式托换基础实例

高出原基础底面,保证二者之间连接牢固。混凝土达到强度后,上部墙体的裂缝用砂浆嵌补,开裂严重的局部拆除重砌。托换后,数年观测效果良好。

# 3.5　桩式托换

当上部结构荷载大,地质条件复杂,地下水位高时,采用墩式托换有困难,可采用加桩的方式进行托换。桩式托换的方法有:静压桩托换、打入桩托换、灌注桩托换、树根桩托换、石灰桩托换等。经许多工程实践证明桩式托换是行之有效的。

## 3.5.1　基底静压桩托换

基底静压换桩工艺与上节的墩式托换相似,其区别在于:导坑挖好后,不在原基础下浇混凝土,而是用原基础底面承受千斤顶的反力,将桩压入土层中,即由静压桩取代了混凝土墩的作用。静压桩不受地下水位的限制,可对局部土坑、暗浜、淤泥质土及地下水位较高等多种情况的事故进行处理和加固。在旧房加层中使用此法提高地基承载力,可取得满意的效果。

(1)桩的形状和尺寸

桩可用 $\phi150\sim250$mm 的钢管桩,或 200mm×200mm 的方形及 $\phi200$mm 的圆形混凝土桩。底节桩长 1.3~1.5m,桩端加工成锥角。其他各节视托换坑的净空高度确定,一般以 1m 左右为宜。钢管桩上下两节间应有导向管,以保证其垂直度,混凝土桩用预留孔或预留筋接桩,也可用预埋件焊接接桩。

(2)桩的平面布置

桩一般布置在纵横墙相交的基础下及窗间墙的基础下,每个坑设单桩、双桩还是多根桩,视上部结构荷载而定。桩一般沿基础中心线布置,荷载偏心较大时,也可布置在压力较大的一侧。

（3）开挖托换坑

按墩式托换的方法开挖导坑，挖好后，向基础下扩展 0.5～0.8m，并进行支护。

（4）压桩

将底节桩定位并校正垂直度后，驱动桩顶和基础底之间的千斤顶，将桩压入。因千斤顶行程较小，可用多次加垫块的办法压桩。第一节桩压入后，接好第二节桩再压，当压桩力达到设计承载力的 1.5 倍时，停止压桩。因压桩过程处于动摩擦状态，根据经验，它一般能满足静载的安全要求。

（5）施加预压力

为了更有效地阻止基础沉降，减少原基底的压力，可对桩施加预压力。作法是：把两台并排的千斤顶放在桩顶与基础底面之间，（之间要有足够的空间，以便安放型钢柱），驱动千斤顶施加预压力，当达到 1.5 倍的设计压力，且沉降不再增加时，放一段预制型钢短柱在千斤顶与基底之间，并打入钢楔。随后卸去千斤顶，用混凝土把型钢包裹起来（见图 3.8）。

实际工程中，也可不施加预压力的，但在静压桩真正起作用前，将有少量的沉降发生，对一般建筑物是允许的。

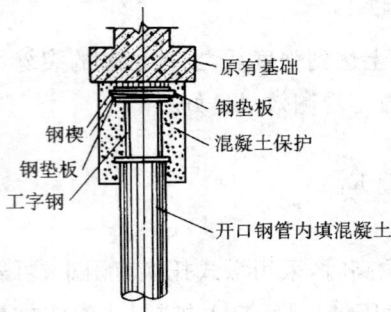

图 3.8　基底静压桩

图中标注：原有基础、钢垫板、混凝土保护、钢楔、钢垫板、工字钢、开口钢管内填混凝土

## 3.5.2　灌注桩托换

**1. 概述**

灌注桩是用机具在现场钻孔，然后在孔内放入钢筋（也可不放），并浇捣混凝土而成。由于灌注桩的桩长不受限制，深度可达几十米，成孔的方法又较多，所以在托换工程中广泛使用。它不仅用于地基事故处理，也可用于旧房增层改造中外套框架的桩基础等。

灌注桩的成孔方法有螺旋钻钻孔灌注桩、潜水钻钻孔灌注桩和人工挖孔灌注桩等几种。

1）螺旋钻钻孔灌注桩使用螺旋钻机成孔，成孔直径可达 300～400mm，深度达 10～12m。成孔后放置钢筋笼，浇筑混凝土而成桩。它适用于地下水位以上的黏土，沙土和填土。水位较高时，土体难以排出。

2）潜水钻钻孔灌注桩是用潜水电动钻机成孔，深度达几十米，适宜于在地下水位以下施工。潜水电钻的动力部分经密封后安装在水下的钻头和钻杆之间，它运用灵活，操作方便且无振动。这种钻机可紧靠原墙基础钻孔，孔径大（一般在 500mm 以上），深度大，常用于处在房屋密集和场地狭窄地段，原有和邻近建筑物不受振动影响,可在厂房不停产、住户不搬迁条件下,进行托换处理。

3) 人工挖孔灌注桩是用人工挖孔并浇捣混凝土而成的桩。优点是施工机具简单,易保证质量,承载力大,但比较费工费时,适用于地下水位较低及土质透水性差的地质条件。

2. 灌注桩的工作状况

灌注桩托换施工结束后,桩尚未受力,如果基础没有新的沉降发生,灌注桩基本不起作用。若建筑物产生沉降,即使沉降极小,桩就承受建筑物的部分荷载。同时,原基础下的基底压力相应减少。随沉降量的增加,桩所分担的荷载也相应增大。荷载从原基础向灌注桩的转移是迅速的,一般最大沉降在几毫米之内。

经灌注桩托换的基础,有两个支承系统,一个是原来的地基,另一个是灌注桩。一般认为托换后的地基承载力为原来地基承载力与新加灌注桩的承载力之和。

3. 桩与基础(承台)的连接

灌注桩的承载力较大,桩与基础须有可靠的连接,以保证灌注桩有效地参与工作。桩与基础的连接方法有锥形扩孔连接、承台加固连接和扩径桩连接等方法(见图 3.9)。

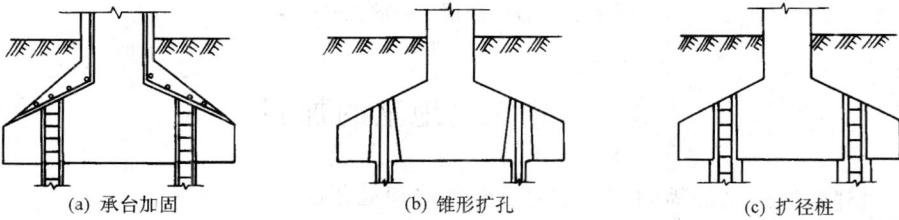

| (a) 承台加固 | (b) 锥形扩孔 | (c) 扩径桩 |

图 3.9  桩与承台的连接

当原基础较窄或基础承受的弯矩较大,补加的桩较多以及为减小对原基础的扰动时,桩离基础会较远。这时宜另做承台抬梁并采取可靠的连接方法。

4. 工程实例

(1) 工程与事故概况

湖北省某中学教学楼为 3 层砖混结构,条形基础,位于膨胀土地区,由于地面排水沟渗漏,渗入地下浸泡地基,使东端山墙严重开裂,底层裂缝宽度达 10mm 以上,因圈梁设计牢固,裂缝向上延伸减弱。

(2) 事故原因

教学楼东端土质松软,其下为膨胀土,基础设计时无防水措施,排水沟渗漏,造成地基胀缩不匀,致使墙体开裂。

(3) 事故处理

根据工程的具体条件和土质特征,为确保教学楼使用安全,决定用挖孔桩托换方案。沿开裂墙基内、外用人工挖孔桩托换处理，在墙开裂严重部位加设钢筋混凝土壁柱。并与二楼圈梁用锚固筋相连（见图 3.10）。开裂墙体，用环氧砂浆填塞，其自重由抬梁传给灌注桩。桩径 1m，桩孔内壁用 120mm 砖墙砌，桩底局部扩大，桩深 6m，用 C15 混凝土浇筑。托换处理后恢复正常使用。

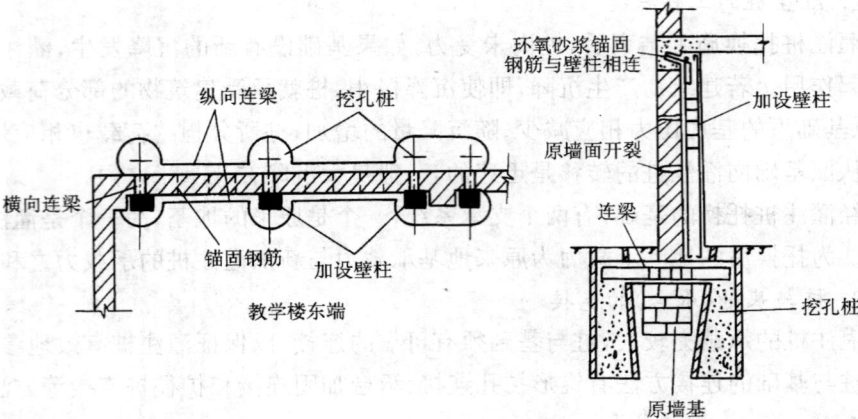

图 3.10　教学楼用挖孔灌注桩托换

# 3.6　建筑物地基的加固

对建筑物地基加固的方法主要有挤密法和灌浆法。

## 3.6.1　挤密法加固地基

石灰桩托换

石灰桩托换是利用生石灰吸水膨胀以及消石灰与土中活性二氧化硅反应生成水稳定性硅酸钙的原理，达到提高地基承载力、降低湿陷性的目的。它是一种经常采用的较简易的处理地基湿陷事故的方法。由于在石灰中加入不同掺加料，又可分为灰土桩、灰砂桩、灰砂土桩等。这里仅介绍石灰桩的托换方法，其他桩的托换方法是相同的，只是所用材料不同而已。

石灰桩加固地基的工艺如下。

（1）成孔

采用打入钢管法或用洛阳铲成孔。孔可向基础中心倾斜，使基础下土层得到直接挤密。孔径多为 $100\sim150mm$，孔距为 $(2.5\sim3.0)d$（$d$ 为桩直径），深度为 $2\sim4m$。视加固要求可在基础两侧各布置 $1\sim3$ 排，排距为 $(2.0\sim2.5)d$，按等边三角形布置（见图 3.11）。

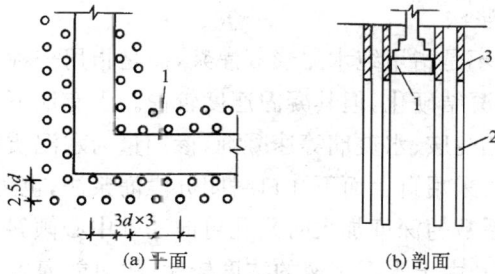

图 3.11　石灰桩平面布置图
1. 基础；2. 石灰桩；3. 封顶灰土

（2）填土

成孔后，向孔内分层填入粒径为 20～50mm 的生石灰，每层厚 200～250mm，用夯锤分层夯实，填灰至基底标高附近为止。

（3）封孔

基底下 200mm 至地面的孔内用 2：8 的灰土或素土回填夯实，以保证石灰吸水膨胀时不致向上隆起。

上述施工中，打入钢管及石灰吸水膨胀对周围土进行了两次挤密。石灰通过吸水降低土的含水率，减小土的孔隙比。石灰与土中的活性物质反应生成的硅酸钙、水化铝酸钙等水化产物能对土产生胶结作用，形成一圈较硬的土壳，使部分地基土直接变硬，另一部分地基土处在桩的"帷幕"中，使它们的侧向挤压作用受到抑制。

由于石灰桩的挤压半径较小，（一般只有 50～100mm），以及可能产生软化现象，所以一般只用它来处理不太严重的湿陷事故。为防止产生软化现象，可采用灰土桩、灰砂桩、灰砂土桩进行挤密加固，施工方法同上。

### 3.6.2　灌浆法加固地基

灌浆托换是用压力设备将有机或无机化学浆液注入土中，使地基固化，起到消除湿陷或防渗堵漏作用的一种加固方法。

灌浆材料有水泥浆、硅酸钠、氢氧化钠、环氧树脂等。灌浆托换属原位处理，施工较为简单，浆料硬化快，加固体强度高。一般情况下，可以实现不停产加固。但是，灌浆托换因材料价格一般较高，通常仅限于浅层加固处理，加固深度通常为 3～5m。当加固深度超过 5m 以上时，用此法往往是不经济的，应与其他托换方法进行经济技术比较后，再决定是否采用。

1. 水泥灌浆加固

水泥是较便宜的浆液材料。常用普通硅酸盐水泥，水泥浆的水灰比一般取 0.8～1.0。根据灌浆工艺的区别，可分为单液水泥灌浆法和双液水泥硅化灌浆法。

(1) 单液水泥灌浆法

单液水泥灌浆法不是指用纯水泥浆液灌浆,而是指用一种浆液灌浆。水泥浆在压力作用下渗入土中凝结硬化,但其凝固速度较慢。当有地下水活动时,可在水泥浆中掺入氯化钙、三乙纯胺、水玻璃等速凝剂,掺加量为水泥质量的 1%~2%。

灌浆施工时,一般采用自上而下孔口封闭分段灌浆法,也可采用自下而上栓塞分段灌浆(土的渗透系数随深度加大时)。孔可向基础中心倾斜,使水泥浆液能直接渗入基础下的土层中。由于水泥浆液的浓度较大,故只能灌入直径大于 0.2mm 的孔隙。灌浆压力也较大。

(2) 双液水泥硅化灌浆法

双液水泥硅化灌浆法指分别配制水泥浆液和水玻璃浆液,按照一定的比例,用两台泵或一台双缸分开的泵将两种浆液同时注入土中。双液灌浆的优点是浆液凝固时间的控制较为灵活。当水泥浆与水玻璃的体积比为 0.3 时,经 22~30s 即可凝固;两者之比为 1.0 时,凝固时间延长到 60~100s。若要加快凝固时间,可在水泥浆中加入少量的石灰,若要减缓凝固时间,则加入少量的磷酸或磷酸氢。双液灌浆结石率高(可达 98%~100%),地基强度提高较大。

2. 硅化加固

硅化加固是利用带孔眼的注浆管将以硅酸钠(水玻璃)为主剂的混合溶液灌入土中,使土体固化的一种加固方法。

硅化加固,根据溶液注入方式可分为无压硅化、压力硅化和电动硅化。压力硅化又可分为压力单液硅化和压力双液硅化两种,其适用范围如下:

1) 渗透系数 $K=0.1~80mm/d$ 的沙土和黏性土,宜采用压力双液硅化法,双液法是将水玻璃与氯化钙浆液轮流压入土中,将土胶结成整体。

2) 渗透系数 $K<0.1mm/d$ 的各类土,借助电渗原理可采用电动硅化法。

3) 渗透系数 $K=0.1~2m/d$ 的湿陷性黄土,宜采用无压或压力单液硅化法,即只注入水玻璃于黄土中。

4) 对粉沙地基土,宜采用水玻璃加磷酸调合而成的单液,配合比为磷酸:水玻璃=(3~4):1。

硅化加固所用的主要设备有:注浆管、接续管、储液箱、水泵和空气压缩机等。注浆管用钢管制作,内径为 20~38mm,管端部加工成尖状,接着是 0.4~1.0m 长的带孔段,孔眼直径为 1~3mm,1m 长度内应有 60~80 个孔。接续管为 1.5~2.0m 长,两端有螺纹的钢管。当灌浆深度不大时,可直接斜向将钢管打入地基中,如土层深度较大,应先钻孔,然后采用打入法将管打入。

3. 碱液加固

碱液(氢氧化钠)加固法适用于湿陷性黄土地基的处理,具有施工简单、易于掌握、不需要复杂机具、加固效果好等优点。

（1）加固原理

碱液加固的加固原理与前述的硅化加固原理不同，硅化加固是由溶液本身所析出的胶凝物将土粒粘结运到加固目的；而碱液本身并不析出任何胶凝物质，它只是使颗粒表面活化，然后在接触处彼此胶结成整体，从而提高土的强度。

当土中可溶性和交换忹钙、镁离子含量较高时（不少于 10mg 当量/100g 土），灌入氢氧化钠溶液，即可获得满意的加固效果。如果土中这类离子含量较少，为了取得有效的加固效果，可以采用补灌氯化钙溶液的双液法，方能生成理想的水硬性胶结物。

（2）加固工艺及要求

1）确定灌注孔的平面位置。对于独立基础，宜在四周设孔，条形基础则在两侧各布置一排。孔距视加固要求定。如要求加固成整体，则孔距可取为 70～80cm，使相邻两孔部分加固面积重合；要求较低的工程，可使孔距加大到 1.2～1.5m。

2）钻孔。用直径 60～80mm 的洛阳铲打孔至预定加固深度，孔可竖向也可向基础中心倾斜。

3）埋管。先在孔中填入粒径为 20～40mm 的小石子至灌浆管下端标高处（基础以下0.3～0.5m 处），然后插入直径为 20mm 的开口钢管，再在管子四周填充厚 20～30cm、粒径小于 10mm 的沙砾石，其上用灰土或素土分层捣实至地表（见图 3.12）。

4）灌浆。用 φ25 的胶皮管连接灌浆管和溶液桶，然后将碱液加温至 95℃以上，开启阀门，溶液以自流方式注入土中。灌浆速度控制在 1～3L/min 左右。溶液浓度一般在 80～120 g/L，加固半径按 40～50cm 考虑，固体碱液用量可按每加固 1m³ 土体耗用 40～50kg 计算。

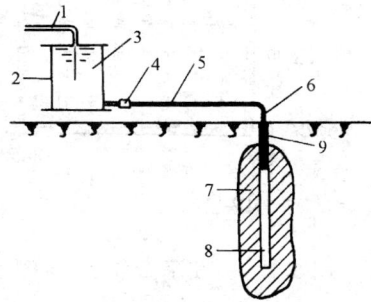

图 3.12　碱液灌浆设备示意图

1. 蒸汽管；2. 注浆桶；3. 高温碱液；
4. 阀门；5. 胶皮管；6. 注浆管；
7. 加固土体；8. 碎石；9. 封孔

4．工程实例

（1）工程事故概况

广西某库房为 8 层钢筋混凝土无梁楼盖结构，采用筏式基础，建筑面积 18 371m²。建成后发现西北角基础下沉，墙体开裂，最大下沉量达 100mm，且仍在发展。

（2）事故原因

事后查明，库房西北角座落在未经处理的 2.8m 厚的填土上，外侧有一个深坑，填土未经任何处理，受载发生过大压缩变形是引起地基事故的主要原因（见图 3.13）。

（3）事故处理

经过方案选择对比后，决定采用灌浆加固法。因土的孔隙率较大，采用水泥硅化法加固较为有利。

1）试验。根据强度和凝结时间的要求，通过现场试验，确定采用水灰比为（0.6～0.7）：1、水玻璃与水泥浆的体积比为（0.3～0.5）：1、凝结时间为60～80s、抗压强度大于5MPa以上的浆液。

2）灌浆孔布置。共布置注浆孔59个（见图3.14），根据填土厚度确定加固深度4～10m，孔距2.5m，排距1.8m，加固半径按1.5m考虑，每层注浆加固厚度为50cm，每层注浆量为177L。

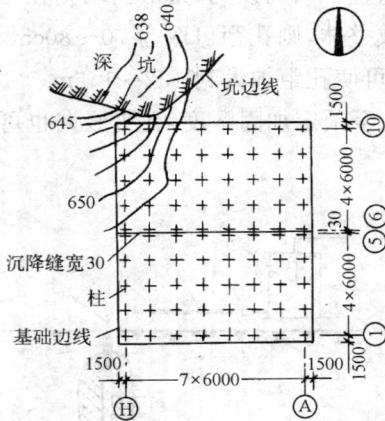

图3.13　库房平面布置示意图

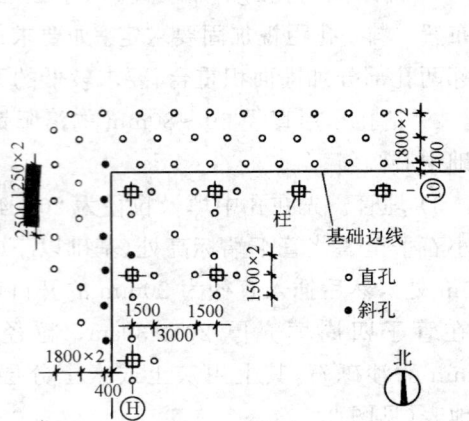

图3.14　注浆孔平面布置图

3）施工。用振动钻成孔，注浆顺序为先室外后室内。灌注自上而下分层进行，用两台泵。一台灌水泥浆，一台灌水玻璃（模数为2.4～2.8），两种浆液通过混合器混合后经注浆管入土，每孔注浆量根据压力与进浆量控制。

4）加固效果。灌浆施工延续了10个月，初期曾产生附加沉降，后期又有回升，最大的裂缝由11mm减小到5.6mm，灌浆后沉降稳定，效果较好。

# 3.7　基础工程事故处理

基础事故有一般的错位、变形、裂缝和混凝土孔洞等，还有断桩、桩深不足等桩基事故，基础晃动过大和地脚螺栓错误等设备基础事故等。本节简单介绍一般基础的错位、变形等的处理方法。

### 3.7.1 基础错位事故的处理

1. 基础错位事故的类别

常见基础错位事故有以下几种：

1）基础平面错位，包括单向或双向错位。

2）基础标高错误，包括基底标高，各台阶标高及顶面标高错误。

3）预留洞和预埋件的标高、位置错误等。

2. 错位事故原因分析

产生错位事故的原因主要有以下两个方面：

（1）设计错误

制图或描图错误，审图未发现、纠正；设计方案不合理，如弱土地基、软硬不匀地基未做适当处理，或采用不合理的结构方案；土建、水电或设备施工图不一致，各工种配合不良。

（2）施工问题

因看错图导致放线错误，如把中心线看成轴线、读数错误、测量标志发生位移等。施工工艺不当，也会造成事故，如场地填土夯实不足，单侧回填造成基础移位、倾斜，模板刚度不足或支撑不合理，预埋件固定不牢等。

3. 基础错位事故的处理方法

基础错位事故处理的方法有以下4种：

（1）吊移法

将错位基础与地基分离后，用起重设备将基础吊离原位，然后按正确的基础位置处理地基，加做垫层，清理基础底面后，将基础吊放到正确位置上。此法适用于上部结构未施工，现场有起重设备，基础有足够的强度和抗裂性能的情况。

（2）顶推法

按基础的正确位置扩大基槽，用千斤顶将错位基础推移到正确位置，然后在基底处作水泥压力灌浆，以保证基础与地基之间接触紧密。这种方法使用于上部结构尚未施工，有所需的顶推设备的情况。

（3）扩大基础法

将错位基础局部拆除后，按正确的位置扩大基础。

（4）其他方法

错位基础还可采用如下的处理方法：事故严重的可拆除重做；偏差过大但不影响结构安全和使用要求的，经建设单位和设计单位同意后，可不进行处理；通过修改上部结构的设计，能确保结构安全和使用要求的，可对上部结构修改设计，而不再做处理。

**4. 基础错位事故处理实例**

（1）工程事故概况

四川某厂机加工车间扩建工程，边柱截面尺寸 400mm×600mm，施工时，柱基础分段开挖，在挖完 5 个基坑后即浇筑垫层、绑扎钢筋并浇混凝土。完成后，检查发现每个基础错位 300mm[见图 3.15(a)]。

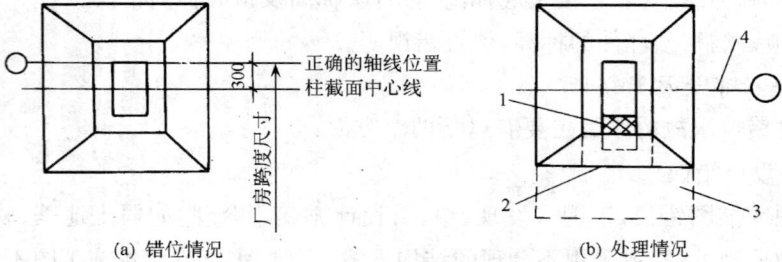

图 3.15　柱基础错位处理示意图

1. 凿除的杯口部分；2. 基础凿毛部分；3. 扩大基础；4. 轴线

（2）事故原因

经查，事故原因为放线时误把边柱截面中心线当为轴线，因而产生了错位。

（3）事故处理

现场施工人员认为，为避免返工损失，建议以已完工的 5 个基础为准，完成其余柱基，即厂房跨度加大了 300mm，考虑此方案有以下弊端未予采纳：一是上部结构出现非标准构件，需重新设计，施工、安装均麻烦；二是桥式吊车也是非定型产品，要增加设备费用。

根据现场的设备条件，未采用顶推和吊移法，而是采用局部拆除后扩大基础的方法进行处理。处理步骤如下：

1）将基础杯口一侧短边混凝土凿除。

2）凿除部分基础混凝土，露出底板钢筋。

3）将扩大部分与基础的连接面全部凿毛。

4）浇筑扩大基础下的混凝土垫层，接长底板钢筋。

5）清洗接触面，浇筑扩大部分基础。

（4）处理效果

此方案施工简单，费用低，不需专用设备，结构安全可靠。外侧的部分杯口用同强度混凝土补浇[见图 3.15(b)]。

### 3.7.2　基础变形事故处理

基础变形事故多与地基因素有关，相应内容已如前述。由于变形是基础事故的常见类别之一,同时因造成这类事故的原因也不完全局限于地基事故,故单独予以介绍。

1. 基础变形事故类别

（1）沉陷变形

沉陷变形可分为较大的均匀变形和不均匀变形。

（2）倾斜变形

基础或建筑物垂直偏差过大,超过规范规定,往往与基础沉陷有关。

（3）开裂

基础产生较宽裂缝而造成的变形,这类变形与基础自身强度不足有关。基础裂缝的处理应按相应结构类别的裂缝处理方法进行,可参考有关章节。

2. 基础变形事故的原因

基础变形事故的原因往往是综合性的,分析处理比较复杂,需从勘察、地基处理、设计、施工及使用等方面综合分析,有针对性地采取适当的处理措施,才会取得较理想的效果。造成基础变形事故的主要原因有以下4种:

（1）地质勘测方面

如未经勘测就设计施工,勘测资料不足、不准、有误等。

（2）地下水条件变化

人工降低地下水位;地基浸水;或建筑物使用后,大量抽取地下水等。

（3）设计方面

基础方案不合理,上部结构复杂,荷载差异大,建筑物整体刚度差,对地基不均匀沉降较敏感。

（4）施工问题

施工顺序及方法不当;大量的不均匀堆载;人为降低地下水位等。

3. 基础变形事故处理方法

基础变形事故可以采用以下4种方法处理:

（1）矫正基础变形

通过地基处理,矫正基础变形,如通过浸水、掏土、降水以及前面所述的地基处理方法,使变形得到矫正。

（2）顶推或吊移法

利用千斤顶及其他设备将变形基础推移至正确位置,或用吊装设备将错位基础吊移并纠正变形。

（3）顶升纠偏法

从基础下面用千斤顶顶升纠偏;地面上切断墙、柱进行顶升纠偏等。

（4）卸载和反压法

通过局部卸载或加载调整不均匀下沉,以实现纠偏的目的。

施工阶段的基础变形事故,处理的难度相对要小些,而处理使用中建筑物的基础变形事故,其难度则相当大。处理时要根据可行、经济、合理的原则,全面论证,周密设计、精心施工,以切实达到事故处理的目的。

## 思 考 题

3.1 地基、基础事故的一般原因有哪些?

3.2 地基工程事故有哪些托换方案供选择?

3.3 基础扩大托换的方法和施工步骤有哪些?

3.4 地基加固有哪些方法? 有何施工要求?

3.5 简述基础错位的原因及处理方法。

# 第四章　钢筋混凝土结构事故的处理

钢筋混凝土结构是工程中广泛应用的结构类型,发生质量事故的概率也比较大。本章较详细地介绍了钢筋混凝土梁、板结构承载力不足的原因、加固方案、设计方法和有关构造要求以及钢筋混凝土柱的加固方法等。

## 4.1　钢筋混凝土梁、板结构承载力不足的原因及表现

钢筋混凝土结构是建筑工程中大量应用的结构类型。由于各种因素的影响,会产生种种质量缺陷或损坏,其主要表现为承载力不足或变形过大,对其及时加固处理是必要的。梁、板结构承载力不足是指不能满足预期的承载力要求,需补强加固。承载力不足的外观表现为:构件的挠度偏大、裂缝过宽、钢筋严重锈蚀、受压区混凝土有压坏迹象等。

### 4.1.1　梁、板承载力不足的原因

引起梁、板等受弯构件承载力不足的主要原因,有以下 4 个方面。

1. 施工方面原因

混凝土强度达不到设计要求;钢筋少配、误配;材料使用不当或失误;随便用光圆筋代替变形钢筋;使用受潮过期水泥;随便套用混凝土配合比;沙石质量差等。

例如:吉林某车库,楼面用现浇钢筋混凝土梁板结构,使用后楼板出现裂缝,且日趋严重,挠度达跨度的 1/82,最大裂缝宽度达 1.5mm。经检查,其原因为施工质量差,混凝土设计强度等级为 C20,而实际有的仅为 C15,配筋仅为设计配筋的 60%。湖南一楼房阳台因根部断裂倒塌,检查发现,板根部设计厚度为 100mm,而实际仅有 80mm,且钢筋移位达 10mm。

2. 设计方面原因

计算简图与梁、板实际受力情况不符合;少算荷载。特别是一些非专业人员,无基本理论知识,仅凭一点经验盲目设计,很容易造成事故。如现浇楼盖中连续梁的计算,若视为简支梁计算,其跨中弯矩将减少约 20%。

3. 使用方面原因

使用时严重超载,如更改设计、改变功能、增加设备、屋面积灰等均能使构件荷载增加而超载,导致承载力不足;屋面材料因下雨浸水引起荷载增大;随意在墙上打洞也会引起局部破坏和损伤事故。

4. 其他原因

地基的不均匀沉降,产生附加应力;构件耐久性不足,导致钢筋锈蚀,降低构件承载力;构造方面,锚固不足、搭接长度不够、焊接不牢等,均可能使构件承载力不足。

### 4.1.2 破坏特征

1. 正截面

钢筋混凝土梁板结构属受弯构件,正截面的破坏特征主要表现为裂缝的发生和开展。试验表明,受弯构件裂缝出现时的荷载约为极限荷载的 15%～25%。

对于适筋梁,在开裂以后,随着荷载的增加表现出良好的塑性特征,并在破坏前,钢筋经历较大的塑性伸长,给人以明显的预兆。但是,当实际配筋量大于计算值时,便成为实际上的超筋梁。超筋梁的破坏始自受压区,破坏时钢筋不能达到屈服强度,挠度不大。超筋梁的破坏是突然的,没有明显的预兆。

尽管规范规定不允许设计少筋梁,但由于施工中发生钢筋数量弄错、钢筋错位等情况,造成了实际上的少筋梁。少筋梁的破坏也是突然发生的。

在加固之前,首先应区分原梁是适筋梁还是超筋梁或少筋梁。然后选用合适的方法予以加固处理。

如果是少筋梁,必须进行加固。可选用在受拉区增加钢筋的加固方法。

如果是适筋梁,则可根据裂缝的宽度、构件的挠度和钢筋的应力来判断是否进行加固。裂缝宽度与钢筋应力之间基本呈线性关系:裂缝愈宽,裂缝处应力愈高。规范给出了在使用阶段钢筋应力 $\sigma_s$ 的计算公式:

$$\sigma_s = \frac{M}{0.87 h_0 A_s} \tag{4.1}$$

式中:$M$——作用在构件上的实际弯矩(N·m);

$h_0$——构件有效截面高度(mm);

$A_s$——实际纵向钢筋的截面面积(mm²)。

一般认为,当 $\sigma_s \geqslant 0.8 f_y$ 时,应当进行承载力加固。适筋梁的承载力加固方法,可选用本章中所述的各种方法,但当采用在受拉区增加钢筋的方法加固时,应注意加筋后不致成为超筋梁。

如果是超筋梁,由于在受拉区进行加筋补强不起作用,因此必须采用加大受压区截面的办法或采用增设支点的办法进行加固。

2. 斜截面

梁的斜截面抗剪试验表明,斜裂缝始自两种情况,一种是在构件的受拉边缘首先出现垂直裂缝,然后在弯矩和剪力的共同作用下斜向发展;另一种是出现在梁腹的腹剪斜裂缝。对于 T 形、I 形等腹板较薄的梁,常在梁腹部中和轴附近首先出现这类裂缝,然后随着荷载的增加,分别向梁顶和梁底斜向发展。

箍筋配置的数量,对梁的剪切破坏形态和抗剪承载力有很大的影响。

当箍筋的数量适当时,裂缝出现后,由于箍筋的受力,限制了裂缝的开展,使荷载仍能有较大的增长。当荷载增加至某一数值时,会在几根斜裂缝中形成一根主要的斜裂缝,称为临界裂缝。临界裂缝形成后,梁还能继续增加荷载。当与临界裂缝相交的箍筋屈服后,箍筋不能再限制斜裂缝的开展,截面受压区混凝土在剪压作用下达到极限强度而发生剪压破坏。斜截面的抗剪承载力,主要取决于混凝土强度、截面尺寸和配筋数量。

当箍筋配置数量过多时,箍筋有效地制约了斜裂缝的扩展,因而出现多条大致相互平行的斜裂缝,把腹板分割成若干个倾斜受压的棱柱体。最后,在箍筋未达到屈服的情况下,梁腹斜裂缝间的混凝土由于主压应力过大而发生斜压破坏。这种梁的抗剪承载力,是由构件的截面尺寸及混凝土强度所决定的。

当箍筋配置数量过少时,斜裂缝一旦出现,箍筋承担不了原来由混凝土所负担的拉力,箍筋应力立即达到并超过极限强度,并产生脆性的斜拉破坏。

综上所述,配置箍筋的多少,决定了梁的剪切破坏形态。配置箍筋的数量,应在规范规定的最大与最小配箍率之间。这时,构件的抗剪承载力可随腹筋配置的增加而提高。在作斜截面抗剪加固时,可选用加筋法、钢套箍法等各种方法。

# 4.2 改变受力体系加固法

## 4.2.1 概述

改变受力体系加固法,即在梁的中间部位增设支点、增设托梁(架)或将多跨简支梁变为连续梁等方法。改变结构的受力体系,能大幅度地降低计算弯矩,提高结构构件的承载力,达到加强原结构的目的。

通常,支柱可采用砖柱、钢筋混凝土柱、钢管柱或型钢柱,托梁(架)常为钢筋混凝土结构或钢结构。

按增设支点的支撑刚度的不同,分刚性支点和弹性支点两种。按支撑的受力情况,分预应力支撑和非预应力支撑两种。

1. 刚性支点

所谓刚性支点,是指新增设的支撑件刚度很大,以致被加固结构构件的新支点在外荷载作用下没有竖向位移或位移很小可忽略。图 4.1 中示出了工程中常见的几种支撑体系,这些杆件受轴向力作用,在后加荷载作用下,新支点的变位很小,可以作为刚性支点考虑。

2. 弹性支点

所谓弹性支点,是指所增设的支杆或托架相对刚度不大,在外荷载作用下,新支点的位移相对于原结构支座较大。当采用受弯构件作为支撑件或支撑件的刚度较小,轴向变形较大时,支撑点的位移不能忽略,应按弹性支点计算。图 4.2 示出了

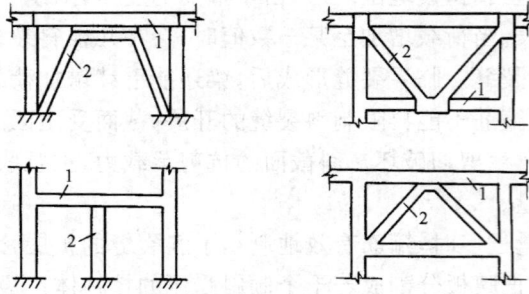

图 4.1　刚性支点加固
1. 原结构；2. 加固杆件

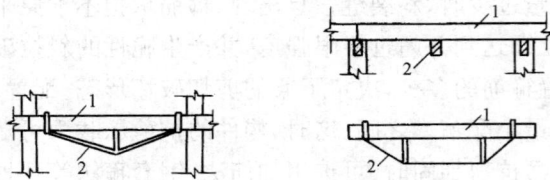

图 4.2　弹性支点加固
1. 原结构；2. 加固杆件

工程中常作为弹性支点计算的加固件。

### 3. 预应力撑杆（支柱）

预应力撑杆（支柱），是指在施工时，对支撑杆件施加预压应力，使之对被加固结构构件施加预顶力。它不仅可保证支撑件良好地参加工作，而且可调节被加固结构构件的内力。

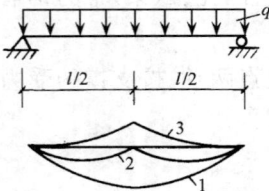

图 4.3　预顶力对弯矩的影响
1. $N=0$；2. $N<\dfrac{ql}{2}$；3. $N>\dfrac{ql}{2}$

预顶力对被加固构件的内力有较大的影响。如承受均布荷载的单跨简支梁，在跨中增设预应力撑杆后，随撑杆预顶力 $N$ 大小的变化，构件的弯矩图也有很大的变化（见图 4.3）。

由此可见，梁的跨中弯矩随预应力的增大而减小，预顶力越大，跨中弯矩减小得越多，增设支点的"卸载"作用也就越大。若预顶力过大，原梁可能出现负弯矩。因此，对预顶力的大小应加以控制。加固规范规定，预顶力的大小以支点上表面不出现裂缝和不需增设附加钢筋为宜。

在撑杆中施加预顶力的方法有以下两种。

（1）纵向压缩法

采用预制型钢支撑或钢筋混凝土支柱时，使其预制长度略小于实际长度，并在支柱下部预留一孔洞。加固施工时,先将小托梁穿入预留孔内,然后用两只千斤顶顶升小托梁[见图4.4(a)],当顶升力达到要求后,至支柱底部嵌入钢板,拆去千斤顶及小托梁,浇混凝土加以保护。纵向压缩的另一种方法,是采用直接在支柱的底面及基础顶面间嵌入钢楔,以产生预顶力。

(2)横向校直法

用型钢做支柱时,可采用横向校直法产生预顶力。作法是:使钢支柱的制作长度稍大于安装尺寸,并使其对称地向外侧弯曲(折)。安装时,先固定支柱的两端,然后用螺栓装置将支柱校直[见图4.4(b)]。支柱由弯曲(折)变直,受到压缩而产生预顶力。预顶力值由初始弯曲值控制。

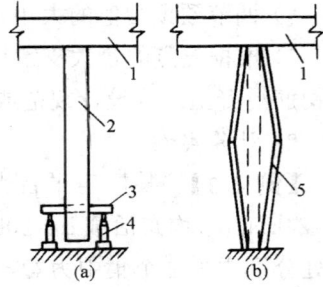

图4.4 施加预顶力的方法
1.被加固件;2.支柱;3.托架;
4.千斤顶;5.型钢支柱

在对被加固梁进行内力分析时,可以把预顶力作为作用在加固梁上的外力来考虑。

**4. 多跨简支梁的连续化**

简支梁在房屋建筑和桥梁工程中有广泛的应用。多跨简支梁的连续化,就是设法在原来简支梁的支座处加配负弯矩钢筋,使其可以承受弯矩。这样,简支梁体系变为连续梁体系,减小了原梁的跨中弯矩,提高了受荷等级。

简支梁连续化的加固方法如下:

1)在铺设钢筋的位置,凿出钢筋槽(深20mm、宽50mm)。

2)清洗钢筋槽,并用丙酮将混凝土表面擦拭干净。

3)在槽内铺10mm厚的环氧砂浆,放入加配的钢筋。

4)对钢筋施加1.5～2.0kN/m的压力,3d后即可使用。

## 4.2.2 刚性支点加固结构计算

**1. 加固结构计算步骤**

采用刚性支点加固的梁,结构计算可按以下步骤进行:

1)计算并绘制加固前原构件在剩余的部分荷载作用下的内力图。

2)如果需施加预顶力,则根据所希望的加固后的内力图确定预顶力的大小。按原结构的计算简图绘制在支点预顶力作用下梁的内力图。

3)按加固后的计算简图,计算并绘制在新增荷载及加固时卸除荷载作用下的内力图。

4)将上述1)～3)步内力叠加,绘出梁各截面内力包络图。

5)计算梁各截面实际承载力,绘制梁的抵抗弯矩图。

6）调节预顶力值的大小，使梁的内力图小于梁的抵抗弯矩图。

7）根据支点的最大支承反力，设计支撑构件。支撑构件多为轴心受力构件，可按钢筋混凝土结构设计规范或钢结构设计规范进行设计。

2. 计算实例

**【例 4.1】** 某厂房平台大梁的截面尺寸为 250mm×700mm，承受均布恒载 $g=24$kN/m，均布活载 $q=20$kN/m[见图 4.5(a)]。现因增加设备，在梁跨的三等分处分别增加 2 个集中力 $Q=30$kN。经验算，需要加固。

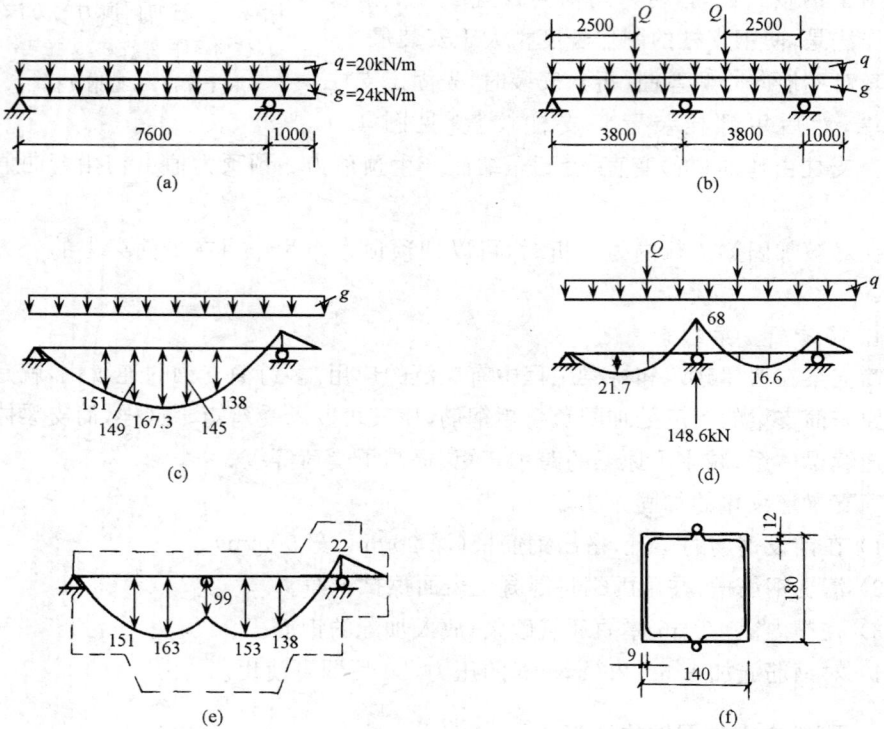

图 4.5　平台梁加固前后内力图

**解**　（1）加固方法

经论证，采用在梁跨中增设 1 个立柱的加固方法。由于加固后，在新增荷载作用下，梁支柱的变形很小，故将新增支点按刚性支点考虑，加固后的计算简图如图 4.5(b)所示。加固时卸除活载，不施加预顶力。

（2）内力计算

1）原梁在恒载 $g=24$kN/m 作用下的弯矩图如图 4.5(c)所示。

2）加固后，在新增荷载 $Q=30$kN 及卸除的活载 $q=20$kN/m 作用下的弯矩图如图 4.5(d)所示。

3）将图 4.5(c)和图 4.5(d)相叠加,得到加固后的最终弯矩图如图 4.5(e)所示。

4）根据原梁的配筋,绘制梁的抵抗弯矩图,图 4.5(e)中的虚线。由图可见,抵抗弯矩图大于叠加弯矩图,说明加固后,梁的受弯承载力足够。

5）加固梁的斜截面承载力计算(从略)。

（3）支柱设计

支柱采用 Q235 型钢制作,按轴心受压柱计算。已知:$f_y = 215N/mm^2$,支柱高 4.0m,两端铰接,则

$$l_0 = 1.0H = 1.0 \times 4.0 = 4.0(m)$$

假设支柱长细比 $\lambda = 80$,由《钢结构设计规范》(GB50017-2003)查得 $\varphi = 0.688$,则需要的截面面积为

$$A_a = \frac{N}{\varphi f} = \frac{148\ 600}{0.688 \times 215} = 1005(mm^2)$$

需要的回转半径为

$$i = l_0/\lambda = \frac{4000}{80} = 50(mm)$$

查表选用 2 根 18 号槽钢,对焊成空腹矩形柱[见图 4.5(f)]。支柱的几何特性为

$$A_a = 2 \times 2929 = 5858(mm^2)$$

$$I = \frac{1}{12}(180 \times 140^3 - 152 \times 122^3) = 1.8 \times 10^7(mm^4)$$

$$i = \sqrt{\frac{I}{A}} = \sqrt{\frac{1.8 \times 10^7}{5858}} = 55.4(mm) > 50(mm)$$

$$\lambda = \frac{4000}{55.4} = 72 < 80\ (满足要求)$$

### 4.2.3 弹性支点加固结构计算

1. 加固结构计算方法

弹性支点要考虑支撑结构的位移,即支撑的内力需要通过原构件与支撑结构之间的变形协调条件求出。

通常,结构的内力计算是在假定杆件截面尺寸的基础上进行。但在加固工程中,往往是先确定加固效果,然后据此推算出加固杆件的截面及其刚度。加固杆件的受力大小随其刚度大小而变化,只有按此计算出设计截面的刚度值,才能较准确地达到预期的加固效果。加固结构可以采用求解超静定结构的力法计算。下面结合算例加以说明。

承受均布荷载 $q$ 的简支梁[见图 4.6(a)],后因梁上增加了 3 个集中力 $P$,需要

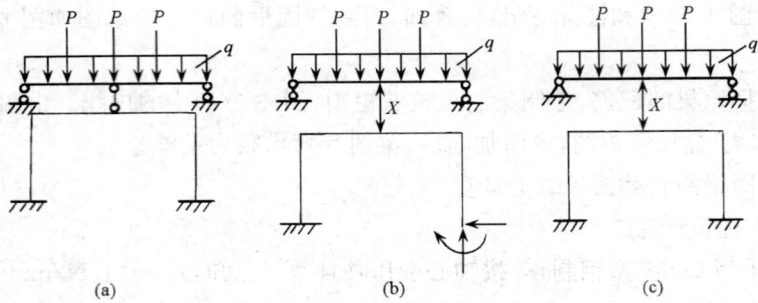

图 4.6　超静定基本体系计算简图

进行承载力加固。设采用的加固方案是在梁的跨中增设梁式弹性支点,试作加固设计。

当用力法计算时,基本体系如图 4.6(b)所示,共有 4 个未知力,计算工作量较大。若取超静定结构作为基本体系[见图 4.6(c)]。加固结构有 1 个未知力。其变形条件为联系处的相对位移为 0,所以力法方程为

$$\delta_1 X + \Delta_P = 0 \tag{4.2}$$

式中:$X$——弹性支点的反力;

$\delta_1$——在单位力($X=1$)作用下,基本体系沿 $X$ 方向产生的位移。可利用有关内力图表计算;

$\Delta_P$——基本体系在外荷载作用下沿 $X$ 方向的位移。

在加固设计时,一般以弹性支撑所承担的力(即卸荷力)为控制条件,以此确定 $X$。则式中的 $X$ 为已知数,加固杆件的刚度为未知数,通过求解式(4.2),即可得到支撑结构的截面特征,进而确定其截面尺寸。

2. 加固结构计算步骤

弹性支点加固内力计算步骤如下:

1)计算、绘制原梁在原荷载及增加荷载共同作用下的内力图。

2)确定原梁所需要的卸荷值 $\Delta M$(或 $\Delta N$),并由此求出相应的弹性支点反力值 $X$。

3)根据 $X$ 的大小及施工时原梁所承受的荷载,确定是否需要对撑杆施加预顶力。如需要,则确定预顶力值。

4)用多余未知力代替支撑结构与原梁之间的多余联系,形成基本体系。

5)根据加固后施加的荷载及预应力撑杆的预顶力,求出 $\Delta_P$ 和 $\delta_1$。

6)将 $\Delta_P$、$\delta_1$ 及 $X$ 代入式(4.2),求解方程即可得到加固杆件的截面特征值。

7)根据截面特征值及内力,对加固结构按相应规范进行设计。

3. 计算实例(略)

### 4.2.4 增设支柱与原梁(柱)的连接方法

增设的支柱上端与原梁相连接,下端与基础或梁(或柱)相连接。连接方法有湿式连接和干式连接两种。湿式连接,是指支柱用后浇混凝土固定的连接方法,多用于钢筋混凝土支柱;干式连接法,是用型钢直接与原梁柱相连接的方法,一般用于钢支撑。

图 4.7 示出了支柱上端与原梁的连接构造。

所增设的支柱、支撑下端直接支撑于基础时,按地基基础一般连接构造处理;当支柱、支撑下端支承于梁或柱上时,可参照图 4.7 处理。

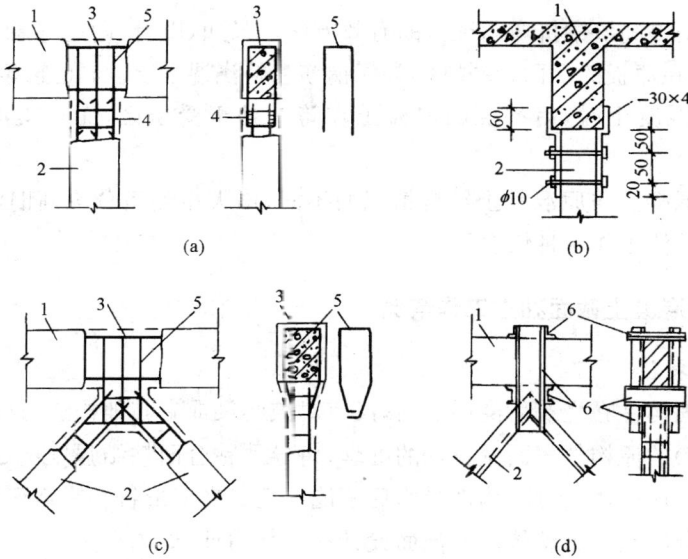

图 4.7  支柱、支撑上端与梁的连接构造
1.原结构;2.增设的支柱;3.补浇混凝土;4.焊接;5.套箍;6.型钢套箍

# 4.3  增大截面加固法

## 4.3.1  概述

增大截面加固法,是指在原受弯构件的上面或下面浇一层新的混凝土并补加相应的钢筋(见图 4.8),以提高原构件承载能力的方法。它是工程中常用的一种加固方法。

由图可见,补浇的混凝土处在受拉区时,对补加的钢筋起到粘结和保护作用;当补浇层混凝土处在受压区时,增加了构件的有效高度,从而提高了构件的抗弯、

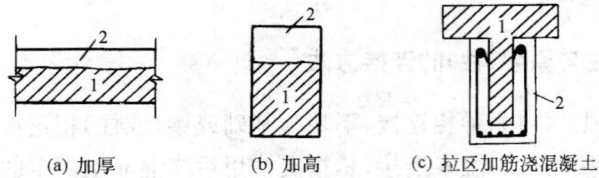

(a) 加厚　　(b) 加高　　(c) 拉区加筋浇混凝土

图 4.8　补浇混凝土加固梁

1.原构件;2.新浇混凝土

抗剪承载力,并增强了构件的刚度。因此,其加固效果是很显著的。

　　实际工程中,在受拉区补浇混凝土层的情况是比较多的。例如,对于图 4.8(c) 的 T 形梁,原配筋率较低,其混凝土受压区高度较小,因此在受拉区补加纵向钢筋并浇混凝土是提高该梁抗弯承载力的有效方法。又如,阳台、雨篷等悬臂构件的承载力加固,可在原板的上面(受拉区)补配钢筋和补浇混凝土。当在连续梁(板)的全长上部补浇混凝土时,后补浇的混凝土在跨中处于受压区,而在支座却处在受拉区。

　　按后浇混凝土与原混凝土结合情况的不同,增大截面可分为新旧混凝土截面独立工作和整体工作两种情况。

## 4.3.2　新旧混凝土截面独立工作情况

### 1. 受力特征

　　如果加固构件在浇筑后浇层之前,没有对被污染或有其他构造层(如沥青防水层、粉刷层等)的原构件表面做很好的处理,将导致粘合面粘结强度不足,无法使新旧混凝土结合成一体。因此,构件受力后不能保证二者变形符合平截面假定,这时,不能将新旧混凝土作为整体进行截面设计和承载力计算。

### 2. 承载力计算

　　由于以上原因,构件在加固后的承载力计算,只能将新旧混凝土截面视为各自独立工作考虑,其承担的弯矩按新旧混凝土截面的刚度进行分配。具体计算如下。

原构件(旧混凝土)截面承受的弯矩为

$$M_y = k_y M_z \tag{4.3}$$

新混凝土截面承受的弯矩为

$$M_x = k_x M_z \tag{4.4}$$

式中:$M_z$——作用于加固构件上的总弯矩;

　　$k_y$——原构件的弯矩分配系数

$$k_y = \frac{\alpha h^3}{\alpha h^3 + h_x^3} \tag{4.5}$$

$k_x$——新浇部分的弯矩系数

$$K_x = \frac{h_x^3}{\alpha h^3 + h_x^3} \qquad (4.6)$$

$h$——原构件的截面高度；

$h_x$——新浇混凝土的截面高度；

$\alpha$——原构件的刚度折减系数，由于原构件已产生一定的塑性变形，其刚度较新浇部分相对要低，因此应予以折减，一般取 $\alpha = 0.8 \sim 0.9$。

根据式(4.3)和式(4.4)求出新旧混凝土截面承受的弯矩，再按受弯构件的设计方法可计算出新浇截面中所需的配筋，最后即可验算原构件的截面承载力。

### 4.3.3 新旧混凝土截面整体工作情况

1. 整体工作的条件

由于新旧混凝土截面独立工作时的承载力比其整体工作时低，因此对构件的加固，应尽力争取新旧混凝土截面整体工作。若能对原构件的混凝土表面按以下措施进行处理，则加固后的构件可按整体工作进行计算。

1) 将原构件在新旧混凝土粘合部位的表面凿毛。具体要求是：板表面不平整度不小于 4mm，梁表面不平整度不小于 6mm，并在原构件的浇筑面上每隔一定距离凿槽，以形成剪力键。

2) 将原构件浇筑面凿毛、洗净，并涂覆丙乳水泥浆(或 107 胶聚合水泥浆)，同时浇混凝土。

丙乳水泥浆的粘结强度是普通水泥砂浆的 2~3 倍，107 胶聚合物水泥浆是在水泥中加入 107 胶并搅拌而成。

3) 当在梁上做后浇层时，除按上述两条之一处理原构件表面外，还应在后浇层中加配箍筋及负弯矩钢筋(或架立筋)，并注意其连接。加固的受力纵筋与原构件的受力纵筋采用短筋焊接，尤其在加固筋的两端及其附近处必不可少。

补加的 U 形箍筋可焊接在原有箍筋上[见图 4.9(a)]，焊缝长度不小于 $5d(d$ 为 U 形箍筋直径)；也可将 U 形箍筋锚固于原梁(或板)的钻孔内[见图 4.8(b)]，钻孔直径应大于钢筋直径 4mm，采用环氧树脂或环氧树脂砂浆锚固，锚固深度不小于 $10d$。

构件浇筑叠合层时，应尽量减小原构件的荷载，并加临时支撑。

2. 受力特征

图 4.10 示出了叠合构件各阶段的受力特征。在浇捣叠合层前，构件上作用有弯矩 $M_1$，截面上的应力如图 4.10(b)所示，称为第一阶段受力。待叠合层中的混凝土达到设计强度后，构件进入整体工作阶段。新增加的荷载在构件上产生的弯矩为 $M_2$，由叠合构件的全高 $h_1$ 承担。截面应力如图 4.10(c)所示，称为第二阶段受力。

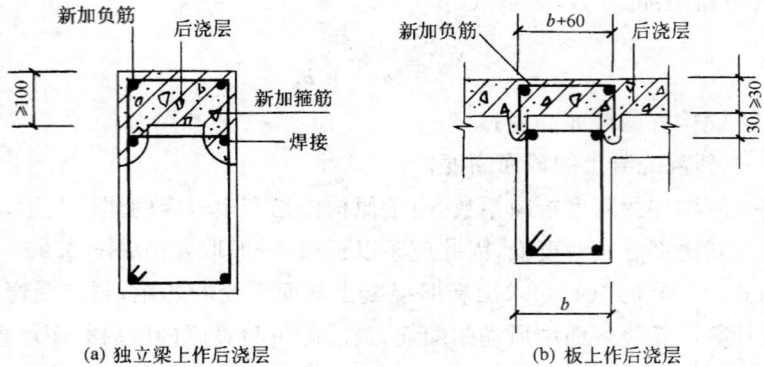

图 4.9　在梁(板)上补浇混凝土的构造

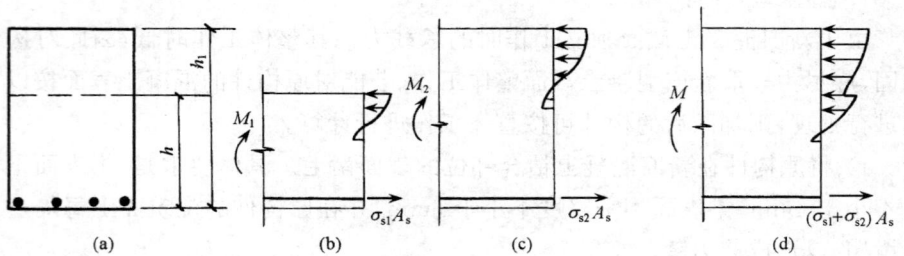

图 4.10　叠合梁截面受力特征

在总弯矩 $M_z = M_1 + M_2$ 的作用下,截面的应力如图 4.10(d)所示。可见,叠合构件的应力图与一次受力的构件的应力图有很大的差异,主要表现有以下两点:

(1) 混凝土应变滞后

叠合构件与截面尺寸、材料、加荷方式等均相同的整浇梁相比,其叠合层是在弯矩 $M_1$ 之后才开始参加工作的。因此,叠合层的应变小于对应整浇梁的压应变。这种现象称为"混凝土压应变滞后"。

混凝土压应变滞后带来的后果是在受压边缘的混凝土被压碎时,构件的挠度、裂缝都较整浇梁大得多。

(2) 钢筋应力超前

在第一阶段受力过程中,由于构件的截面高度 $h$ 比对应整浇梁的截面高度 $h_1$ 小,所以在弯矩 $M_1$ 作用下,在原构件上产生的钢筋应力 $\sigma_{s1}$、挠度 $f_1$ 和裂缝 $w_1$ 都比对应整浇构件大得多。叠合后构件的中和轴上移,使第一阶段受压区部分变为第二阶段受力过程中的受拉区,于是原受压区的压应力对叠合构件的作用,相当于预应力构件中的预压应力作用,称为"荷载预应力"。荷载预应力可以减少在弯矩 $M_2$ 作用下引起的钢筋应力增量和挠度增量。尽管在 $M_2$ 的作用下,钢筋应力和挠度增量都小于相应的整浇梁,但终因在 $M_1$ 的作用下,原构件中的钢筋应力较整浇梁大得多,使得叠合构件的钢筋应力、挠度和裂缝宽度在整个受力过程中,始终较相应的整浇构件大,以致受拉钢筋的应力比整浇梁在低得多的弯矩作用下就达到屈服。这种现象称为"钢筋应力超前"。

3. 承载力计算

综上所述,在受压区补浇混凝土的构件,其承载力不低于一次整浇混凝土的对应梁。因此,在压区补浇混凝土的构件的正截面承载力计算方法与一般整浇梁相同。计算时,混凝土的强度按后浇层取用。

4. 使用阶段钢筋应力的计算及控制

由于叠合梁中钢筋应力的超前,有可能使梁的挠度和裂缝在使用阶段就超过规范允许值,也可能使构件的受拉钢筋在使用阶段就处于高应力状态,甚至达到屈服。因此,验算使用阶段的钢筋应力,使其不超过允许的应力,是叠合构件计算中的一个很重要的内容。在使用阶段,叠合构件受拉钢筋应力 $\sigma_s$ 应满足

$$\sigma_s = \sigma_{s1} + \sigma_{s2} \leqslant 0.9f_y \tag{4.7}$$

式中:$\sigma_{s1}$——第一阶段,即后浇混凝土参与工作之前在弯矩 $M_1$ 作用下的钢筋应力。可按下式计算

$$\sigma_{s1} = \frac{M_1}{A_s\eta_1 h_0} \tag{4.8}$$

$\sigma_{s2}$——第二阶段,即后浇混凝土达到强度后,由于新增加的弯矩 $M_2$ 作用而增加的钢筋应力

$$\sigma_{s2} = \frac{M_2(1-\beta)}{A_s\eta_2 h_{01}} \tag{4.9}$$

$A_s$——受拉钢筋截面面积($\mathrm{mm^2}$);

$\eta_1$、$\eta_2$——裂缝截面的内力臂系数,均可近似地取 0.87;

$\beta$——反应荷载预应力影响的叠合特征系数。它主要与 $h$、$h_1$ 的比值有关,计算时可取

$$\beta = 0.5\left(1 - \frac{h}{h_1}\right) \tag{4.10}$$

$f_y$——受拉钢筋的设计强度($\mathrm{N/mm^2}$);

$h$、$h_0$——原构件的截面的高度及其截面有效高度(mm);

$h_1$、$h_{01}$——加固后截面的高度和截面有效高度(mm)。

## 4.3.4 构造要求

增大截面法加固时,应满足如下 7 条构造要求。

1) 新浇混凝土的强度等级不低于 C20,且宜比原构件设计的混凝土等级提高

一级。

2）新浇混凝土的最小厚度，当加固板为新旧板独立工作时，不应小于 50mm；当加固板为整体工作时，其厚度不应小于 40mm；加固梁时不应小于 60mm。

3）除必要时可采用角钢或钢板外，加固配筋宜优先采用钢筋。现浇板的受力钢筋直径宜为 $\phi6$、$\phi8$，分布筋宜为 $\phi^b4$、$\phi^b5$；梁的纵向钢筋应采用变形钢筋，最小直径不应小于 12mm，最大直径不宜大于 25mm，封闭式箍筋直径不宜小于 $\phi8$。

4）对于加固后为整体工作的板，在支座处应配⌐形负钢筋，并与跨中分布筋相搭接。分布筋应采用直径 $\phi^b4$、间距不大于 300mm 的钢筋网，以防止产生收缩裂缝。

5）石子宜用坚硬的卵石或碎石，其最大粒径不宜超过新浇混凝土最小厚度的 1/2 及钢筋最小间距的 3/4。

6）对于加固后按整体计算的板，如果其面层与基层结合不好（有起壳现象），或混凝土实际强度等级低于 C15，则应铲除重做，对表面的缺陷应清理至密实部位。

7）浇后浇层之前，原构件表面应保持湿润，但不得积水。后浇层用平板振动器振捣至出浆，或用辊筒滚压出浆。加固的板表面可随即加以抹光，不再另做面层，以减少荷载。

### 4.3.5 计算实例

【例 4.2】 某现浇钢筋混凝土多层框架梁板结构，原设计底层为车库，二层以上为办公室，楼面活荷载为 2kN/m²。后将二楼改做仓库，楼面活荷载变为 4kN/m²。经复核，该结构二层楼面板承载力不够，考虑采用补浇混凝土层的加固方案。试进行楼面板的承载力加固设计。

**解** （1）原始资料

原楼面板采用 C20 混凝土，Ⅰ级钢筋，板厚 70mm，面层厚 20mm，水泥砂浆抹面。结构尺寸及板内配筋如图 4.11 所示。

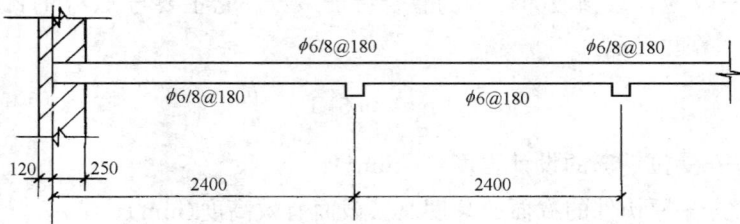

图 4.11 楼板原配筋图

（2）加固方法

选用在原楼面板上补浇混凝土层的加固方案，并按新旧混凝土截面整体工作考虑。为使加固板整体受力，将原板面凿毛，使凹凸不平整度大于 4mm，且每隔

500mm 凿出宽 30mm、深 10mm 的凹槽作为剪力键,然后洗净并浇筑混凝土后浇层。按构造取后浇层厚 40mm,则加固板的总厚度为 130mm(包括面层 20mm)。

(3) 荷载计算

| | |
|---|---|
| 原楼板自重 | $2.25(\mathrm{kN/m^2})$ |
| 新浇混凝土板重 | $25 \times 0.04 = 1.00(\mathrm{kN/m^2})$ |
| | $q_1 = 2.25 + 1.00 = 3.25(\mathrm{kN/m^2})$ |
| 活荷载 | $q_2 = 4(\mathrm{kN/m^2})$ |
| 总荷载 | $q = q_1 + q_2 = 3.25 + 4.0 = 7.25(\mathrm{kN/m^2})$ |

(4) 内力计算

板的计算跨度,边跨 $l_0 = (2400 - 250 - 200/2) + 0.5 \times 70 = 2085(\mathrm{mm})$

中间跨 $l_0 = 2400 - 200 = 2200(\mathrm{mm})$

板各截面的弯矩计算如表 4.1 所示。

表 4.1

| 截　　面 | 边跨中 | 边支座 | 中间跨中 | 中间支座 |
|---|---|---|---|---|
| 弯矩系数 $\alpha$ | 1/11 | $-1/14$ | 1/16 | $-1/16$ |
| $q_1$ 引起的弯矩 $M_1$ | 1284 | $-1043$ | 983 | $-983$ |
| $q_2$ 引起的弯矩 $M_2$ | 1581 | $-1284$ | 1211 | $-1211$ |
| 总弯矩 $M_z$ | 2865 | $-2327$ | 2194 | $-2194$ |

(5) 截面承载力计算

截面承载力计算如下:

跨中截面 $h_1 = 130\mathrm{mm}$,得 $h_{01} = 130 - 15 = 115(\mathrm{mm})$;

支座截面 $h_1 = 130\mathrm{mm}$,原板口负筋的有效高度 $h_0 = 70 - 15 = 55(\mathrm{mm})$,新配筋的有效高度 $h_{01} = 130 - 15 = 115(\mathrm{mm})$。

加大截面后板的承载力计算如表 4.2 所示。由表可见,中间支座处 $M_u < M_z$,抗弯承载力不够,故需在中间支座处的后浇混凝土层内,加配受力钢筋。由于其差值很小 $[M_z - M_u = 2194 - 1897 = 297(\mathrm{N \cdot m})]$,所以按构造配筋,取 $\phi6@200$。

表 4.2

| 截　　面 | 边跨中 | 边支座 | 中间跨中 | 中间支座 |
|---|---|---|---|---|
| $\xi = \rho \dfrac{f_y}{f_{cm}}$ | 0.035 | 0.076 | 0.026 | 0.055 |
| 查表求 $\alpha_s$ | 0.039 | 0.079 | 0.026 | 0.057 |
| $M_u = \alpha_s f_{cm} b h_0^2$ | 5674 | 2629 | 3782 | 1897 |
| 与 $M_z$ 的比较 | $M_u > M_z$ | $M_u > M_z$ | $M_u > M_z$ | $M_u < M_z$ |

（6）钢筋应力的计算及控制

按式（4.8）、式（4.9）计算钢筋应力 $\sigma_{s1}$ 和 $\sigma_{s2}$。对于边跨中截面有：

$$\sigma_{s1} = \frac{M_1}{A_s \eta_1 h_0} = \frac{1\,284\,000}{0.87 \times 218 \times 55} = 123(\text{MPa})$$

$$\beta = 0.5\left(1 - \frac{h}{h_1}\right) = 0.5\left(1 - \frac{70}{130}\right) = 0.231$$

$$\sigma_{s2} = \frac{M_2(1-\beta)}{A_s \eta_2 h_{01}} = \frac{1\,581\,000(1-0.231)}{0.87 \times 218 \times 115} = 55.7(\text{MPa})$$

$$\sigma_s = \sigma_{s1} + \sigma_{s2} = 123 + 55.7 = 178.7(\text{MPa}) < 0.9f_y = 189(\text{MPa})（满足要求）$$

对于支座截面，后浇层处在受压区，没有前述的钢筋应力超前现象。相反，后补筋与梁中原筋相比，存在应力滞后现象。因此，在连续梁、板支座处补配的受拉钢筋的应力不必验算。

需要指出，按整体工作加固，比按新旧混凝土独立工作的加固效果要好得多。因此，在对加固方法进行选择时，应优先选择按整体工作加固的方案，施工时，尽量对原构件表面进行处理，以保证加固后构件能整体工作。

# 4.4　增补受拉钢筋加固法

增补受拉钢筋加固法，是指在梁的受力较大区段补加受拉钢筋（或型钢），以提高梁承载能力的加固方法。

## 4.4.1　增补钢筋方法简介

图 4.12 为增补钢筋和增补型钢加固梁的示意图。增补钢筋与原梁之间的连接方法有全焊接法、半焊接法和粘结法 3 种；增补型钢与原梁的连接方法有湿式外包法和干式外包法两种。

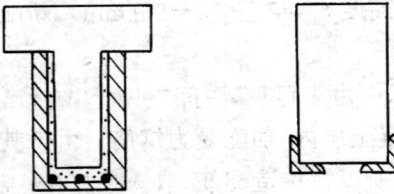

图 4.12　增补钢筋、型钢加固梁示意图

### 1. 全焊接法

全焊接法是把增补钢筋直接焊接在梁的原筋上，以后不再补浇混凝土做粘结层保护。即增补筋是在裸露条件下，依靠焊接参与原梁的工作（见图 4.13）。

增补筋之所以能锚固于梁中原筋上完成承载功能，是由于梁中原筋的应力是不均匀的，有些区段、部位（如简支梁的端部、连续梁的反弯点附近）原筋的应力较小。这些部位的原筋强度没有被充分利用，尚有潜力可挖。若把增补钢筋的端头焊接在上述区段内，则原筋对增补筋即可起到锚固作用。

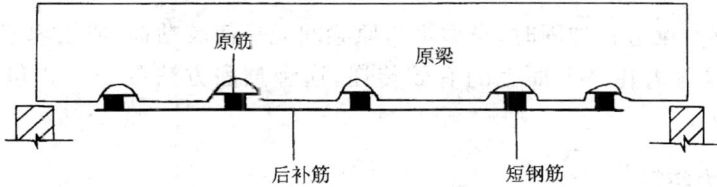

图 4.13 全焊接补筋加固梁

**2. 半焊接法**

半焊接法是指将增补筋焊接在梁中原筋上后,再补浇或喷射一层细石混凝土进行粘结和保护。这样增补筋既受焊点锚固,又受混凝土粘结力的固结,使增补筋的受力特征与原筋相近,受力较为可靠。

**3. 粘结法**

粘结法是增补筋完全依靠后浇混凝土的粘结力传递,来参与原梁的工作。

粘结法施工工艺如下:

1) 将需增补钢筋区段的构件表面凿毛,使凹凸不平度大于 6mm;

2) 每隔 500mm 凿一剪力键,并加配 U 形箍筋。U 形箍筋焊接在原筋上或用环氧树脂锚固于原混凝土中;

3) 将增补纵筋穿入 U 形箍筋并予以绑扎,最后涂刷环氧胶粘剂和喷射混凝土。

**4. 湿式外包钢**

湿式外包钢加固法,是一种用乳胶水泥砂浆或环氧树脂水泥浆把角钢粘贴在原梁下边角部,并用 U 形螺栓套箍加强,再喷射水泥砂浆保护的加固方法(见图 4.14)。当被加固梁为楼面梁时,应在楼板的 U 形螺栓相应位置处凿一个方形(或长方形)凹坑,以使垫板和螺帽不致露出板面。凹坑深度约 20～30mm,基本为楼板面层的厚度。当被加固梁为屋面梁时,可直接将垫板和螺帽置于屋面构造层上,这样不仅不会影响防水层,而且施工也较方便。

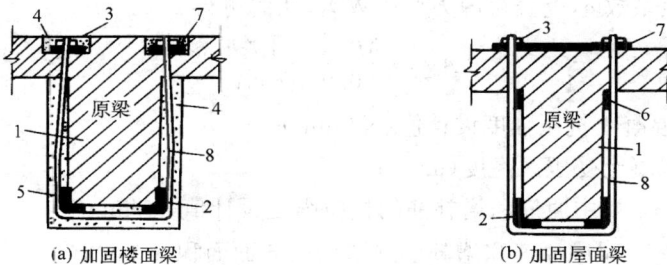

(a) 加固楼面梁　　　　　(b) 加固屋面梁

图 4.14　外包钢加固梁示意图

1.原构件;2.角铁;3.螺帽;4.填充混凝土或砂浆;

5.胶粘剂;6.扁铁;7.垫板;8.U 形螺栓

## 5. 干式外包钢

用型钢对梁进行加固时,当型钢与原梁间无任何胶粘剂,或虽填塞水泥砂浆,但不能确保剪力在结合面上的有效传递,这种加固方法属于干式包钢连接[见图 4.14(b)]。

### 4.4.2 受力特征

试验表明,增补筋相对于梁内原筋存在着应力滞后现象。它将使增补筋的屈服迟于梁内原筋,并且当增补筋屈服时,梁内出现较大的变形和裂缝。引起应力滞后的原因较多,其中主要的是:在增补筋受力之前,恒载和未卸除的荷载已在原筋中产生了一定的应力。此外,焊接点处的局部弯曲变形、增补筋的初始平直度、后补混凝土与原梁表面之间的剪切滑移变形以及扁钢套箍与梁面间的缝隙、锚固处的变形等对增补筋的应力滞后都有一定的影响。

用焊接法锚固增补筋加固梁的另一个受力特点,是在焊接点处原筋产生局部弯曲变形。这一弯曲变形,不仅加大增补筋的应力滞后,而且原筋应力在焊点两侧呈现不均匀性,因而降低了原筋的利用率。以上情况,在加固设计时应予以注意。

### 4.4.3 加固梁截面设计

#### 1. 承载力计算

根据以上分析,增补筋的应力滞后于梁内原筋的应力,因此对增补筋的抗拉强度设计值应乘以 0.9 的折减系数。

$$f_c b x = f_y A_s + 0.9 f_{y1} A_{s1} \tag{4.11}$$

$$M_u = f_c b x \left( h_{01} - \frac{x}{2} \right) \tag{4.12}$$

当利用已有的表格进行计算时,可按如下步骤进行:

$$\alpha = \frac{M}{f_c b h_{01}^2} \tag{4.13}$$

由截面抵抗矩系数 $\alpha$,查表得内力臂系数 $\gamma_s$,从而可得

$$A_{s1} = \frac{M - f_y A_s \gamma_s h_0}{0.9 f_{y1} \gamma_s h_{01}} \tag{4.14}$$

式中:$f_c$——混凝土抗压强度设计值(N/mm²);

$x$——混凝土受压区高度(mm);

$f_y$、$f_{y1}$——梁中原筋和增补筋的抗拉强度设计值(N/mm²);

$A_s$、$A_{s1}$——梁中原筋和增补筋或型钢的截面面积(mm²);

$h_{01}$——加固后截面的有效高度,即原筋和增补筋的合力点至受压边缘间的距离(mm),当增补钢筋面积不很大时,可近似地用原梁的有效截面高度 $h_0$ 替代。

$M$、$M_u$——弯矩设计值和加固梁上截面受弯承载力设计值($N \cdot mm$)。

以上公式的适用条件,与《混凝土结构设计规范》(GB50010-2002)中适筋梁的要求相同。

2. 使用阶段钢筋应力的计算与控制

由于增补筋的应力滞后,使得梁内原筋比增补筋先屈服,同时加固梁在接近破坏时的挠度及裂缝都比普通钢筋混凝土梁大。这就可能使梁内原筋在使用阶段就处于高应力状况,甚至达到屈服。因此,应对原筋在使用阶段的应力进行验算。验算按下式进行:

$$\sigma_s = \sigma_{s1} + \sigma_{s2} \leqslant 0.8 f_y \tag{4.15}$$

式中:$\sigma_{s1}$——加固时由未卸除的外荷载标准值产生的弯矩 $M_{1k}$引起的钢筋应力,可按下式计算:

$$\sigma_{s1} = \frac{M_{1k}}{0.87 A_s h_0} \tag{4.16}$$

$\sigma_{s2}$——加固结束后所施加的外荷载标准值产生的弯矩 $M_{2k}$引起的钢筋应力,计算式为

$$\sigma_{s2} = \frac{M_{2k}}{0.87(A_s + A_{s1})h_{01}} \tag{4.17}$$

如果式(4.15)不满足,原梁应增加临时的预应力撑杆。利用其产生的预顶力来减小 $M_{1k}$,降低加固时原梁的应力 $\sigma_{s1}$。

此外,当采用全焊接法连接增补筋时,还应对焊点处的截面承载力进行复核。复核的目的是为限制原筋在端焊点外侧的计算应力。端焊点外侧原筋的计算应力值应满足:

$$\sigma_s \leqslant 0.7 f_y$$

式中:$\sigma_s$——梁中原筋在端焊点外侧的钢筋应力计算值,可按式(4.16)计算,但端焊点外侧截面的弯矩值应采用全部荷载作用引起的总弯矩。

### 4.4.4 构造要求

采用增补受拉钢筋法加固受弯构件,应满足如下 7 项构造要求。

1)增补受力钢筋的直径不宜小于 12mm,最大直径不宜大于 25mm。用补浇混凝土对增补筋进行粘结保护时,增补筋宜采用变形钢筋。

2)增补受力钢筋与梁中原筋的净距不应小于 20mm,当用短筋焊接时,短筋的直径不应小于 20mm,长度不应小于 5$d$($d$ 为新增纵筋和梁中原筋直径的小值),且不大于 120mm。在弯矩变化较大的区段,焊接短筋的中距不大于 500mm,弯矩变化较小区段,可适当放宽。每一根增补筋的焊点不应少于 4 点。

3)当采用全焊接法锚固增补筋时,增补筋直径应比与其焊接的原筋直径小4mm。

4）当增补筋的应力靠后浇混凝土的粘结来传递时，应将原构件表面凿毛。凹凸不平度不小于 6mm，且每隔 500mm 凿一条 70mm×30mm 的剪力键；所设的 U 形箍筋直径不宜小于 8mm，U 形箍筋与原梁的连接方法及构造要求与前节所述相同。后浇混凝土用的石子，宜用坚硬、耐久的碎石或卵石，最大粒径不宜大于 20mm；水泥一般用 525 号硅酸盐水泥，混凝土等级应比原梁的高一级，宜用喷射法施工。

5）用外包钢加固时，角钢厚度不宜小于 3mm，边长不宜小于 50mm，U 形套箍直径不宜小于 10mm，间距不宜大于 300mm。扁钢不应小于 25mm×3mm。外包角钢的两端应有可靠的连接，并应留有一定的锚固长度。

6）用外包钢加固构件时，构件表面应打磨平整，四角磨出小圆角。干式外包钢应在角钢与构件之间用 1：2 水泥砂浆坐底。

7）用干式外包钢或全焊接增补钢筋加固构件时，最后需采用水泥砂浆或防锈漆加以保护。

### 4.4.5　计算实例

**【例 4.3】**　混凝土简支梁计算跨度 $L_0=3\text{m}$，截面为 150mm×300mm，原梁配受力纵筋 2Φ16（$A_s=402\text{mm}^2$），箍筋 $\phi6@150$，承受恒载标准值为 15.6kN/m，活载标准值为 4.4kN/m，因改变使用功能而增加活载 6kN/m，试进行加固设计。

**解**　（1）验算截面承载力

$$M = \frac{1}{8} \times 1.2 \times 15.6 \times 3^2 + \frac{1}{8} \times 1.4 \times (4.4+6) \times 3^3 = 37.44(\text{kN} \cdot \text{m})$$

原梁（与 2$\phi$16 相应）的受压区高度 $x$ 为

$$x = \frac{f_y A_s}{f_{cm} b} = \frac{310 \times 402}{11 \times 150} = 76(\text{mm})$$

$$M_u = f_c b x \left( h_0 - \frac{x}{2} \right) = 11 \times 150 \times 76 \times \left( 265 - \frac{76}{2} \right) = 2.85 \times 10^7(\text{N} \cdot \text{mm})$$

$$= 28.5(\text{kN} \cdot \text{m}) < 37.44(\text{kN} \cdot \text{m}) \quad \text{（必须加固）}$$

（2）加固方法

由于原梁的配筋率较低，故采用增补受拉钢筋法加固。增补筋与原梁的连接采用全焊接法。施工顺序为：先在梁跨中施加临时支撑，用錾子将原梁焊接位置处的混凝土保护层凿去，然后将加工好的钢筋逐点进行焊接。

（3）正截面承载力计算

由式（4.13）得

$$\alpha = \frac{M}{f_c b h_{01}^2} = \frac{37.44 \times 10^6}{11 \times 150 \times 265^2} = 0.373$$

查表得 $\gamma_s=0.797$，则

$$A_{s1} = \frac{M - f_y A_s \gamma_s h_0}{0.9 f_y \gamma_s h_{01}}$$

$$= \frac{37.44 \times 10^6 - 310 \times 402 \times 0.797 \times 265}{0.9 \times 310 \times 0.797 \times 265}$$

$$= 188 (\text{mm}^2)$$

选 $2 \phi 12 (A_s = 226\text{mm}^2)$

（4）斜截面承载力计算

$$V = \frac{1}{2} \times 1.2 \times 15.6 \times 3 + \frac{1}{2} \times 1.4 \times (4.4 + 6) \times 3$$

$$= 49.92(\text{kN}) < 0.25 f_c b h_0 = 0.25 \times 10 \times 150 \times 265 = 99.375(\text{kN})$$

$$V_{cs} = 0.07 f_c b h_0 + 1.5 f_y \frac{A_s}{S} h_0$$

$$= 0.07 \times 10 \times 150 \times 265 + 1.5 \times 210 \times \frac{28.3 \times 2}{150} \times 265$$

$$= 27825 + 31498 = 59323(\text{N})$$

$$= 59.32(\text{kN}) > V = 49.92(\text{kN}) (满足强度要求)$$

（5）使用阶段钢筋应力验算

在加固施工时，原梁仅承受恒载，此时的弯矩标准值为

$$M_{1k} = \frac{1}{8} \times 15.6 \times 3^2 = 17.5(\text{kN} \cdot \text{m})$$

$$\sigma_{s1} = \frac{M_{1k}}{0.87 A_s h_0} = \frac{17.5 \times 10^6}{0.87 \times 402 \times 265} = 189(\text{N/mm}^2)$$

加固结束后，新施加的荷载产生的弯矩为

$$M_{2k} = \frac{1}{8} \times (4.4 - 6) \times 3^2 = 11.7(\text{kN} \cdot \text{m})$$

$$\sigma_{s2} = \frac{M_{2k}}{0.87(A_s + A_{s1})h_{01}} = \frac{11.7 \times 10^6}{0.87 \times (402 + 226) \times 265}$$

$$= 80.8(\text{N/mm}^2)$$

$$\sigma_s = \sigma_{s1} + \sigma_{s2} = 139 + 80.8$$

$$= 269.8(\text{N/mm}^2) > 0.8 f_y = 248(\text{N/mm}^2)$$

由以上计算可知，跨中截面处的梁中原筋应力偏高，上述加固仍不能满足要求。为此，进一步采取如下措施：在焊接后补筋之前，在梁的三分点处加设两根临时支撑，并施加预顶力。预顶力可通过对支撑和梁之间打入钢楔来实现。假定每一撑杆施加 15kN 的预顶力，则有

$$M_{1k} = 17.5 - 1.0 \times 15 = 2.5(\text{kN} \cdot \text{m})$$

$$\sigma_{s1} = \frac{M_{1k}}{0.87 A_s h_0} = \frac{2.5 \times 10^6}{0.87 \times 402 \times 265} = 27(\text{N/mm}^2)$$

焊接结束后，拆去临时撑杆。这相当于对梁施加了 2 个 15kN 的反向力。

$$M_{2k} = \frac{1}{8} \times (4.4 + 6) \times 3^2 + 1.0 \times 15 = 26.7 (\text{kN} \cdot \text{m})$$

$$\sigma_{s2} = \frac{26.7 \times 10^6}{0.87 \times (402 + 226) \times 265} = 183 (\text{N/mm}^2)$$

$$\sigma_s = \sigma_{s1} + \sigma_{s2} = 27 + 183$$

$$= 210 (\text{N/mm}^2) < 0.8 f_y = 248 (\text{N/mm}^2)(满足要求)$$

验算焊接点外侧原钢筋的应力。此时该截面的弯矩标准值为

$$M_k = \frac{1}{2} \times (15.6 + 4.4 + 6) \times 3 \times (0.4 - 0.12) = 10.92 (\text{kN} \cdot \text{m})$$

$$\sigma_{s2} = \frac{10.92 \times 10^6}{0.87 \times 402 \times 265} = 118 (\text{N/mm}^2)$$

$$< 0.7 f_y = 217 (\text{N/mm}^2)(满足要求)$$

梁加固的情况如图 4.13 所示。

# 4.5 粘贴钢板加固法

### 4.5.1 概述

粘贴钢板加固法,是指用胶粘剂将钢板粘贴在构件外部的一种加固方法。该法在建筑、桥梁等工程的加固、补强、修复中的应用较为广泛。

粘贴钢板加固法与其他加固法相比,具有以下特点:

1) 胶粘剂硬化快,工期短。因此,构件加固不必停产或少停产;

2) 工艺简单,施工方便;

3) 胶粘剂的粘结强度高于混凝土、石材等,可以使钢板和构件形成一个良好的整体,受力较均匀,不会在混凝土中产生应力集中现象;

4) 粘贴钢板所占的空间小,几乎不增加被加固构件的断面尺寸和重量,不影响房屋的使用净空,不改变构件的外形。

### 4.5.2 结构胶的性能

1. 结构胶的组成

结构胶以环氧树脂为主剂。环氧树脂具有如下优点:

1) 具有很高的粘结性,对诸如金属、混凝土、陶瓷、石材、玻璃等大部分材料都有很好的粘结力;

2) 具有良好的工艺性能,可配制成很稠的膏状物或很稀的灌注材料,固化时间可根据需要适当调整,储存性能稳定;

3) 固化的环氧胶有良好的物理、机械性能,耐介质性能好,固化收缩率小;

4) 材料来源广,价格较便宜,基本无毒。

环氧树脂只有在加入固化剂后才会固化。单独的环氧树脂固化物呈脆性,因此必须在固化前加入增塑剂、增韧剂,以改变其脆性,提高其塑性和韧性,增强抗冲击强度和耐寒性。

环氧树脂的固化剂种类很多,常用的有:乙二胺、乙二醇三胺、三乙醇四胺、多乙醇多胺等。增塑剂不参与固化反应,常用的有:邻苯二甲酸二丁酯、邻苯二甲酸二辛酯、磷酸三丁酯等。增韧剂(即活性增塑剂)参与固化反应,一般用聚酰胺、丁腈橡胶、聚硫橡胶等。此外,为减小环氧树脂的稠度,还需加入稀释剂,常用的有丙酮、苯、甲苯、二甲苯等。

目前,应用较多的胶粘剂有中国科学院大连化学物理研究所研制的 JGN 型结构胶、冶金部工业建筑研究总院研制的 YJS-1 性建筑结构胶等。市场上出售的结构胶一般为双组分。甲组分为环氧树脂并添加了增塑剂一类的改性剂和填料;乙组分由固化剂和其他助剂组成。使用时,按一定比例调配即可。

2. 结构胶的粘结效果试验

钢板能否有效地参与原梁的工作,主要取决于钢板与混凝土之间的抗剪强度及抗拉强度。

(1) 粘结抗剪强度

在 C40 混凝土立方体试块的两个对面上,用结构胶粘合两块大小相同的钢板,待结构胶完全固化后进行剪切试验[见图 4.15(a)]。结果表明,剪切破坏发生在混凝土面上,而不在粘结面上。混凝土的剪切破坏面约相当于粘结面的 2 倍。说明粘结面的抗剪强度大于混凝土的抗剪强度。

(2) 粘结抗拉强度

把两块钢板对称地粘结在 C40 混凝土试块的两个对面上,然后进行抗拉试验[见图 4.15(b)]。破坏后发现,拉断面发生在混凝土块上,而粘结面完好无损,破坏面积大于粘结面。说明粘结面的抗拉强度大于混凝土的抗拉强度。

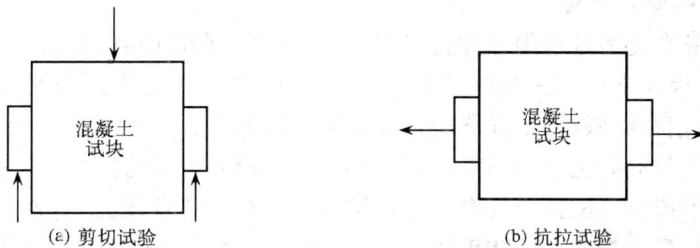

(a) 剪切试验  (b) 抗拉试验

图 4.15  粘结抗剪、抗拉试验

(3) 粘贴钢板加固梁试验

中国建筑科学院结构所以及东南大学等许多单位都进行过粘贴钢板加固梁的试验。图 4.16 为粘贴钢板加固梁试验的示意图。

综合有关试验资料,大致得到如下结论:

1）经粘贴钢板加固的梁，开裂荷载得到大幅度的提高。这是因为钢板处在受拉区的最边缘，可有效地约束混凝土的受拉变形，对提高梁的抗裂性远比梁内钢筋有效。

2）外贴钢板制约了保护层混凝土的回缩，抑制了裂缝的开展，使裂缝开展速度比普通梁慢。

3）粘贴钢板加固梁的抗弯刚度得到提高，挠度减小。

4）加固梁的截面承载力得到提高。提高的幅度随粘钢的锚固牢靠度的增大而提高。

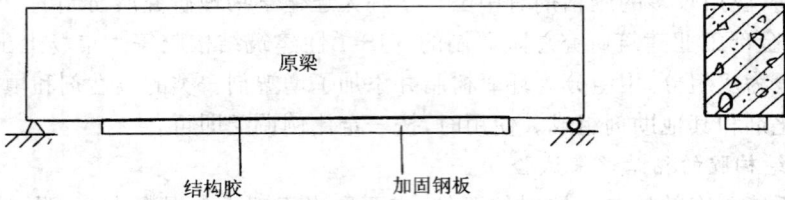

图 4.16 粘贴钢板加固梁试验示意图

### 4.5.3 粘贴钢板加固梁破坏特征及钢板受力分析

#### 1. 粘贴钢板加固梁的破坏特征

许多试验表明，粘贴钢板加固梁破坏时，粘结在梁底的钢板可以达到屈服强度。在适筋范围内，随着荷载的增加，加固梁在钢板和梁中原筋屈服后，因混凝土被压碎而破坏。

然而也有一部分试验表明，在加固梁破坏时，粘结于梁底的钢板并未达到屈服强度。梁的破坏是由于钢板端部与混凝土撕脱所致。这种破坏没有明显的预兆，端部钢板突然被撕脱，致使梁中原筋应力突增，很快进入强化阶段而脆性破坏。

#### 2. 钢板的受力分析

粘贴钢板在受力过程中也存在着应力滞后现象。在加固时，原梁钢筋已有一定的应力，而钢板仅在后加荷载作用下才产生应力。因此，在原筋屈服时，钢板可能尚未屈服，而当钢板屈服时，加固梁的挠度和裂缝就偏大。

粘贴钢板与混凝土中的钢筋相比，受力较为不利。钢板的拉力仅仅依靠单面的粘结应力来平衡。另外，钢板的合力与粘结应力不在一条直线上，形成一个力偶，有使钢板产生与梁的弯曲方向相反的变形，起着剥离钢板的作用。粘结层处于不利的剪拉复合应力状态下工作，且粘结剂质量和施工工艺影响粘结效果。

### 4.5.4 截面承载力的计算及规定

由前述可知，胶粘剂的质量对粘贴效果和加固计算都有很大影响，故应认真进行选择。在加固规范中，推荐使用 JGN 型建筑结构胶。表 4.3 为 JGN 结构胶的性能指标。下面介绍的粘贴钢板加固计算法,是以 JGN 结构胶作为胶粘剂,当使用其他胶粘剂时,其强度指标应不低于表 4.3 中的数值。

**表 4.3　JGN 结构胶的性能**

| 被粘基层材料种类 | 破坏特征 | 抗剪强度/MPa | | | 轴心抗拉强度/MPa | | |
|---|---|---|---|---|---|---|---|
| | | 试验值 $f_v^0$ | 标准值 $f_{vk}$ | 设计值 $f_v$ | 试验值 $f_t^0$ | 标准值 $f_{tk}$ | 设计值 $f_t$ |
| 钢-钢 | 胶层破坏 | ≥15 | 9 | 3.6 | ≥33 | 16.5 | 6.6 |
| 钢-混凝土 | 混凝土破坏 | $\geqslant f_v^0$ | $f_{cvk}$ | $f_{cv}$ | $\geqslant f_{ct}^0$ | $f_{ctk}$ | $f_{ct}$ |
| 混凝土-混凝土 | 混凝土破坏 | $\geqslant f_v^0$ | $f_{cvk}$ | $f_{cv}$ | $\geqslant f_{ct}^0$ | $f_{ctk}$ | $f_{ct}$ |

混凝土的抗剪强度试验值、标准值、设计值按表 4.4 所示采用。混凝土的抗拉强度指标按《混凝土结构设计规范》(GB50010-2002)采用。

**表 4.4　混凝土抗剪强度/$(N/mm^2)$**

| 强度名称 | 强　度　等　级 | | | | | | | | | |
|---|---|---|---|---|---|---|---|---|---|---|
| | C15 | C20 | C25 | C30 | C35 | C40 | C45 | C50 | C55 | C60 |
| 试验值 $f_{cv}^0$ | 2.25 | 2.70 | 3.15 | 3.55 | 3.90 | 4.30 | 4.65 | 5.00 | 5.30 | 5.60 |
| 标准值 $f_{cvk}$ | 1.70 | 2.10 | 2.50 | 2.85 | 3.20 | 3.50 | 3.80 | 3.90 | 4.00 | 4.10 |
| 设计值 $f_{cv}$ | 1.25 | 1.75 | 1.80 | 2.10 | 2.35 | 2.60 | 2.80 | 2.90 | 2.95 | 3.10 |

**1. 受弯构件受拉区粘贴钢板加固的计算**

(1) 承载力计算

粘贴钢板加固梁的截面承载力按下式进行计算:

$$f_c bx = f_y A_s + 0.9 f_{ay} A_a - f_y' A_s' \tag{4.18}$$

$$M_u = f_c bx \left( h_{01} - \frac{x}{2} \right) + f_y' A_s' (h_{01} - a_s') \tag{4.19}$$

式中:$f_{ay}$——加固钢板的抗拉设计强度$(N/mm^2)$;

$A_a$——加固钢板截面面积$(mm^2)$;

0.9——考虑加固钢板的应力滞后,以及端部易撕脱等因素所取的钢板抗拉强度折减系数;

$f_y'$、$A_s'$——原梁纵向受压钢筋的截面面积和抗压设计强度$(N/mm^2)$;

$a_s'$——原梁纵向受压钢筋的保护层厚度$(mm)$;

其余符号意义同式(4.11)、式(4.12)。

(2) 锚固粘结长度计算

锚固粘结长度 $L_1$,是指在原梁不需要加固截面以外的粘贴钢板的延伸长度。

当取剪应力分布系数为 2 时,可以得到:

$$L_1 \geqslant 2 f_{ay} \cdot t_a / f_{cv} \tag{4.20}$$

式中：$t_a$——受拉加固钢板厚度(mm)；

$f_{cv}$——被粘结混凝土抗剪设计强度(N/mm²)，按表 4.4 取用。

若式(4.20)得不到满足，说明钢板粘结长度不够。为此，可通过在钢板端锚固区粘结 U 形箍板解决(见图 4.17)，也可采用在钢板端锚固区增设膨胀螺栓的办法解决。当采用 U 形箍板时，锚固区的长度应满足下列规定：

当 $f_v b_1 \leqslant 2 f_{cv} L_u$ 时，

$$f_{ay} \cdot a_a \leqslant 0.5 f_{cv} b_1 L_1 + 0.7 n f_v b_u b_1 \tag{4.21}$$

当 $f_v b_1 > 2 f_{cv} L_u$ 时，

$$f_{ay} \cdot a_a \leqslant (0.5 b_1 L_1 + n b_u L_u) f_{cv} \tag{4.22}$$

式中：$n$——每端箍板数量；

$b_1$——受拉加固钢板的宽度(mm)；

$b_u$、$L_u$——箍板宽度和箍板在梁侧混凝土的粘结长度(mm)；

$f_v$——钢与钢粘结抗剪设计强度(N/mm²)，按表 4.3 取用。

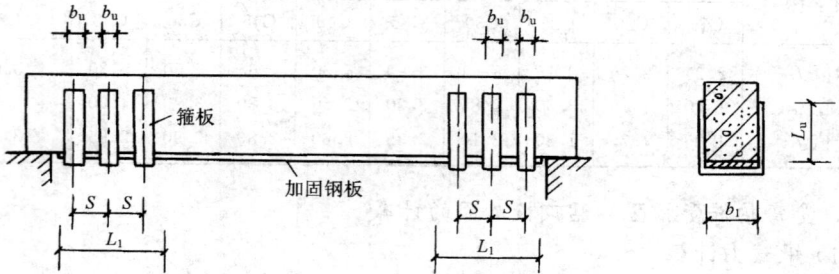

图 4.17　梁端增设 U 形箍板锚固

### 2. 斜截面受剪承载力计算

当构件的斜截面受剪承载力不足时，可采用局部粘贴竖向或斜向钢板的方法加固。图 4.18(a)为并联 U 形箍板加固法，图 4.18(b)为斜向箍板并用膨胀螺栓加固的方法，此时斜截面受剪承载力按下式计算：

$$V \leqslant V_c + 2 f_{ay} \cdot A_{a1} \cdot L_u / S \tag{4.23}$$

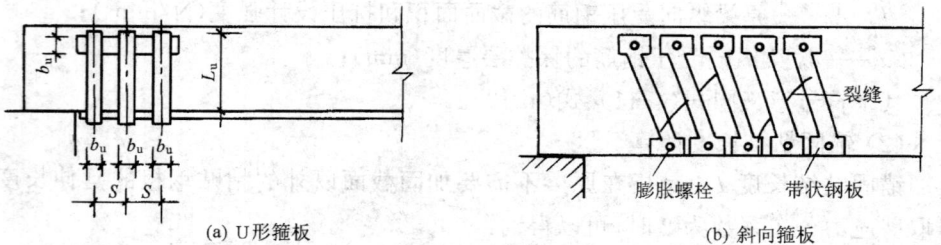

(a) U形箍板　　　　　　　　　　(b) 斜向箍板

图 4.18　受剪箍板锚固

同时,必须满足以下条件:

$$L_u/S \geqslant 1.5 \tag{4.24}$$

式中:$V$——斜截面受剪承载力设计值(N);

$V_c$——原构件斜截面受剪承载力设计值(N);

$A_{a1}$——单肢箍板截面面积($mm^2$);

$S$——箍板轴线间的距离(mm)。

### 4.5.5 构造要求

用粘贴钢板加固构件,应满足如下 5 项构造要求。

1)粘贴钢板的基层混凝土强度等级不应低于 C15。

2)粘贴钢板的厚度以 2~3mm 为宜。

3)对于受压区粘贴钢板的加固,当采用梁侧粘贴钢板时,钢板宽度不宜大于梁高的 1/3,对于受拉区梁侧粘贴钢板时,钢板宽度不宜大于 100mm。

4)在加固点外的粘贴钢板锚固长度:对于受拉区,不得小于 $80t$($t$ 为钢板厚度),且不小于 300mm;对于受压区,不得小于 $60t$,且不小于 250mm;对于可能经受反复荷载的结构,锚固区宜增设附加锚固措施(如螺栓等)。

5)钢板表面用 M15 水泥砂浆抹面,其厚度为:梁不小于 20mm,板不小于 15mm。

### 4.5.6 粘贴钢板的施工

1. 构件表面处理

1)对很旧很脏的混凝土构件,先用硬毛刷及高效洗涤剂刷除油垢污物,再在构件的粘合位置打磨,直至完全露出新面,并用压缩空气吹除粉粒,然后用 15%左右浓度的盐酸溶液涂于表面,在常温下停置 20min,接着用有压冷水冲洗,用试纸测定表面酸碱度。若呈酸性,可用 2%的氨水中和至中性,再用冷水洗净,完全干燥后即可涂刷胶粘剂。

如果混凝土表面不是很脏、很旧,直接打磨清洗,待完全干燥后用脱脂棉蘸丙酮擦拭表面即可。

2)对于新混凝土粘合面,先用钢丝刷将表面松散浮渣刷去,并用硬毛刷蘸洗涤剂洗刷表面,然后用有压水冲洗,稍干后以 15%左右浓度的盐酸溶液涂敷,15min 后,再冷水冲洗,用 2%的氨水中和,再用有压水冲洗干净,完全干燥后即可涂胶粘剂。

3)对于龄期在 3 个月以内,或湿度较大的混凝土构件,除应按上述要求处理外,还需进行人工干燥处理。

## 2. 钢板粘贴前的处理

钢板粘贴面必须进行除锈和粗糙处理,然后用脱脂棉蘸丙酮擦拭干净。如钢板未生锈或轻微锈蚀,可用喷砂、砂布或手砂轮打磨,直至出现金属光泽;如钢板锈蚀严重,必须先用适度盐酸浸泡 20min,使锈层脱落,再用石灰水冲洗,中和酸离子,最后用平砂轮打磨出纹道。打磨粗糙度越大越好,打磨纹路应与钢板受力方向垂直。

## 3. 卸荷

粘贴钢板前,应对被加固构件进行卸载。如用千斤顶顶升方式卸载;对于承受均布荷载的梁,应采用多点(至少两点)均匀顶升;对于有次梁作用的主梁,每根次梁下需设 1 台千斤顶。顶升力的大小以梁顶面不出现裂缝为准。

## 4. 胶粘剂的制备

JGN 胶粘剂为甲、乙两组分。使用前需进行现场质量检验,合格后方能使用。使用时将甲、乙两组分按说明书规定的配比混合,用搅拌机搅拌至色泽均匀为止。容器内不得有油污,搅拌时应避免雨水进入容器,并按同一方向进行搅拌,以免带入空气形成气泡而降低粘结性能。

## 5. 钢板粘贴

用抹刀同时将胶粘剂涂抹在已处理好的混凝土表面和钢板面上,厚度为 1~3mm(中间厚、边缘薄)。

将钢板粘贴在涂刷胶粘剂的混凝土表面。若是立面粘贴,为防止流淌,可加一层脱蜡玻璃丝布。粘好钢板后,用小锤沿粘贴面轻轻敲击钢板。如无空洞声,表示已粘贴密实,否则应剥下钢板,经补胶后重新粘贴。

钢板粘贴好后,应立即用特制的 U 形夹具夹紧,或用木杆顶撑,压力保持在 0.05~0.1MPa,以胶液刚从边缝中挤出为度。

## 6. 养护

JGN 胶在常温下固化,一般 24h 后拆除夹具或支撑,3d 后加固构件即可受力使用。若气温低于 15℃,应采取人工加温措施。

加固结束后,应按设计要求对钢板进行防腐处理。一般采用粉刷砂浆层加以保护。

# 4.6   施加预应力加固法

用预应力钢筋对梁、板进行加固的方法,称为预应力加固法。这种方法具有施工简便和不影响结构使用空间等特点。

## 4.6.1   预应力加固工艺

用预应力钢筋加固梁、板的基本工艺是:在需要加固的受拉区段外面补加预应力筋,对钢筋进行张拉,并将其锚固在梁、板的端部。

1. 预应力筋的张拉

预应力筋通常裸置于梁体之外，所以预应力筋的张拉也是在梁体外进行的。张拉的方法有以下 3 种。

(1) 千斤顶张拉法

千斤顶张拉法是使用千斤顶在预应力筋的端部进行张拉并锚固的方法（见图 4.19）。

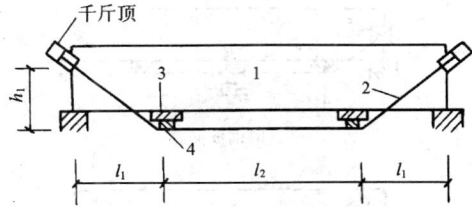

图 4.19　千斤顶张拉预应力筋
1.原梁；2.加固筋；3.上钢板；4.下钢板（棒）

(2) 横向收紧法

横向收紧法，即在加固筋两端被锚固的情况下，利用简易工具使钢筋由直变弯产生拉伸应变，从而在加固筋中建立预应力[见图 4.20(a)]。

(3) 竖向张拉法

竖向张拉法分为人工张拉和千斤顶张拉两种方法。图 4.20(b)为人工竖向张拉示意图。拧动收紧螺栓的螺帽时，加固筋即向下移动，因此建立了预应力。

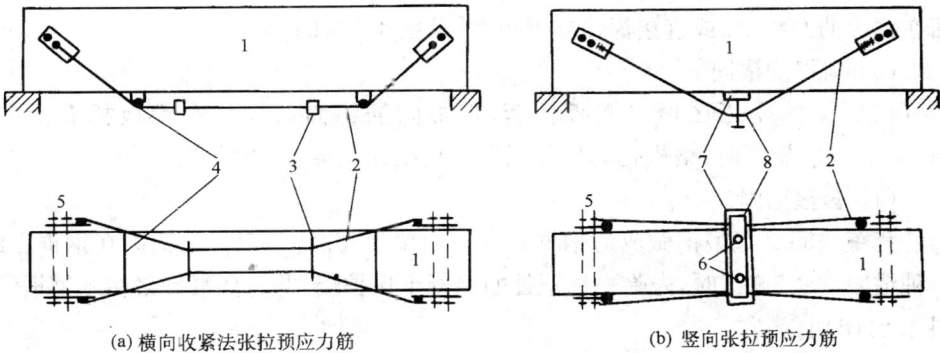

(a)横向收紧法张拉预应力筋　　　(b)竖向张拉预应力筋

图 4.20　横向收紧法和竖向张拉预应力
1.原梁；2.加固筋；3.收紧螺栓；4.撑杆；5.高强螺栓；6.顶撑螺丝；7.上钢板；8.下钢板

2. 预应力筋的锚固

预应力筋的锚固可采用以下 4 种方法。

(1) U 形钢板锚固

首先将原梁端部的混凝土保护层凿去，并涂以环氧砂浆，然后把与梁同宽的 U 形钢板卡在环氧砂浆上，再将加固筋焊接或锚接在 U 形钢板的两侧[见图 4.21 (a)]。

(2) 高强螺栓锚固

在梁及钢板上钻出与高强螺栓相同直径的孔，然后在钢板和梁上涂一层环氧砂浆，用高强螺栓将钢板压在原梁上，以产生摩擦力和粘结力，最后将预应力筋锚

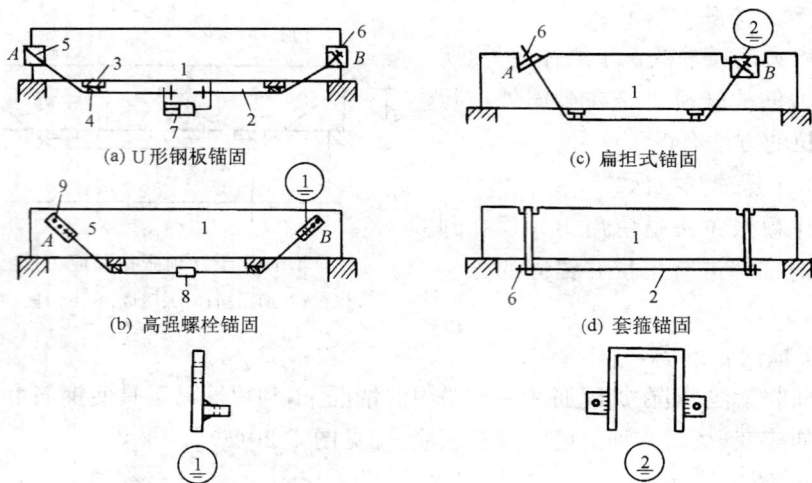

图 4.21　预应力筋锚固方法

1.原梁；2.加固筋；3.上钢板；4.下钢板（棒）；5.焊接；6.螺栓；7.千斤顶；8.锚接接头；9.高强螺栓

固在钢板的凸缘上，或直接焊接在钢板上[见图 4.21(b)]。

（3）扁担式锚固

在原梁的受压区增设钢板托套，把加固筋锚固或焊接在钢板托套上[见图 4.21(c)]。施工时，钢板托套用环氧砂浆粘结在原梁上，以防止其滑动。

（4）套箍锚固

套箍锚固是把型钢做成的钢框嵌套在原梁上，并将预应力筋锚固在钢框上的一种锚固方法。施工时，先除去钢框处的混凝土保护层，并用环氧砂浆粘结钢框[见图 4.21(d)]。

### 4.6.2　预应力加固效应及内力计算

1. 内力分析

由于预应力位于加固梁的体外，它在原梁中产生的内力一般与荷载引起的内力方向相反，起到了卸荷作用，所以它会产生使加固梁挠度减小、裂缝闭合的效应。

图 4.22 为下撑式预应力筋对加固梁引起的预应力内力图。在 $L_1$ 梁段上产生的有效预应力内力为：

$$\left.\begin{array}{l} M_{pz1} = \sigma_{p1} A_p (h_a \cos\theta - X\sin\theta) \\ V_{p1} = \sigma_{p1} A_p \sin\theta \\ N_{p1} = \sigma_{p1} A_p \cos\theta \end{array}\right\} \tag{4.25}$$

两个支撑点之间的 $L_2$ 梁段上，预应力筋产生的有效预应力为

$$\left.\begin{array}{l} M_{p2} = \sigma_{p2} A_p (h_p + a_p) \\ V_{p2} = 0 \\ N_{p2} = \sigma_{p2} A_p \end{array}\right\} \tag{4.26}$$

式中: $A_p$——预应力筋的总截面面积;

$\quad$ $\sigma_{p1}$、$\sigma_{p2}$——$l_1$、$l_2$ 梁段上预应力筋的有效预应力值,它等于控制应力 $\sigma_{con}$减去

$\qquad$ 各自梁段上的预应力损失值 $\sigma_L$;

$\quad$ $X$——锚固点到计算截面的距离;

$\quad$ $\theta$——斜拉杆与纵轴的夹角;

$\quad$ $a_p$——水平段预应力筋合力值截面下边缘的距离;

$\quad$ $h_a$——锚固点至原梁纵轴的距离;

$\quad$ $h_b$——原梁纵轴至截面下边缘的距离。

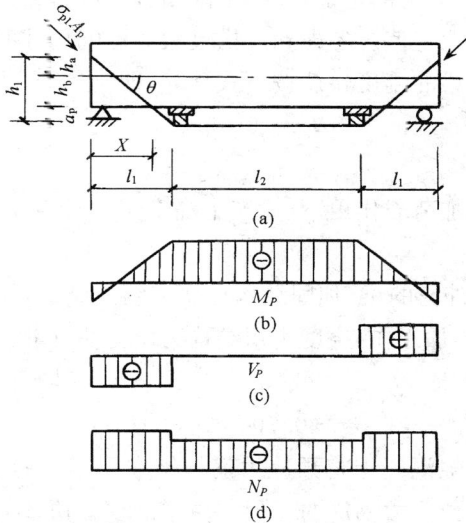

图 4.22 预应力内力

由于摩擦力的存在,使 $N_{p2}$略小于 $N_{p1}$。施工结束后,截面上产生的内力为外荷载引起的内力($M_0$,$V_0$)与预应力引起的内力($M_p$,$V_p$)之差,即

$$\left.\begin{array}{l} M = M_0 - M_p \\ V = V_0 - V_p \\ N = N_p \end{array}\right\} \tag{4.27}$$

**2. 加固梁的反拱与挠度计算**

预应力使加固梁产生反拱,所以预应力加固不仅可以有效地提高加固梁的强度,还可以减小加固梁的挠度。加固梁的总挠度,等于张拉前的挠度 $f_1$、预应力引

起的反拱 $f_p$ 以及加固后在后加荷载作用下的挠度 $f_2$ 三者之和,即

$$f = f_1 + f_2 - f_p \tag{4.28}$$

(1) $f_1$ 的计算

加固前原梁已完成了长期变形,故在计算未卸除荷载引起的挠度时,应取荷载长期作用下的刚度。加固前,梁的刚度与配筋率和未卸除荷载的多少等因素有关,为方便计算,建议取

$$B_1 = (0.35 \sim 0.5)E_c I_0 \tag{4.29}$$

式中:$B_1$——梁的截面刚度;

$E_c$、$I_0$——混凝土的弹性模量$(N/mm^2)$和换算截面惯性矩$(mm^4)$。

(2) $f_p$ 的计算

在张拉预应力筋的初始阶段,由于梁下部裂缝的存在,其反向刚度较小,反向挠度发展很快。随着预应力的增加,裂缝逐渐闭合,刚度增大,反向挠度增长变慢。为了简化计算,刚度宜取定值。考虑到反拱过大会影响构件的安全度,为此按结构力学方法计算反拱时,梁的刚度建议按下式计算,即

$$B_p = 0.75E_c I_0 \tag{4.30}$$

(3) $f_2$ 的计算

加固结束后,在后加荷载作用下,梁产生挠度 $f_2$。计算 $f_2$ 时,其刚度可按如下两种情况取用。

1) 对加固后钢筋外露的梁,加固结构已变成组合结构,拉杆为预应力筋,而原梁则如同拱结构一样参加工作,挠度可用结构力学方法计算。为简化计算,建议梁的刚度按下式计算:

$$B_2 = (0.70 \sim 0.80)E_c I_0 \tag{4.31}$$

2) 对加固后又补浇混凝土将预应力筋粘结在原梁上的加固梁,其刚度 $B_2$ 的计算较为复杂。可根据预应力钢筋的变形和原梁的变形协调的原则确定,同时考虑到后浇混凝土因受力较晚、变形较小的因素,$B_2$ 可近似地取为

$$B_2 = (0.60 \sim 0.75)E_c I_0 + 0.9E_{c2} I_2 \tag{4.32}$$

式中:$E_{c2}$、$I_2$——补浇混凝土的弹性模量及该面积对原截面形心的惯性矩。$I_2$ 可按下式计算,即

$$I_2 = A_2 \cdot y^2 ; \tag{4.33}$$

式中:$A_2$、$y$——补浇混凝土的截面面积及其形心至原截面形心的距离(见图 4.23)。

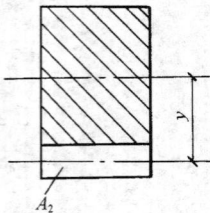

图 4.23 补浇混凝土加固截面

3. 加固梁正截面承载力计算

预应力加固梁的正截面承载力计算方法因加固工艺不同分为两种。

（1）预应力筋外露的加固梁

加固结束后预应力筋外露在体外的加固梁，预应力筋仅仅在锚固点及支撑点与原梁相接触。当梁随外荷载增加而发生挠曲时，梁中原筋也随原梁曲率的增加而伸长，但预应力筋与梁中原筋的变形不同，它只与支撑点和锚固点处梁的变位有关。

试验研究证明，预应力钢筋的应力增量随荷载的增长率远没有梁中的原筋大，由于这种变形的不协调性，对这类加固梁正截面承载力的计算采用等效外荷载法。即用预应力对原梁的作用，作为相应的外荷载等效地作用在原梁上，然后按原梁尺寸及原梁的配筋情况来验算原梁的承载力。

预应力钢筋的应力应等于张拉结束后的应力与后加荷载引起的应力增量之和。由于后加荷载引起的应力增量很小，为便于计算，设计中，预应力钢筋内力直接按 $\sigma_{con}$ 计算，虽略高于张拉结束后预应力筋的应力值，但还是偏于安全的。

由于纵向预应力 $N_p$ 的存在（见图 4.24），使原来的受弯构件变为偏心受压构件，并且多为大偏心受压，可按规范中的大偏心受压构件的计算公式验算加固梁的

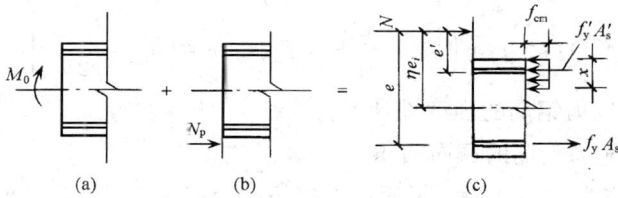

图 4.24　预应力筋外露梁的截面内力

承载力：

$$N \leqslant f_c bx + f_y'A_s' - f_yA_s$$
$$Ne \leqslant f_c bx\left(h_0 - \frac{x}{2}\right) + f_y'A_s'(h_0 - a_s') \tag{4.34}$$

式中：$f_c$——混凝土抗压强度设计值（N/mm²）；

$x$——混凝土受压区高度（mm）；

$f_y$、$f_y'$——梁中受拉钢筋及受压钢筋的抗拉强度设计值（N/mm²）；

$A_s$、$A_s'$——梁中受拉钢筋及受压钢筋的截面面积（mm²）；

$e$——轴向力 $N$ 作用点至受拉钢筋 $A_s$ 重心的距离（mm）；

$$e = \eta e_i + h/2 - a_s$$

式中：$e_i$——轴向力 $N$ 的初始偏心距（mm）

$$e_i = e_0 + e_a$$

$e_a$——轴向力 $N$ 的附加偏心距（mm）（一般可取 $e_a = 0$）；

$e_0$——轴向力 $N$ 对截面重心的偏心距（mm），

$$e_0 = M/N$$

$M$、$N$——作用于截面上的弯矩(N·mm)及纵向力(N),按式(4.27)计算;

$\eta$——偏心距增大系数(一般可取 $\eta=1$)。

还应指出,根据研究,外露钢筋加固梁的承载力也可按无粘结筋梁计算,并且加固筋的强度可取为 $0.8f_{py}$。

(2)预应力钢筋与原梁结为一体的加固梁

在预应力筋张拉结束后,若在其上补浇混凝土保护层而形成整体梁,预应力筋就与原梁共同变形。随着作用在加固梁上的外荷载的增加,预应力钢筋和梁中原钢筋以及受压区混凝土的应力都在原有基础上增大。当梁破坏时,受拉钢筋会出现两种情况。

1)适筋梁。当梁的全部配筋处在适筋范围时,尽管预应力筋和梁中的原筋达到屈服极限的时间可能不同,但破坏时两者都可达到流限。其截面承载力计算方法与一般预应力混凝土梁相同。对于矩形及翼缘位于受拉区的倒 T 形梁(见图 4.25),可得:

$$\left. \begin{aligned} f_c bx &= f_y A_s + f_{py} A_p - f_y A_s' \\ M &\leqslant f_y A_s \left( h_0 - \frac{x}{2} \right) + f_{py} A_p \left( h + a_p - \frac{x}{2} \right) \end{aligned} \right\} \tag{4.35}$$

式中:$f_{py}$——预应力钢筋的强度设计值;

$A_p$——预应力钢筋的截面面积;

$a_p$——预应力钢筋合力点至原梁下边缘的距离。

对于 T 形截面及 I 形截面梁承载力的计算方法,可按规范并参照上式进行。

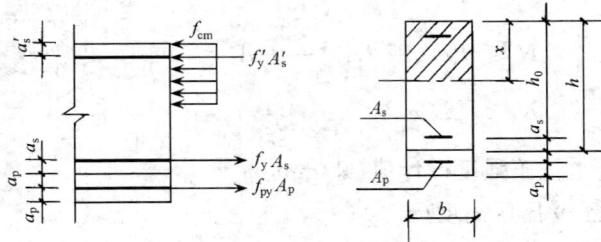

图 4.25　预应力筋与原梁结为一体的加固梁的截面内力

2)超筋梁。混凝土构件中,超筋梁是不允许的,但在加固工程中,有时却难以避免。一般当工程要求较多地提高梁的刚度时,则需施加较大的预应力,以致变成超筋梁。

因加固钢筋而导致的超筋梁与通常所指的超筋梁尽管有所差别,但体外预应力筋对提高其正截面承载力的作用很小,因为加固后形成的超筋梁的正截面承载力被受压区混凝土所限制。因此,加固后形成的超筋梁可以采用普通混凝土超筋梁的计算方法。

4. 加固梁斜截面承载力计算

(1) 预应力筋外露的加固梁

预应力筋外露的加固梁,受力特征如同偏心受压构件,因此加固梁的抗剪承载力较原梁有所提高。对于用直线预应力筋加固的梁,其提高的作用决定于预应力产生的纵向力 $N_p$,故这种梁斜截面抗剪承载力应为原梁的抗剪承载力与纵向力 $N_p$ 对梁的抗剪承载力的提高幅度之和,即

$$V = V'_u + 0.05N_p \tag{4.36}$$

对于用元宝式预应力钢筋(见图 4.19)的加固梁的抗剪承载力为:

$$V = V'_u + (\sigma_{con} - \sigma_L)A_p\sin\theta + 0.05N_p \tag{4.37}$$

式中:$V'_u$——原梁的斜截面抗剪承载力(N);

$\sigma_L$——预应力损失的总和($N/mm^2$)。

(2) 预应力筋与原梁结为一体的加固梁

对于补浇混凝土保护层的加固梁,其斜截面承载力与原梁相比,增加了斜筋及纵向力的影响。由于预应力筋与原梁已结成整体,故可用一般预应力混凝土梁的方法计算加固梁的斜截面的承载力,即

$$V \leqslant V'_u + 0.8\sum f_{py}A_p\sin\theta + 0.05N_p \tag{4.38}$$

## 4.6.3 张拉预应力控制及预应力损失计算

1. 张拉控制应力值

通常,加固梁的挠度较大,裂缝较宽,对加固钢筋施加的预应力值越高,就可以越多地改善加固梁的受力状态。因此,张拉控制应力 $\sigma_{con}$ 宜定得高些,但又不宜太高,否则,在张拉过程中,有个别钢筋可能会达到或超过屈服强度,导致发生危险。建议张拉控制应力按表 4.5 取用。

表 4.5 允许的张拉控制应力值 $\sigma_{con}$

| 项 次 | 钢 筋 种 类 | 张拉控制应力值 $\sigma_{con}$ |
|---|---|---|
| 1 | 碳素钢丝、刻痕钢丝、钢绞线 | $0.70f_{ptk}$ |
| 2 | 冷拔低碳钢丝、热处理钢筋 | $0.65f_{ptk}$ |
| 3 | 冷拉热轧钢筋 | $0.85f_{ptk}$ |
| 4 | 热轧钢筋 | $0.90f_{ptk}$ |

由于加固梁的预应力钢筋对原梁混凝土产生的预压力较小,所以混凝土的徐变损失也较小。因此,在同样张拉控制应力的条件下,加固筋的最后应力值可能会较一般预应力梁中的预应力筋的应力值高。

2. 预应力损失计算

加固梁体外的预应力钢筋的构造及工艺有别于一般预应力混凝土梁,预应力损失也与一般预应力混凝土梁有些差异。

(1) 锚固损失 $\sigma_{L1}$

锚固损失 $\sigma_{L1}$ 可按下式计算:

$$\sigma_{L1} = \frac{a}{L} E_s \tag{4.39}$$

式中:$L$——当用千斤顶在直线钢筋的端头张拉,或在加固钢筋的中间进行张拉时,$L$ 表示预应力钢筋的有效长度,当在元宝钢筋的端头张拉时(一般要求对其两头张拉),$L$ 表示预应力筋有效长度的一半;

$a$——张拉处的锚具变形和钢筋的回缩值,按表 4.6 取值。

**表 4.6　锚具变形和钢筋回缩值**

| 项　次 | 锚　具　变　形 | 钢筋回缩值/mm |
|---|---|---|
| 1 | 带螺帽的锚具(包括钢丝束的锥形螺杆锚具、筒式锚具等)螺帽缝隙<br>每块后加垫板的缝隙 | 1<br>1 |
| 2 | 钢丝束的墩头锚具 | 1 |
| 3 | 钢丝束的钢制锥形锚具 | 5 |
| 4 | JM-12 锚具<br>当预应力筋为钢筋时<br>当预应力筋为钢绞线时 | <br>3<br>5 |
| 5 | 单根冷拔低碳钢丝的锥形锚具 | 5 |

在加固工程中,锚具的类别比一般预应力混凝土梁多且复杂。当采用的锚具超出表 4.6 中规定的锚具类别时,$a$ 值可根据实际情况,参考表中值确定。

对于横向张拉式撑杆或螺栓引起的变形损失,可忽略不计。

(2) 折点摩擦损失 $\sigma_{L2}$

当采用下撑式预应力钢筋时,在撑点会产生摩擦阻力,使下撑点另一侧加固筋的内力小于张拉端的内力,即经折点后,预应力将因折点处的摩擦而降低。摩擦损失可采用规范公式计算:

$$\sigma_{L2} = \sigma_{con}(1 - e^{-\mu\theta}) \tag{4.40}$$

式中:$\theta$——斜加固筋与纵轴的夹角;

$\mu$——支撑垫块与滑块之间的摩擦系数。当垫块与滑块都为钢板时,取 $\mu = 0.25$;当加固筋直接与钢垫块接触时,取 $\mu = 0.4$;当支撑点处有套筒时,取 $\mu = 0.1$。

(3) 钢筋松弛损失 $\sigma_{L4}$

加固筋应力松弛引起的预应力损失可按规范的规定值取用。对冷拉热轧钢筋

和热处理钢筋,可按下式计算:

一次张拉时         $\sigma_{L4}=0.05\sigma_{con}$

超张拉时         $\sigma_{L4}=0.035\sigma_{con}$

对碳素钢丝、钢绞线

$$\sigma_{L4}=\psi\left(0.36\frac{\sigma_{con}}{f_{ptk}}-0.18\right)\sigma_{con} \tag{4.41}$$

式中:$\psi$——与张拉工艺有关的经验系数,一次张拉时,取 $\psi=1.1$,超张拉时,取 $\psi=0.9$;

      $f_{ptk}$——预应力筋的弪度标准值(N/mm²)。

(4)混凝土徐变损失 $\sigma_{L5}$

由于加固构件中预应力筋只是受拉钢筋中的一部分,甚至是一小部分,所以它对混凝土产生的预应力很小,不致于抵消与预应力同时作用的外荷载产生的拉立力。因此,混凝土徐变损失 $\sigma_{L5}$ 可忽略不计。

### 4.6.4 构造要求

用预应力法加固的混凝土梁、板结构,应遵循以下10项构造要求:

1)预应力钢筋的直径一般宜采用 $\phi12\sim\phi30mm$ 的钢筋或钢绞线束;当采用预应力钢丝时,直径宜取 $\phi4\sim\phi8mm$。

2)用预应力方法加固板时,应采用柔性钢丝或钢绞线,不宜用粗钢筋。

3)直线预应力钢筋或下撑式预应力钢筋的水平段与被加固梁底面间的净距离应小于 100mm,宜为 30~80mm。

4)张拉结束后,应对外露的加固钢筋进行防锈处理。方法有喷涂水泥浆或涂刷防锈漆。

5)采用横向张拉法时,收紧螺栓的直径应不小于 16mm,螺帽高度应不小于螺栓直径的 1.5 倍。

6)预应力钢筋的锚固应牢固可靠,不产生位移。

7)在下撑式预应力筋弯行处的原梁底面上,应设置支撑钢垫板,其厚度不小于 10mm,宽度不小于厚度的 4 倍,长度与被加固梁的宽度相等。支撑钢垫板与预应力筋之间应设置钢垫棒[见图 4.26(a)]或钢垫板[见图 4.19],垫棒直径应不小于 20mm,长度应不小于被加固梁的宽度加上 2 倍预应力筋直径,再加上 40mm。有时为了减小摩擦损失,在垫棒上套上一个与梁同宽的钢筒[见图 4.26(b)]。

8)用预应力筋加固连续板时,预应力筋的弯折点位置宜设置在反弯点附近,以获得较明显的预应力产生的向上托力作用,从而起到减小板跨的作用(见图 4.27)。

9)连续板预应力筋弯折点与穿筋斜孔可取 45°,孔的位置应避开板内钢筋。从

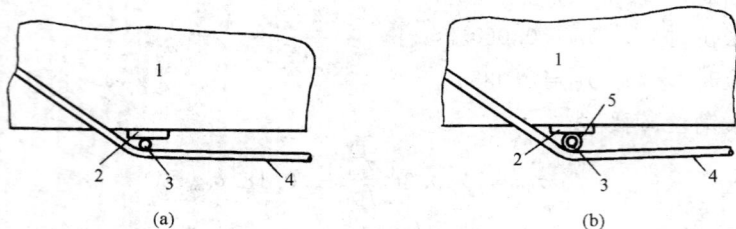

图 4.26 预应力筋弯折点的构造
1.被加固梁；2.垫板；3.垫棒；4.预应力筋；5.套筒

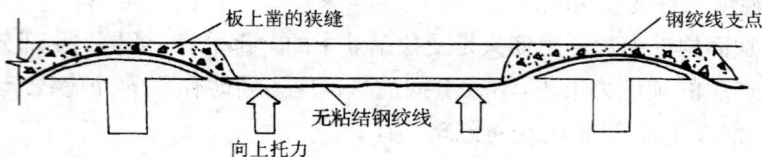

图 4.27 预应力加固连续板

斜孔开始,应沿预应力筋方向分别在板面及板底凿出狭缝,其深度主要根据对弯折点向上托力的大小要求而定,狭缝越浅托力越大,但弯折点处的预应力损失也越大。

10)连续板预应力筋的张拉宜采用两端张拉,以减小预应力摩擦损失。

### 4.6.5 预应力法加固设计实例

【例 4.4】 某钢厂的设备平台大梁,计算跨度 $L=9m$,承受均布恒载为 14kN/m,均布活载为14kN/m,跨中承受设备重为 26kN(见图 4.28)。现需改换设备,设备荷载增加至 96kN。试对此梁进行加固设计(荷载均为设计值)。

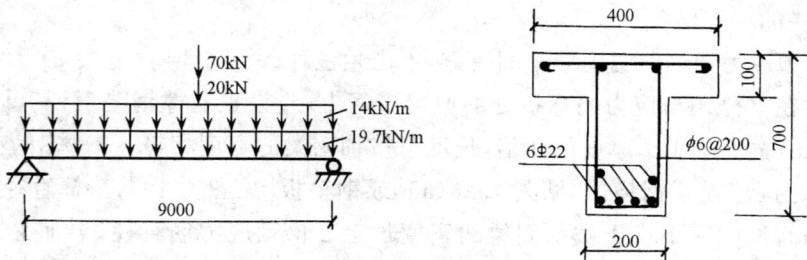

图 4.28 平台梁荷载及截面图

**解** (1)原梁条件
受拉主筋为 6φ22mm,$A_s=2281mm^2$,$f_y=310N/mm^2$;
混凝土 C20,$f_{cm}=13.5 N/mm^2$;

$h_0 = 700 - 60 = 640 \text{(mm)};$

截面形心至下边缘的距离 $y_0 = 442.9 \text{mm}$;

$I_0 = 1.0 \times 10^{10} \text{mm}$。

（2）加固方法

采用竖向顶撑法加固（见图 4.29）。预应力筋的两端用 U 形钢板锚固，为保证其可靠性，在 U 形钢板的端部用 4 个膨胀螺栓加以固定。张拉方法为竖向千斤顶顶撑法。待顶撑到位后，在支撑点和预应力筋之间垫以钢板，并用点焊固定。最后用细石混凝土将加固钢筋加以保护。

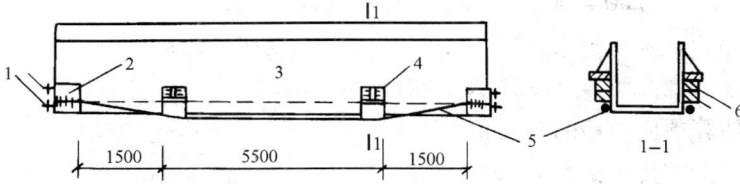

图 4.29　平台梁加固示意图

1.膨胀螺栓；2.U 形锚固板；3.原梁；4.U 形支撑钢板；5.预应力筋；6.钢垫板

（3）内力计算

加固前，梁上仅有均布荷载，产生的弯矩为

$$M_0 = \frac{1}{8} \times 19.7 \times 9^2 = 199.46 \text{(kN·m)}$$

加固后，在全部荷载作用下

$$M_{\max} = \frac{1}{8} \times (19.7 + 14) \times 9^2 + \frac{1}{4} \times 96 \times 9 = 557.2 \text{(kN·m)}$$

$$V_{\max} = \frac{1}{2} \times (19.7 + 14) \times 9 + \frac{1}{2} \times 96 = 199.65 \text{(kN)}$$

（4）预应力筋承担的弯矩 $\Delta M$

补强钢筋采用冷拉 III 级钢筋，$f_{py} = 420 \text{N/mm}^2$，判断 T 形梁类型

$$f_c b_f' h_f' \left( h_{01} - \frac{h_f'}{2} \right) = 13.5 \times 400 \times 100 \times \left( 665 - \frac{100}{2} \right)$$

$$= 3.321 \times 10^8 \text{(N·mm)} < M$$

$$= 5.572 \times 10^8 \text{(N·mm)}$$

计算表明，此梁属于第二类 T 形梁。用查表法或用下式求出受压区高度 $x$ 值：

$$x = \left( 1 - \sqrt{1 - \frac{2M}{f_c b h_{01}^2}} \right) h_{01}$$

式中：$h_{01}$——加固梁全部受拉钢筋合力点至截面上边缘的距离。当补强的钢筋面积不大时，可用原梁的有效截面高度 $h_0$ 替代。

$$x = 665\left(1 - \sqrt{1 - \frac{2\left[5.572 \times 10^8 - (400 - 200) \times 100 \times 13.5(665 - 100/2)\right]}{13.5 \times 200 \times 665^2}}\right)$$

$$= 665(1 - 0.587) = 274.7(\text{mm})$$

受压区的形心至上边缘的距离为

$$y_0' = \frac{(400 - 200) \times 100 \times 100/2 + 200 \times 274.7 \times 274.7/2}{(400 - 200) \times 100 + 200 \times 274.7}$$

$$= 114(\text{mm})$$

则

$$\Delta M = M_{\max} - A_s f_y (h_0 - y_0')$$

$$= 5.572 \times 10^8 - 2281 \times 310(640 - 114)$$

$$= 1.853 \times 10^8 (\text{N} \cdot \text{m})$$

（5）估算预应力筋的截面积

$$A_p = \frac{\Delta M}{f_{py}(h + a_p - y_0')} = \frac{1.853 \times 10^8}{420(700 + 15 - 114)}$$

$$= 740(\text{mm}^2)$$

选 2 $\phi$ 22 $A_p = 760(\text{mm}^2)$。

（6）斜截面承载力计算

复核截面尺寸：

$$0.25 f_c b h_{01} = 0.25 \times 12.5 \times 200 \times 665$$

$$= 4.156 \times 10^5 (\text{N}) > V_{\max}$$

$$= 1.997 \times 10^5 (\text{N})(\text{满足要求})$$

验算加固梁的斜截面承载力：

原梁箍筋为 $\phi$6@200，弯筋 1$\phi$22。

$$V_u' = 0.07 f_c b h_0 + 1.5 f_y \frac{A_{sv}}{S} h_0 + 0.8 A_{sb} f_y \sin\theta$$

$$= 0.07 \times 12.5 \times 200 \times 665 + 1.5 \times 210 \times \frac{28.3 \times 2}{200}$$

$$\times 665 + 0.8 \times 310 \times 380.1 \times 0.707$$

$$= 2.423 \times 10^5 (\text{N}) > V_{\max}$$

计算表明仅靠原梁的截面尺寸和配筋，即可满足增加荷载后的斜截面抗剪承载力。

（7）确定张拉控制应力，计算应力损失

根据表 4.5，控制应力取

$$\sigma_{con} = 0.85 f_{tk} = 0.85 \times 500 = 425(\text{N/mm}^2)$$

由于预应力钢筋采用焊接锚固，故 $\sigma_{L1} = 0$。

预应力筋的初始状态为直线，竖向张拉量很少，故取 $\sigma_{L2} = 0$。

应力松弛引起的损失为：

$$\sigma_{L4} = 0.05\sigma_{con} = 0.05 \times 425 = 21(\text{N/mm}^2)$$

（8）预应力及其效应计算

$$N_p = (\sigma_{con} - \sigma_L)A_p = (425 - 21) \times 760 = 3.07 \times 10^5(\text{N})$$

$$M_p = N_p(y_0 + a_p) = 3.07 \times 10^5 \times (442.9 + 15)$$
$$= 1.41 \times 10^8(\text{N} \cdot \text{mm}) = 141(\text{kN} \cdot \text{m})$$

由于 $M_p < M_0 = 199.46\text{kN} \cdot \text{m}$，故施工时截面上不会出现反向弯矩。

加固前，梁的挠度由下式计算：

$$f_1 = \frac{5}{48}\alpha \frac{M_0 l^2}{B_1} = \frac{5}{48} \times 1.1 \times \frac{199.46 \times 9^2}{0.5 \times 25.5 \times 10^4} = 0.015(\text{m})$$

式中：$\alpha$——卸除荷载的效应系数，即为原梁挠度随卸除荷载恢复不够的影响
系数，一般可取为 1.1。

预应力引起的反拱 $f_p$ 为

$$f_p = -\frac{M_p l^2}{12B_p} = \frac{-141 \times 9^2}{12 \times 0.75 \times 25.5 \times 10^4} = -0.0049(\text{m})$$

在后加荷载作用下梁的挠度 $f_2$ 为

$$f_2 = \frac{5M_2 l^2}{48B_2} = \frac{5 \times (557.2 - 199.46) \times 9^2}{48 \times 25.5 \times 10^4 + 0.9 \times 25.5 \times 10^6 \times I_2} = 0.0137(\text{m})$$

其中 $I_2 = A_2 y^2 = 0.2 \times 0.03 \times (0.443 + 0.015)^2 = 1.259 \times 10^{-3}(\text{m}^4)$

因此，加固梁的最后挠度为

$$f = f_1 + f_p + f_2 = 0.015 - 0.0049 + 0.0137 = 0.0238 < \frac{L_0}{300} = 0.029$$

（满足要求）

（9）顶撑量的计算

本例为水平筋双点顶撑，竖向顶撑量 $\Delta H$ 按下式计算：

$$\Delta H = f + \sqrt{l_1 \Delta l} = f + \sqrt{l_1 \frac{\sigma_{con}}{E_s}l}$$

由于顶撑点较靠近端部，近似取 $f = 0$，由图 4.29 可得

$$\Delta H = \sqrt{1500 \times \frac{425}{1.8 \times 10^5} \times 8500} = 174(\text{mm})$$

（各种情况下的顶撑量分析详见有关参考文献）

# 4.7  承载力加固的其他方法

本节介绍钢筋混凝土梁斜截面受剪承载力不足时的加固方法，以及雨篷、阳台
等类构件的加固方法。

### 4.7.1 梁的斜截面承载力加固

由于斜截面剪切破坏多为脆性破坏,当斜截面受剪承载力不足时,应及时进行加固处理。

在实际工程中,较易发生斜截面受剪承载力不足的构件,主要有薄腹梁、T 形和 I 形截面梁。如果梁的斜截面受剪承载力和正截面受弯承载力都不足,则在选择加固方法时,应统筹考虑。上述各节所述方法中,有些对正截面受弯承载力及斜截面受剪承载力的提高都是相当有效的。如果钢筋混凝土梁的正截面受弯承载力足够,只是斜截面受剪承载力不足,则可选用下述斜截面受剪承载力加固方法进行加固处理。

**1. 腹板加厚法**

对薄腹梁、T 形梁及 I 形梁等腹板较薄的弯剪构件,可在斜截面受剪承载力不足的区段,采用两侧面加配钢筋并补浇混凝土的局部加厚法来提高斜截面的受剪承载力(见图 4.30)。

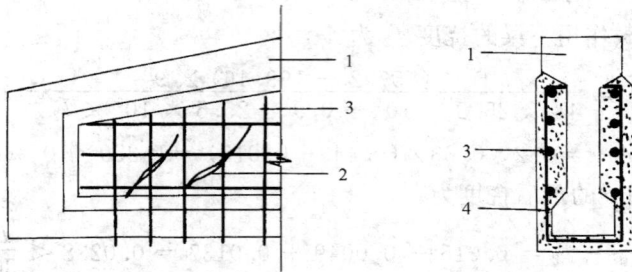

图 4.30 腹板加厚法加固斜截面
1.原梁;2.裂缝;3.补配钢筋;4.补浇的混凝土

后补钢筋应采用钢筋网片的形式,钢筋直径宜用 $\phi 6 \sim \phi 8mm$,补浇混凝土强度的等级应比原梁的强度设计值高一级,厚度不应小于 30mm。

新旧混凝土间的粘结力,是保证新补钢筋混凝土有效工作的重要条件。因此,加固工作中应注意下列 3 个事项:

1) 应将原梁侧面凿毛、洗净。

2) 用射钉枪在洗净的梁侧面每隔 200mm 打入一枚射钉。它既可加强新旧混凝土的连接,又可方便钢筋网片临时固定。

3) 在钢筋网片绑扎并固定后,涂刷 107 聚合物水泥浆,然后对原梁喷射细石混凝土。

**2. 加箍法**

当原梁的斜截面受剪承载力不足,且箍筋的配置又不多时,宜采用加箍法来提

高梁的斜截面受剪承载力。具体作法是在梁的两侧面增配抗剪弯筋[见图 4.31 (a)]。具体施工工艺为:

1) 对需加固的梁卸载或加设临时支撑;

2) 在加固区段,打掉原梁上下纵筋附近的混凝土保护层,并在侧边凿出与斜裂缝大致垂直的狭缝;

3) 将补加的平直钢筋放入狭缝中,并将其两端分别与上下纵筋焊接,这一工作是加固工作的关键。为使补加的钢筋真正发挥作用,必须注意补加钢筋的平直度和焊接位置在其两端弯折点的准确度;

4) 混凝土表面处理后,喷射高标号砂浆或细石混凝土。

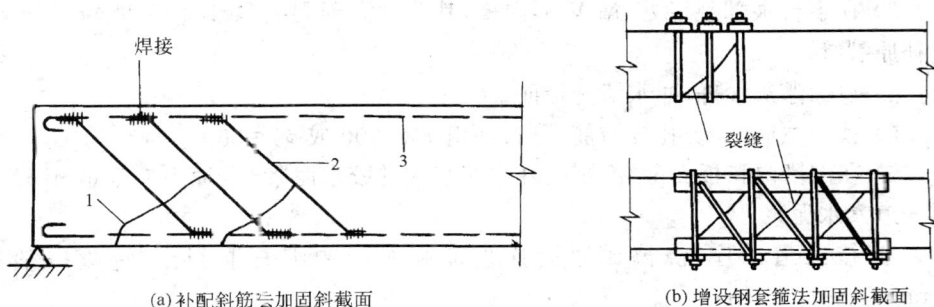

(a)补配斜筋法加固斜截面    (b)增设钢套箍法加固斜截面

图 4.31 补配斜筋法及增设钢套箍法加固斜截面
1.裂缝;2.补配斜筋;3.纵筋

**3. 增设钢套箍法**

当斜裂缝较宽时,可采用增设钢套箍法[见图 4.31(b)]。这种方法可以防止裂缝继续扩大,而且可以提高构件的刚度和承载力。加固时,应设法使钢套箍与混凝土表面紧密接触,以保证共同工作。钢套箍的防腐处理也很重要,可刷防锈漆,也可用水泥砂浆抹面加以保护。

## 4.7.2 阳台、雨篷等悬臂构件的加固

**1. 沟槽嵌筋法**

沟槽嵌筋法,是指在悬臂构件的上表面纵向凿槽,并在槽内补配受拉钢筋的加固方法(见图 4.32)。这种方法对于配筋不足或位置偏下的悬臂构件加固是较为有利的。

嵌入沟槽中的补配钢筋能否有效地参加工作,主要取决于它的锚固质量,以及新旧混凝土间的粘结强度。为了增强新旧混凝土间的粘结,常在浇捣新混凝土之前,在原板面及后补钢筋上刷一层聚丙乳水泥浆或乳胶(聚

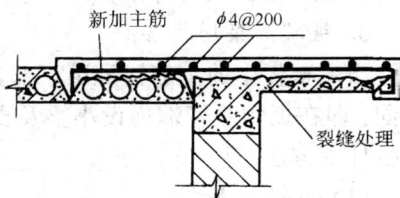

图 4.32 沟槽嵌筋加固法

醋酸乙烯乳液)水泥浆。

此外,由于后补钢筋参与工作比板中原筋晚,而出现应力滞后现象,因此验算使用阶段原筋的应力是必要的。为了减弱后补钢筋的应力滞后现象,以及保证施工安全,在加固施工时应对原悬臂构件设置顶撑,并施加预顶力。

后补钢筋的锚固,可通过其端部的弯钩或焊上 $\phi12\sim\phi14$mm 的短钢筋的办法解决。具体施工步骤有以下 7 项:

1) 将悬臂构件上表面凿毛,凹凸不平度不小于 4mm。

2) 沿受力钢筋方向,按所需补加钢筋的数量和间距,凿出 25mm×25mm 的沟槽,直到板端并通过墙体至一块空心板宽度。

3) 在阳台根部裂缝处,凿 V 形沟槽,其深度大于裂缝深,以便灌注新混凝土,修补原裂缝。

4) 清除浮灰沙砾,冲水清洗板面。

5) 就位主筋,并绑扎分布筋,分布筋用 $\phi4@200$ 或 $\phi6@250$。

6) 在沟槽内和板面上,涂刷丙乳水泥浆或乳胶水泥浆。若原料有困难,应至少刷一道素水泥浆。

7) 接上道工序,浇捣比原设计强度高一级的细石混凝土(厚度一般取30mm),并压光抹平。

## 2. 板底加厚法

如果阳台的配筋足够,但其强度不足,这是由于原配筋的位置偏下或混凝土强度未达到设计要求所致。在这种情况下,可采用加厚板底(加大截面有效高度)的办法,来达到补强加固的目的(见图 4.33)。加固施工步骤有以下 2 项:

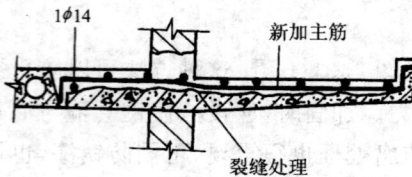

图 4.33 板底加厚加固法

1) 板底凿毛,并涂刷乳胶或丙乳砂浆。

2) 在板底喷射混凝土。如果喷射一遍达不到厚度要求,可喷射两遍。

如果缺少喷射机具,在增厚不超过 50mm 时,也可采用逐层抹水泥砂浆的办法施工。水泥砂浆强度等级不低于 M10,每次抹厚 20mm 并拉毛,隔 1~2d 再抹厚20mm,直至达到设计厚度。

## 3. 板端加梁增撑法

当悬臂板中的主筋错配至下部,而混凝土强度足够时,可采用板端加梁增撑法加固。即在板的悬臂端增设小梁及支撑进行加固。小梁的支撑方法有下斜支撑、上斜拉杆等方法。

### (1) 下斜支撑法

下斜支撑法是指在阳台端部下面增设两道斜向撑杆,以支撑小梁的加固方法(见图 4.34)。支撑可用角钢制作,其下端用混凝土固定在砖墙上,上端浇筑在新增设的小梁两端。

　　小梁的浇筑方法是将原阳台板整个宽度的外沿混凝土凿掉100mm,清除钢筋表面的粘结物,并弯折90°,然后支模,将小梁的钢筋骨架与凿出的板内钢筋以及斜向支撑绑扎在一起,最后浇筑混凝土。这样小梁和板及支撑就很好地连成一个整体。

　　混凝土板的内力由两部分叠加而成。一部分为悬臂板在恒载作用下的内力;另一部分为活载作用下,按一端固定,一端铰支的单跨梁计算的内力。设计时将两部分内力叠加,按规范公式验算构件的承载力。

　　(2)上斜拉杆法

　　在阳台悬臂端上部增设两道斜向拉杆,以悬吊小梁的支撑方法即为上斜拉杆法(见图4.35)。

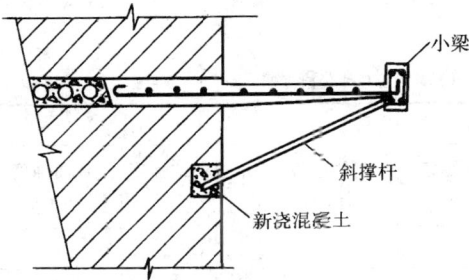

　　图4.34　下加斜撑加固悬臂板　　　　图4.35　上增斜拉杆加固悬臂板

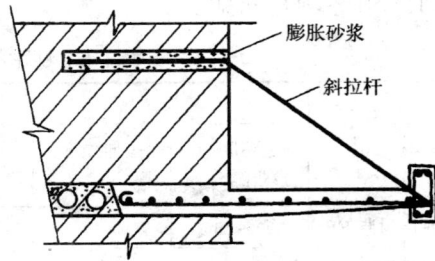

　　斜向拉杆可采用钢筋或角钢制作。拉杆的下端应焊接短钢筋,以增加与小梁的锚固。小梁的制作方法同下斜支撑法中的小梁制作。拉杆的上端在墙上的锚固方法为:先在墙上钻洞,然后用膨胀水泥砂浆将钢筋锚入孔洞内。

　　4.剥筋重浇法

　　当现浇钢筋混凝土阳台的混凝土强度偏低,钢筋错动严重,已无法用上述3种方法加固补强时,可采用剥筋重浇法。具体作法如下:

　　1)打掉阳台板的混凝土,把钢筋剥离出来。

　　2)适当降低阳台标高,支模后重新浇筑。考虑到剥离出来的主筋可能受到损伤,二次浇捣混凝土时,混凝土强度等级应提高一级,并将阳台板加厚10mm。

# 4.8　碳纤维布加固法

　　用碳纤维布加固修复混凝土结构,是一项新型、高效的结构加固修补技术,与传统的结构加固方法相比,具有明显的高强、高效、施工简便、适用范围广等优越性。它是利用浸渍树脂将碳纤维布粘贴于混凝土表面,与混凝土一起共同工作,达到对混凝土结构构件的加固补强。

　　碳纤维布加固修复混凝土结构技术所用的材料有碳纤维布和粘贴材料两种。

常用碳纤维布的各项指标见表 4.7。

表 4.7　碳纤维布的物理力学性能

| 碳纤维布材料 | 纤维重量/(g/m²) | 设计厚度/mm | 抗拉强度/MPa | 弹性模量/MPa |
| --- | --- | --- | --- | --- |
| FTS-C1-120 | 200 | 0.111 | 3550 | $2.35 \times 10^5$ |
| FTS-C1-45 | 450 | 0.250 | 3550 | $2.35 \times 10^5$ |
| FTS-C1-30 | 300 | 0.167 | 3550 | $2.35 \times 10^5$ |
| FTS-C5-30 | 300 | 0.165 | 3000 | $4.0 \times 10^5$ |

与碳纤维布配套施工用粘贴材料有底层树脂(FP)、找平材料(PE)及浸渍树脂(FR)，其各项指标见表 4.8。

表 4.8　粘贴材料的物理力学性能

| 类　型 | 项　　目 | | | | | |
| --- | --- | --- | --- | --- | --- | --- |
| | 黏度 /(MPa·s) | 拉伸强度 /MPa | 压缩强度 /MPa | 剪切强度 /MPa | 正拉粘结强度 /MPa | 弯曲强度 /MPa |
| 底层树脂 FP | 800～1600 | | | | ≥5 | |
| 找平材料 FE | | ≥50 | | ≥10 | | |
| 浸渍树脂 FR | 3000～5000 | ≥30 | ≥60 | ≥10 | | ≥40 |

## 4.8.1　受弯加固

1. 破坏形态

根据实验研究结果，碳纤维片材加固受弯构件的破坏形态主要有以下几种：

1）受拉钢筋屈服后，在碳纤维未达到极限强度前受压区混凝土受压破坏。

2）受拉钢筋屈服后碳纤维片材拉短，而此时受压区混凝土尚未破坏。

3）受拉钢筋达到屈服前压区混凝土压坏。

4）碳纤维片材与混凝土产生剥离破坏。

第三种破坏形态是由于加固量过大造成的，碳纤维强度未得到充分发挥，实际设计中可通过控制加固量加以避免。

第四种破坏形态，粘结面破坏后剥离无法继续共同受力，构件不能达到预期的承载力，应采取构造措施加以避免。为了避免碳纤维被拉短而产生脆性破坏，可采用碳纤维的允许极限拉伸应变进行限制。根据《混凝土结构设计规范》(GB50010-2002)对构件塑性变形控制的要求，可取碳纤维的允许极限拉应变$[\varepsilon_{cf}] = 0.01$。对于$[\varepsilon_{cf}]$的取值，日本有关设计规范取为$[\varepsilon_{cf}] = 2/3\varepsilon_{cfu}$，$\varepsilon_{cfu}$为碳纤维的实际极限拉应变。美国有关设计规范建议$[\varepsilon_{cf}]$的取值与粘结纤维的厚度有关，越厚越容易发生剥

离,因此建议取

$$[\varepsilon_{cf}] = k_m\varepsilon_{cfu} = \left[1 - \frac{n_{cf}E_{cf}t_{cf}}{420\,000}\right]\varepsilon_{cfu} \leqslant \varepsilon_{cfu}$$

式中：$k_m$——碳纤维片材厚度折减系数；

$n_{cf}$——碳纤维片材的层数；

$E_{cf}$——碳纤维片材的弹性模量(MPa)；

$t_{cf}$——单层碳纤维片材的厚度。

2. 计算公式

由内力平衡条件可得(设 $f_y = f_y'$)

$$f_c bx = f_y A_s + f_{cf} A_{cf} - f_y A_s' \tag{4.42}$$

$$M_u \leqslant (A_s - A_s')f_y\left(h_0 - \frac{x}{2}\right) + f_y A_s'\left(\frac{x}{2} - a'\right) + f_{cy}A_{cf}\left(h - \frac{x}{2}\right) \tag{4.43}$$

式中：$A_s$、$A_s'$——受拉钢筋、受压钢筋的截面面积；

$f_y$、$f_y'$——受拉钢筋、受压钢筋的抗拉、抗压强度设计值；

$A_{cf}$——受拉面粘贴的碳纤维片材截面面积；

$f_c$——混凝土抗压强度；

$f_{cf}$——碳纤维布的抗拉设计强度。

对于 $f_{cf}$ 的值,可取其达到允许极限应变时的应力值,即

$$f_{cf} = E_{cf} \cdot [\varepsilon_{cf}] = 0.001 \times E_{cf}$$

由于在粘贴碳纤维布加固前,构件已经受力并发生变形,所以加固梁属于二次受力构件。和梁中原配钢筋相比,纤维布应变滞后,若原有构件应力、应变都已经很大,则构件破坏时还达不到 $f_{cf}$,因而在设计中可适当折减,一般取$(0.8\sim1.0)f_{cy}$作为碳纤维布的强度设计值。

在设计弯矩 $M_u$ 已知时,式(4.42)、(4.43)中有两个未知量 $x$ 和 $A_{cf}$,联立求解两个方程,即可求得所需加固的碳纤维布截面积 $A_{cf}$ 和受压高度 $x$。为了避免碳纤维布加固量过大,一般宜使

$$x \leqslant 0.8\xi_b h_0$$

3. 计算延伸长度

碳纤维片材的切断位置距其充分利用截面的距离不应小于下列公式计算的延伸长度 $L_1$,并应延伸至不需要碳纤维片材截面之外不小于 200mm(图4.36)。

$$L_{cd} = \frac{E_{cf}\varepsilon_{cf}n_{cf}t_{cf}}{\tau_{cf}} \tag{4.44}$$

式中：$L_{cd}$——碳纤维片材从其充分利用截面所需的延伸长度；

$\varepsilon_{cf}$——充分利用截面处碳纤维片材的拉应变；

$\tau_{cf}$——碳纤维片材与混凝土之间的粘结强度设计值,取 0.45MPa。

一般将碳纤维布沿梁底全长粘贴,两端加 U 形箍条,则不必计算 $L_{cd}$。

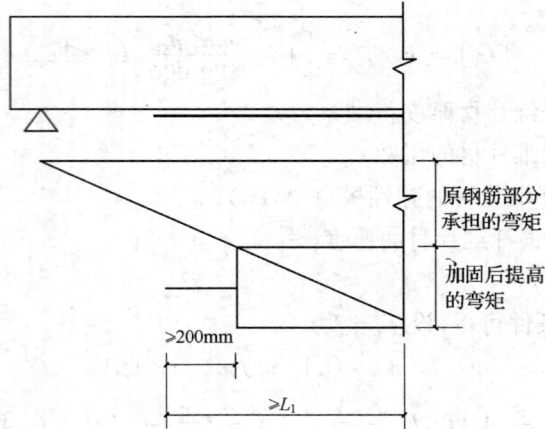

图 4.36　碳纤维片的延伸长度

4.构造措施

1）当对梁、板正弯矩进行受弯加固时,碳纤维片材宜延伸至支座边缘。

2）当碳纤维片材的延伸长度无法满足上述计算延伸长度要求时,应采取附加锚固措施。对梁,在延伸长度范围内设置碳纤维片材U形箍;对板,可设置垂直于受力碳纤维的方向的压条。

3）在碳纤维片材延伸长度端部和集中荷载作用点两侧宜设置构造碳纤维片材U形箍或横向压条。

5.施工技术要求

加固施工的主要程序为:①将待加固的梁底表面打磨平整。②涂刷一层界面剂,渗透于混凝土内,用于增强碳纤维布与混凝土间的粘结力。③待上一层界面剂干透,刮腻子一层,对混凝土表面找平。④涂刷粘结胶,粘贴碳纤维布。⑤重复步骤④,粘贴第二层碳纤维布,直到贴完加固碳纤维层。

上述施工过程中,尤其重要的是混凝土表面必须打磨平整并清理干净,这将直接影响碳纤维与混凝土之间的粘结力。在构件上粘贴U形箍条位置处的混凝土转角应打磨成光滑的圆弧形,以保证碳纤维布与混凝土的粘结效果和消除此处过大的应力集中现象。碳纤维布的搭接长度必须保证不小于150mm。粘贴碳纤维布时,应用辊筒严密滚压,将空气完全挤出。

## 4.8.2　受剪加固

1.加固形式

采用碳纤维加固的主要粘贴方式有:全截面封闭粘贴、U形粘贴和梁侧面粘贴(图4.37)。其中,封闭粘贴的加固效果最好,U形粘贴次之,其次是侧面粘贴。

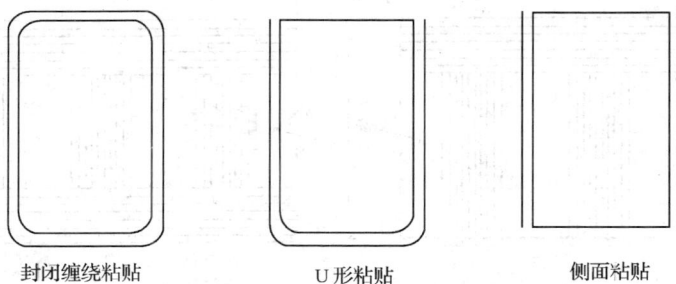

封闭缠绕粘贴    U 形粘贴    侧面粘贴

图 4.37  粘贴方式

2. 计算公式

粘贴碳纤维加固后,钢筋混凝土构件斜截面受剪承载力由两部分组成;原钢筋混凝土的抗剪承载力 $V_{rc}$ 和碳纤维布的抗剪承载力 $V_{cf}$。其中,$V_{rc}$ 按照《混凝土结构设计规范》(GB50010-2002)规定的方法计算。$V_{cf}$ 的计算公式如下:

$$V_{cf} = \varphi \frac{A_{cf} \cdot E_{c} \cdot \varepsilon_{cfv}(\sin\alpha + \cos\alpha)h_{cf}}{(s_{cf} + w_{cf})}$$

$$A_{cf} = 2n_{cf}w_{cf}t_{cf}$$

$$\varepsilon_{cfv} = \frac{2}{3}(0.2 + 0.12\lambda - 0.3n)\varepsilon_{cfu}$$

式中:$\varphi$——碳纤维片材受剪加固形式系数,对封闭粘贴,取 $\varphi=1.0$;对 U 形粘结,取 $\varphi=0.85$;对侧面粘贴,取 $\varphi=0.70$;

$\varepsilon_{cfv}$——达到受剪承载力极限状态时碳纤维片材的应变;

$\alpha$——碳纤维片材纤维方向与构件轴向的夹角。一般采用垂直粘贴,$\alpha=90°$;

$n_{cf}$——碳纤维片材粘贴层数

$s_{cf}$——碳纤维片材条带净间距;

$t_{cf}$——单层碳纤维片材厚度;

$w_{cf}$——碳纤维片材条带宽度;

$h_{cf}$——碳纤维片材侧面粘贴高度;

$\lambda$——剪跨比,对于梁,当集中荷载作用时,$\lambda=a/h_0$,$\lambda>3.0$ 时,取 $\lambda=3.0$;$\lambda<1.5$ 时,取 $\lambda=1.5$;$a$ 为集中荷载作用点到支座边缘的距离;当为均布荷载作用时,取 $\lambda=3.0$。对于框架柱,可取 $\lambda=H_0/2h_0$,$\lambda>3.0$ 时,取 $\lambda=3.0$,$\lambda<1.0$ 时,取 $\lambda=1.0$;$H_0$ 为框架柱净高度;

$n$——框架柱的轴压比;$n=N/Af_c$,$N$ 为轴心压力设计值;$A$ 为柱截面面积。

3. 构造措施

1)对于梁,U 形粘贴和侧面粘贴的粘贴高度宜粘贴至板底。

2)对于 U 形粘贴形式,宜在上端粘贴纵向碳纤维片材压条,对侧面粘贴形式,宜在上、下端粘贴纵向碳纤维片材压条,如图 4.38 所示。

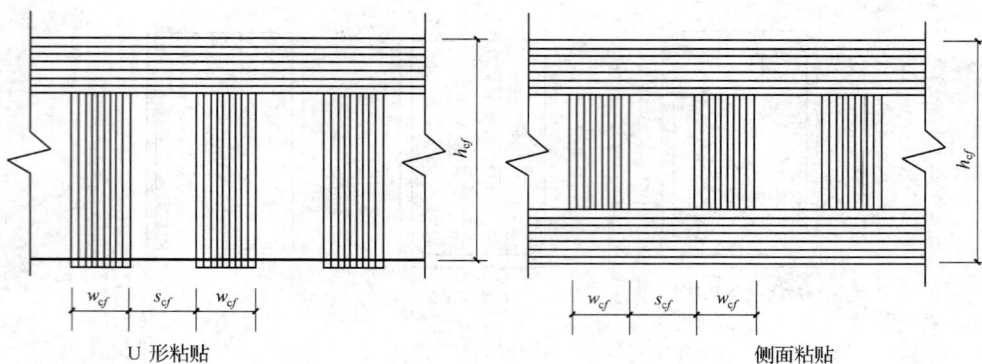

图 4.38　U 形粘贴和侧面粘贴加纵向压条

**【例 4.5】** 某框架梁,跨度 6.3m,截面为 $b \times h = 400\text{mm} \times 800\text{mm}$,混凝土强度等级为 C35,Q345 钢筋。梁跨中原设计弯矩为 $M = 355\text{kN} \cdot \text{m}$,受拉主筋 4Φ22,$A_s' = 1520\text{mm}^2$,受压钢筋 4Φ20,$A_s' = 1256\text{mm}^2$。现改变房屋功能,需承担设计弯矩 470kN · m,经方案比较,决定采用型号为 FTS-C1-20 的碳纤维布进行加固,求所需加固的碳纤维布的面积。

**解**　材料的设计强度为

Q345 钢筋,$f_y = 310\text{N/mm}^2$;C35 混凝土,$f_c = 16.7\text{N/mm}^2$;碳纤维布,$f_{cf} = 0.9E_{cf}[\varepsilon_{cf}] = 0.9 \times 2.35 \times 10^5 \times 0.01 = 2115\text{N/mm}^2$。

为了简化计算,忽略受压钢筋的作用,可得方程

$$16.7 \times 400 \times x = 310 \times 1520 + 2115 \times A_{cf}$$

$$470 \times 10^6 = 2115 \times A_{cf}(800 - \frac{x}{2}) + 1520 \times 310 \times (775 - \frac{x}{2})$$

联立求解方程:$x = 96\text{mm}$;$A_{cf} = 80.41$。配碳纤维布两层,与梁等宽,则实际面积为 $2 \times 400 \times 0.111 = 88.8\text{mm}^2$。碳纤维布沿梁底全长粘贴,梁端加 U 形箍,故不再计算延伸长度,设计示意于图 4.39。

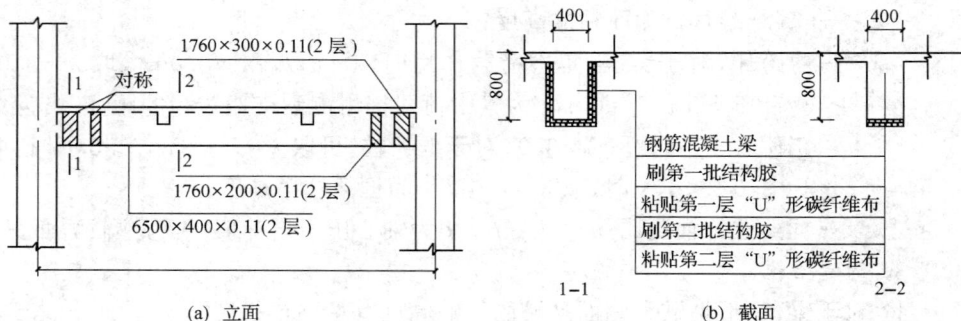

(a) 立面　　　　　　　　　　　　　(b) 截面

图 4.39　碳纤维加固配置图

# 4.9 钢筋混凝土柱的加固

## 4.9.1 混凝土柱的破坏特征及原因分析

一般来说,柱子的破坏比梁具有突然性,破坏之前的征兆往往不明显,因此,柱子破坏所带来的后果要严重得多。对柱子的加固,首先根据其破坏特征,分析其原因,然后进行必要的计算,随后对柱子作出是否进行加固的判断以及加固方法的选择。

1. 混凝土柱的破坏特征

钢筋混凝土柱的破坏特征可分为受压破坏(轴心受压和小偏心受压)和受拉破坏(大偏心受压)两类。

(1) 轴心受压

轴心受压时的破坏过程为:在较大外荷载作用下,首先出现大致与荷载作用方向平行的纵向裂缝,然后保护层混凝土起皮、剥落,最后混凝土被压碎,同时受压钢筋屈服凸出。上述过程随柱中钢筋布置不同而稍有差异。如当混凝土保护层较薄、箍筋间距较大时,钢筋外围的混凝土保护层出现起皮、剥落后,钢筋很快地被压成灯笼状。这种破坏具有很大的突然性,破坏时构件的纵向变形很小。

(2) 小偏心受压

小偏心受压时的破坏发生在构件截面中压应力大的一侧。其破坏过程与轴心受压柱相类似。受力小的一侧可能受压,也可能受拉。若为受拉状态,破坏前可能产生横向裂缝,但不可能有显著发展;若为受压状态,则在破坏前没有任何外观表现。对小偏心受压柱,如果发现受压区混凝土表面有纵向裂缝,则构件已非常危险,接近于破坏。

(3) 大偏心受压

在荷载作用下,受拉一侧首先出现横向裂缝;随着荷载的增大,裂缝不断开展、延伸。受压区高度不断缩小,最后在受压区出现纵向裂缝,混凝土压碎破坏。破坏时,受拉钢筋达到屈服极限,受压钢筋的应力一般也可达到屈服。大偏心受压柱的承载能力取决于受拉钢筋的数量和强度。

在加固时,判明混凝土柱的受力状态是极为重要的。如果是大偏心受压,对受拉一侧加固是较为有效的;如果是小偏心受压,则应着重对柱的受压较大的一侧进行加固。

2. 混凝土柱承载力不足的原因

引起钢筋混凝土柱承载力不足的原因主要有 5 项,介绍如下。

1) 设计不周或错误(如荷载漏算、截面偏小、计算错误等)。如某框架结构房屋,地下 1 层,地上 7 层,竣工后 3 个月发现地下室柱的顶部出现裂缝。10d 后,裂缝由 3 条增加至 15 条,宽度由 0.3mm 扩展到 2~3mm,且仍不稳定。分析后发现,这是由于设计中将偏心受压误按轴心受压计算所致。经复核,该柱设计极限承载力为 1167kN,而实际承受的内力已达 1412kN。

2）施工质量差。这类问题包括建筑材料不合格，施工粗制滥造。如使用含杂质较多的沙、石或不合格的水泥造成混凝土强度低于设计要求。

3）施工人员业务水平低下，工作责任心不强。这类因素造成的质量事故有钢筋下料长度不足，搭接和锚固长度不符合要求，钢筋错配，配筋不足等。

4）施工现场管理不善。在施工现场，常发生将钢筋撞弯、偏移，或将模板撞斜，未予以扶正或调直就浇混凝土的事例。如某市一工厂的现浇钢筋混凝土 5 层框架结构房屋，在吊运构件时，不小心碰动了框架模板，导致第 2 层框架严重倾斜，角柱倾斜值达 80mm。

5）地基不均匀沉降。地基不均匀下沉使柱产生附加应力，造成柱子开裂或承载力不足。

引起柱子承载力不足的原因还有因火灾使混凝土、钢筋强度下降；加层改造、改变功能使柱子承受荷载增加等。

混凝土柱的加固方法有多种，常用的有增大截面法、外包钢法、预加应力法等。

### 4.9.2 增大截面法加固柱

1. 概述

增大截面法又称外包混凝土加固法，是一种常用的加固柱子的方法。由于加大了原柱的截面及配筋量，所以不仅可提高原柱的承载力，还可降低柱子的长细比，提高柱子的刚度，取得进一步的加固效果。

在原柱四周浇灌钢筋混凝土外壳的加固方法，称为四周外包混凝土加固法［见图 4.40 中的（a）、（b）、（c）］。四周外包加固法效果较好，对于提高轴心受压柱及小偏心受压柱的受压能力尤为显著。

当柱子承受的弯矩较大时，往往采用仅在与弯矩作用平面垂直的侧面进行加固的办法。如果柱子的受压面较薄弱，则应对受压面进行加固［见图 4.40(d)］；反之，应对受拉面进行加固［见图 4.40(e)］；不少情况下对其两面加固［见图 4.40(f)］。

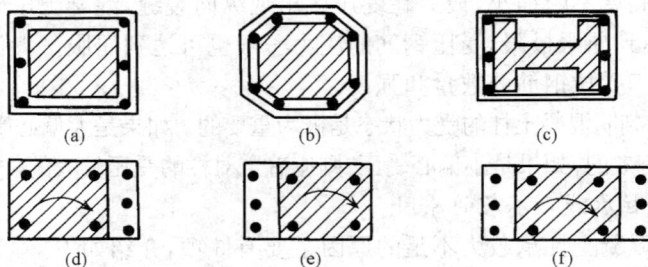

(a)　　　　　　　　　　(b)　　　　　　　　　　(c)

(d)　　　　　　　　　　(e)　　　　　　　　　　(f)

图 4.40　增大截面法加固钢筋混凝土柱

外包后浇混凝土，可采用支模浇捣的方法，目前使用较多的是喷射混凝土法。该法工艺简单，施工方便，不需或只需少量模板，喷射混凝土的粘结强度高，可以满足一般结构修复加固的质量要求。当后浇层较厚时，可采用多次喷射的办法（每次喷射厚度约 50mm)。

2. 构造及施工要求

在加固柱的设计和施工中,应设法加强新旧柱之间的结合和联系,使其能整体工作,以较好地发挥后加混凝土的作用。为此,在加固柱的构造设计及施工时,应特别注意如下 5 点:

1) 四周外包混凝土时,应将原柱面凿毛、洗净。箍筋采用封闭型,间距应符合《混凝土结构设计规范》(GB50010-2002)的规定。

2) 当采用单面或双面墙浇混凝土加固时,应将原柱表面凿毛,凹凸不平整度大于 6mm,并应采取下述构造措施之一:

① 当新浇层混凝土较薄时,用短钢筋将加固的受力钢筋焊接在原柱的受力钢筋上,短钢筋直径不小于 20mm,长度不小于 5d(d 为新增和原有纵筋直径的小者),各短钢筋的中距不大于 500mm;

② 当新浇层混凝土较厚时,用 U 形钢筋固定纵向受力钢筋,U 形箍筋与原柱的连接可用焊接法或锚固法。

3) 新增混凝土的最小厚度不小于 60mm,用喷射混凝土施工时不应小于 50mm。

4) 新增纵向受力筋宜采用变形钢筋,最小直径应不小于 14mm,最大直径不大于 25mm。

5) 新增纵向受力筋应锚入基础,柱顶端应有锚固措施。在框架柱加固中,其受拉钢筋不得在楼板处断开,受压钢筋应有 50% 穿过楼板。

3. 受力特征

由于原柱已承受荷载,产生一定的压缩变形,且混凝土已完成收缩和徐变,所以新增部分混凝土的应力、应变有滞后现象。新旧混凝土不能同时达到应力峰值,从而降低了新加部分的作用,其降低的幅度随原柱在加固时的应力高低而变化,原柱的应力越高,降低的幅度越大。若加固后不再增加荷载,新加部分混凝土不会分担原有荷载,只有再增加荷载,新增部分才开始受力。因此,如果原柱在施工时应力过高,有可能使新加部分的应力处于较低水平,不能发挥作用,起不到应有的加固效果。

试验表明,只要新旧柱结合面粘结可靠,在后加荷载作用下,新旧混凝土的应变增量基本一致,整个截面的变形符合平截面假定。

基于以上分析,在对混凝土柱进行加固时,应尽可能地卸载或采取措施(如施加预顶力)降低原柱的应力。一般应控制原柱的负荷在其极限承载力的 60% 之内。

4. 承载力计算

采用加大截面法加固钢筋混凝土柱时,其承载力计算按《混凝土结构设计规范》(GB50010-2002)的基本规定,并考虑新混凝土与原柱共同工作的原则进行。考虑到新增部分混凝土及钢筋的应力、应变的滞后,在计算公式中,新增混凝土的强度乘以一个折减系数 $\alpha$,轴心受压时,取 $\alpha = 0.8$,偏心受压时,取 $\alpha = 0.9$。

(1) 轴心受压柱

对轴心受压柱,其正截面承载力按下式计算:

$$N \leqslant \varphi[f_c A_c + f_y A'_s + \alpha(f_{c1} A_{c1} + f_{y1} A'_{s1})] \tag{4.45}$$

式中:$N$——混凝土柱加固后的轴向力设计值;

$\varphi$——构件的稳定系数,以加固后截面为准,按规范规定取用;

$f_c$、$A_c$——原柱混凝土的抗压设计强度及截面面积;

$f_y$、$A'_s$——原柱纵向钢筋的抗压设计强度及截面面积;

$f_{c1}$、$A_{c1}$——加固用混凝土的抗压设计强度及截面面积;

$f_{y1}$、$A'_{s1}$——加固用纵筋的抗压设计强度及截面面积;

$\alpha$——新增加的混凝土及钢筋的强度折减系数,取 $\alpha = 0.8$。

(2)大偏心受压柱

加固后新旧混凝土能够共同变形的偏心受压柱,可按整个截面计算。图 4.41 为双面加固柱在承载力极限状态下的截面计算图形。其截面承载力计算公式为

$$N \leqslant f_c b(x - h_1) + f_y A'_s - f_y A_s$$
$$+ 0.9(f_{c1} b_1 h_1 + f_{y1} A'_{s1} - f_{y1} A_{s1}) \tag{4.46}$$

$$Ne \leqslant f_c b(x - h_1)\left(h_0 - \frac{x - h_1}{2}\right) + f_y A'_s(h_{01} - h_1 - a'_s) + 0.9$$
$$\times \left[f_{c1} b_1 h_1\left(h_{01} - \frac{h_1}{2}\right) + f_{y1} A'_{s1}(h_{01} - a'_{s1})\right] \tag{4.47}$$

式中:$f_c$、$f_{c1}$——原柱和加固部分混凝土的抗压强度设计值;

$x$——截面受压区高度;

$h_1$——加固部分混凝土在受压面的厚度;

$b$、$b_1$——原柱和加固后柱的截面宽度;

$A_s$、$A_{s1}$——原柱受拉钢筋和加固用受拉钢筋的截面面积;

$f_y$、$f_{y1}$——原柱受拉钢筋和加固用受拉钢筋的抗拉强度设计值;

$e$——轴向力作用点至受拉钢筋合力点的距离;

$h_{01}$——原柱受拉钢筋和加固用受拉钢筋合力点至加固截面受压边缘的距离,当两合力点接近时,可近似取为原柱的有效高度 $h_0$;

$a'_{s1}$——加固用受压钢筋合力点至受压边缘的距离;

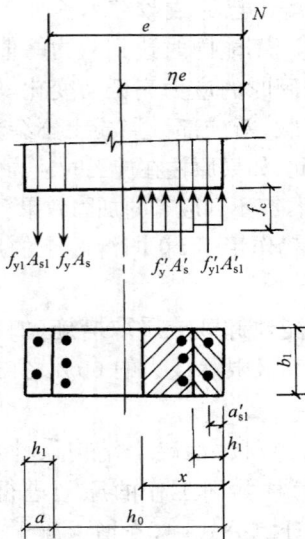

图 4.41 双面加固柱的截面计算图形

$a$——原柱受拉钢筋和加固用受拉钢筋的合力作用点至加固截面受拉边缘的距离。

其余符号意义见规范及本节内容。

当采用四周外包混凝土加固柱时,其正截面承载力的计算比较复杂。为简化计算,近似取 $f_{c1}=f_c$,因构造要求加固部分混凝土的强度等级应比原柱混凝土的强度等级高一级,经比较,$0.9f_{c1}$略大于 $f_c$,故这一简化是偏于安全的。因此,四周外包混凝土加固柱的正截面承载力计算式如下:

$$N \leqslant f_c b_1 x + f_y A_s' - f_y A_s + 0.9 f_{y1} A_{s1}' - 0.9 f_{y1} A_{s1} \tag{4.48}$$

$$Ne \leqslant f_c b_1 x \left( h_{01} - \frac{x}{2} \right) + f_y A_s' (h_{01} - h_1 - a_s')$$
$$+ 0.9 f_{y1} A_{s1}' (a_{01} - a_{s1}') \tag{4.49}$$

(3) 小偏心受压柱

在小偏心受压柱中,离轴向力较远的钢筋达不到屈服强度,因此,对于两侧加厚混凝土的加固柱,其正截面承载力计算式为:

$$N \leqslant f_c b(x - h_1) + f_y A_s' - \sigma_s A_s$$
$$+ 0.9(f_{c1} b_1 h_1 + f_{y1} A_{s1}' - \sigma_{s1} A_{s1}) \tag{4.50}$$

$$Ne \leqslant f_c b(x - h_1) \left( h_{01} - \frac{x - h_1}{2} \right) + f_y A_s' (h_{01} - h_1 - a_s')$$
$$+ 0.9 \left[ f_{c1} b_1 h_1 \left( h_{01} - \frac{h_1}{2} \right) + f_{y1} A_{s1}' (h_{01} - a_{s1}') \right] \tag{4.51}$$

式中:$\sigma_s$、$\sigma_{s1}$——原柱中受拉钢筋及加固部分钢筋的应力,计算时可近似取相同值,并按下式计算:

$$\sigma_s = \frac{\xi - 0.8}{\xi_b - 0.8} f_y; \tag{4.52}$$

$\xi$——受压区高度系数,$\xi = x/h_{01}$;

$\xi_b$——界限破坏时相对受压区高度系数。对HPB235钢,取0.61;对HRB335钢,取0.55;

其他符号同前。

5. 加固实例

**【例4.6】** 在施工某5层现浇框架结构的第二层时,因吊运大构件碰到了框架模板,导致该层框架柱倾斜。经复核,需对部分柱进行加固。

**解** (1)原柱资料

该柱截面尺寸为 $400\text{mm} \times 600\text{mm}$,混凝土强度等级为C20,层高 $H=5.0\text{m}$,原设计轴向力为 $N_0=600\text{kN}$,$M_0=360\text{kN·m}$,配筋 $4\Phi 20 (A_s=A_s'=1256\text{mm}^2)$。因倾斜而产生的附加设计弯矩 $\Delta M=50\text{kN·m}$。

(2)加固方法

因附加设计弯矩是单向的,故采用单面加固法,即先将原柱受拉边的混凝土面层凿毛(凹凸不平度大于6mm),并使原柱箍筋露出80mm,将增补的 $\phi 8$ U形箍筋焊接在原柱钢筋上,将增补纵筋穿入箍筋内,并绑扎固定(见图4.42),然后在纵筋

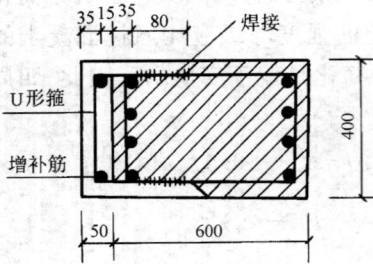

图 4.42 加固柱的截面示意图

两端部区段用短钢筋与原柱主筋焊接,最后喷射 C25 细石混凝土,厚度为 50mm 左右。

(3) 补配纵筋计算

加固截面的有效高度为

$$h_{01} = 600 - 10 = 590 \text{(mm)}$$

$$l_0/h = \frac{1.0 \times 5}{0.65} = 7.69 < 8, \text{取 } \eta = 1$$

$$e_0 = \frac{M}{N} = \frac{360 \times 10^3}{600} = 600 \text{(mm)} > 0.3h_{01}$$

$$= 0.3 \times 590 = 177 \text{(mm)}$$

(为大偏心受压)

$$e_a = \frac{500 \times 10^2}{600} = 83.3 \text{(mm)}, \text{则 } e_i = e_0 + e_a = 683.3 \text{(mm)}$$

$$e = \eta e_i + h_{01} - h/2 = 683.3 + 590 - 650/2 = 948.3 \text{(mm)}$$

将上述各值代入式(4.46)、式(4.47)解得

$$A_s = 316 \text{(mm}^2), \text{选配 } 2\phi18 (A_s = 509 \text{mm}^2)$$

# 4.10　混凝土裂缝的处理

混凝土的抗拉强度比抗压强度低得多,在不大的拉应力作用下,混凝土结构就会出现开裂。因此混凝土结构的裂缝比较普遍。裂缝会在不同程度上降低结构的耐久性,所以必须十分重视混凝土结构裂缝的分析与处理。

除了荷载作用引起混凝土裂缝外,混凝土的收缩和温度变形也导致开裂。事实上常见的一些裂缝,如温度收缩裂缝、混凝土受拉宽度不大的裂缝等,一般都不危及建筑结构安全,也并非均需处理。

## 4.10.1　裂缝的形态与判别

1. 裂缝的种类及形态

混凝土的裂缝主要有以下 5 种。

(1) 荷载裂缝

荷载裂缝是最常见的裂缝,均出现在应力最大位置附近,如梁跨中下部和连续梁支座附近上部的竖向裂缝是弯曲受拉造成的。出现在梁弯矩最大处附近受压区的裂缝,可能是混凝土截面太小,配筋率过高而造成的。

(2) 沉降裂缝

地基的不均匀沉降,在结构中产生较大的附加内力。如果原结构的配筋较少,则构件将产生开裂。裂缝的方向与地基变形所产生的主应力方向垂直,在墙上多数是斜裂缝;在梁或板上多数出现垂直裂缝,也有少数的斜裂缝;在柱上常见的是水

平裂缝。

（3）温度裂缝

温度裂缝有表面裂缝和贯穿裂缝两种。表面裂缝是因水泥的水化热引起，一般发生在大体积混凝土中；贯穿裂缝是由于结构降温较大，其收缩受到外界的约束引起。

温度裂缝多数宽度不大，数量较多，裂缝深度变化较大。

（4）收缩裂缝和干缩裂缝

收缩裂缝包括凝缩裂缝和冷缩裂缝。凝缩裂缝是指混凝土在结硬过程中因体积收缩而引起的裂缝。通常，它在浇筑混凝土2～3个月后出现，且与构件内的配筋情况有关。当钢筋的间距较大时，钢筋周围混凝土的收缩因较多地受钢筋约束，收缩较小，而远离钢筋的混凝土的收缩较自由，收缩就较大，从而产生了裂缝。冷缩裂缝则是指构件因气温降低而收缩，且在构件两端受到强有力的约束而引起的裂缝，一般只在气温低于0℃时才会出现。

干缩裂缝是因混凝土浇捣时，多余水分的蒸发使混凝土体积缩小所致。当水分蒸发速度超过泌水速度时，就会产生这种裂缝。干缩裂缝常出现在大体积混凝土的表面和板类构件以及较薄的梁中。

收缩裂缝和干缩裂缝一般数量多，宽度和深度都不大。

（5）施工裂缝

由于施工工艺不当，混凝土在施工过程中会产生开裂。如当模板较干燥时，模板吸收混凝土中的水分而膨胀，使初凝的混凝土拉裂。又如，在构件翻身、吊运、堆放过程中施工不当也会引起构件开裂。

施工过程中，还有因化学作用而引起的膨胀裂缝。在混凝土中使用活性石料（如鳞石英、方石英等）、安定性不良的水泥或含碱量过高的水泥后，水泥中的碱性成分会和骨料发生化学反应，生成遇水膨胀的硅酸钠，致使混凝土中产生拉应力而开裂。

在预应力混凝土构件的制作中，由于反拱过大，构件顶面产生裂缝等。

2. 裂缝状态的判定

构件上出现裂缝后，首先应判断裂缝是否稳定，是否有害，然后根据裂缝的特征评定裂缝原因及考虑修补措施。

裂缝是否稳定，可根据观测和计算判定。

（1）观测

定期对裂缝宽度、长度进行观测、记录。观测的方法是，在裂缝的个别区段及裂缝顶端涂覆石膏，用读数放大镜读出裂缝宽度。如果在相当长的时间内石膏没有开裂，则说明裂缝已经稳定。但应注意，有些裂缝是随时间和环境变化的。譬如，贯穿温度裂缝在冬天宽度增大，夏天宽度减小；又如，收缩裂缝初期发展快，在1～2年后基本稳定。这些裂缝的变化都是正常现象。所谓不稳定裂缝,主要是指随时间持续不断增大的荷载裂缝、沉降裂缝等。

(2)计算

对适筋梁,钢筋应力 $\sigma_s$ 是影响裂缝宽度的主要因素。因此,可以通过对钢筋应力的计算来判定裂缝是否稳定。如果钢筋应力小于 $0.8f_y$,裂缝处于稳定状态。

对于超筋梁中的垂直裂缝,应特别注意受压区混凝土的应变状态以及裂缝的发展高度。如果裂缝发展超过中和轴,则应特别注意。

判别裂缝是否有害,原则上根据裂缝的危害程度和后果而定。一般认为以下5种裂缝是有害的。

1)损害建筑物使用功能的裂缝。如水池、水塔因开裂而渗水漏水,进而影响使用。

2)宽度超过规范限值的裂缝。这类裂缝会引起钢筋锈蚀。

3)沿钢筋的纵向裂缝。它易导致钢筋锈蚀,体积膨胀,混凝土保护层脱落。

4)严重降低结构刚度或影响建筑物整体性的裂缝。

5)严重损害建筑物美观的裂缝。

对有害裂缝应及时进行修补处理,以免引起钢筋锈蚀。特别是顺钢筋的纵向裂缝,危害较大,它不仅削弱钢筋与混凝土之间的粘结力,而且降低构件的承载力。因此,当发现纵向裂缝时,应及时修补。纵向裂缝产生的原因较多。诸如:混凝土的收缩、浇捣时混凝土的下沉、施工质量不良、荷载引起的沿纵筋开裂以及因钢筋遭受氯盐的侵害等。

### 4.10.2 灌浆法修补裂缝

裂缝修补的方法有多种,对需要恢复承载能力的构件,通常采用化学灌浆法修补。所谓化学灌浆法,就是将化学材料配制的浆液,用压送设备将其灌入混凝土构件的缝隙内,使其扩散、固化。固化后的化学浆液具有较高的粘结强度,与混凝土能较好地粘结,从而增强了构件的整体性,使构件恢复使用功能,提高耐久性,达到防锈补强的目的。

灌浆材料及修补方法

(1)灌浆材料及其性能

用于结构修补的化学浆液主要有两类:一类是以环氧树脂为主体,加入适量的增塑剂、增韧剂、固化剂等形成的环氧树脂浆液;另一类是以甲基丙烯酸甲酯(简称甲凝)为主体,加入适量的引发剂、促进剂和除氧剂等构成的甲凝液。

1)环氧树脂。环氧树脂灌浆材料施工方便,抗压、抗拉、粘结强度都很高,收缩小(<2%),化学稳定性好,但其黏度比甲凝大。一般用来修补宽度大于 0.1mm 的裂缝。环氧树脂灌浆材料在工程中使用过的配合比参见表 4.9 所示。

表 4.9 环氧树脂灌浆浆液参考配合比(质量比)

| 材料名称 | 配 方 编 号 | | | | | | | |
|---|---|---|---|---|---|---|---|---|
| | 1 | 2 | 3 | 4 | 5 | 6 | 7 | 8 |
| 环氧树脂 | 100 | 100 | 100 | 100 | 100 | 100 | 100 | 100 |
| 邻苯二甲酸二丁酯 | 10 | | | | | | 10 | 10 |
| 二甲苯 | 30~50 | | | | | | 40 | 40 |
| 环氧氯丙烷 | 10 | | | | | | 20 | 20 |
| 乙二胺 | 10 | 16 | | 18 | | 8~10 | | 8~10 |
| 间苯二胺 | | | | | | | 17 | |
| DMP-30 | | | 3 | | | | | |
| 糠醛 | | 25 | 50 | 40 | 60 | | | |
| 丙酮 | | 25 | 50 | 40 | 20 | | | |
| 聚酰胺(600#) | | | 15 | | | | | |
| 甲苯 | | | | | | 30~40 | | |
| 苯酚 | | | | 0~15 | 0~20 | | | |
| 半酮亚胺 | | | | | 40 | | | |
| 适用裂缝 | 干缝 | 干缝 | 干、湿 | 干缝 | 湿缝 | 干缝 | 干缝 | 干缝 |

2)甲凝液。可灌性好,扩散能力很强;黏度比水低,表面张力仅为水的 1/3 左右,能灌入 0.05mm 的细微裂缝中;由于其固化物强度高,与混凝土粘结强度也较高,因此能充分恢复混凝土的整体性。对有关加固工程的调查表明,在灌注甲凝液后,经 15a 使用情况良好,这说明其耐久性良好。甲凝材料在工程中使用过的配合比见表 4.10 所示。

表 4.10 甲基丙烯酸酯类灌浆液参考配合比

| 材料名称 | 代号 | 作用 | 用量单位 | 配 方 编 号 | | | |
|---|---|---|---|---|---|---|---|
| | | | | 1 | 2 | 3 | 4 |
| 甲基丙烯酸甲酯 | MMA | 主剂 | ml | 100 | 100 | 100 | 100 |
| 过氧化二苯甲酰 | BPO | 引发剂 | g | 1 | 1 | 1 | 1 |
| 二甲基苯胺 | DMA | 促进剂 | ml | 1 | 1 | 1 | 0.5~1 |
| 对甲苯亚磺酸 | TSA | 除氧剂 | g | 1 | 1 | 1 | 1~2 |
| 丙烯酸 | | 改性剂 | ml | | 5 | 10 | 10 |
| 甲基丙烯酸丁酯 | | 改性剂 | | | | | |
| 使 用 工 程 概 况 | | | | 厂房大梁 | 厂房大梁 | 呈面梁 | 大坝裂缝 |

灌入裂缝中的浆液固化物,主要承受拉力和剪力作用。由粘贴钢板的直接抗拉

试验和小梁抗折试验表明,破坏均不发生在粘结面上,这说明浆液固化物自身的抗拉、剪切强度是足够的。

(2) 修补方法

裂缝修补是对已经稳定的裂缝而言的。对于继续开展的裂缝,应采取措施控制结构的变形和裂缝的开展。只有等裂缝的发展已经稳定,才能用灌浆的方法进行修补。

裂缝的修补,应根据裂缝宽度、深度及数量的不同选用不同的方法。

1) 对浅而细,且条数较多的裂缝,宜采用水泥浆液或环氧树脂胶泥进行表面修补。

2) 对于宽度小于 0.2mm 的细而深的裂缝,宜采用可灌性好的甲凝浆液或低黏度的环氧树脂浆液灌注补强。

3) 当裂缝宽度大于 0.5mm 时,宜用水泥浆液修补。

4) 对宽度为 0.2～0.5mm 的裂缝,宜采用收缩较小的环氧树脂浆液灌注补强。

5) 对于蜂窝、孔洞、大面积缺损等,宜采用 1：2 水泥砂浆或 C20 细石混凝土进行修补。为保证新老混凝土的结合,宜先将缺陷周围凿毛、清洗,并涂刷一层水泥浆或环氧树脂基液粘结剂。

### 4.10.3　灌浆施工要求

化学灌浆修补裂缝施工可按如下程序进行:

裂缝处理→埋设灌浆嘴→封缝→密封检查→配制浆液→灌浆→封口、验收。

1. 裂缝处理

在灌浆前应对裂缝进行处理。处理的方法视裂缝情况不同而异。

(1) 表面处理法

当构件的裂缝较细小(<0.2mm)且浅时,可采用表面处理法。即用钢丝刷等工具清除裂缝表面的灰尘、浮渣及松散层等污物,然后用毛刷蘸甲苯、酒精等有机溶剂,将裂缝两侧20～30mm范围擦洗干净,并保持干燥。

(2) 凿槽法

当混凝土构件上的裂缝比较宽(>0.2mm)且较深时,采用凿槽法。在灌浆过程中,浆液对封缝层所产生的压力较大,为了避免封缝层在灌浆时崩脱,应沿裂缝用钢钎或风镐凿成 V 形槽,槽宽为 50～100mm,深为 30～50mm。凿槽时先沿裂缝打开,再向两侧加宽,凿完后用钢丝刷和压缩空气将混凝土碎屑、粉尘清除干净。

(3) 钻孔法

对于大体积混凝土或大型构筑物上的深裂缝,采用钻孔法。钻孔法能使浆液尽快地流到裂缝的深处并加大浆液的扩散面。钻孔的大小,风钻一般为 56mm,机钻为 50mm。裂缝宽度大于 0.5mm 时,孔距可取 2～3m;裂缝小于 0.5mm 时,适当缩小孔距。钻孔后,清除孔内的碎屑和粉尘,并用适当粒径(一般为 10～20mm)的干净卵石填入孔内,这样既不缩小钻孔与裂缝相交的"通路",又可节约浆液。

2. 埋设灌浆嘴

灌浆嘴(盒)是裂缝与灌浆管之间的连接器。图 4.43 为灌浆嘴的示意图。市场上很少有产品销售,多为自制。灌浆嘴的大小随灌浆量及输液管的直径而变。材料可用金属或工程塑料。

灌浆嘴的埋设间距,应根据浆液黏度和裂缝宽度及分布情况选定。一般地,当裂缝宽度＜1mm 时,其间距宜取 350～500mm;当缝宽＞1mm 时,宜取 500～1000mm,并注意在裂缝的交叉处、较宽处、缝端以及钻孔处布嘴。在一条缝上必须有进浆嘴、排气嘴及出浆嘴。

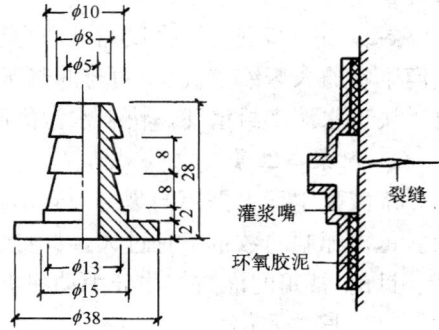

图 4.43 灌浆嘴示意图

埋设时,先在灌浆嘴的底盘上抹一层厚 1mm 的环氧胶泥(环氧基液、环氧胶泥配方见表 4.11),并将其骑缝粘贴在预定的位置上。对于钻孔灌浆也可用环氧胶泥将一小段直径相当的钢管粘固在孔口上,以替代灌浆嘴。

表 4.11 环氧基液、环氧胶泥配方

| 材料名称 | 环氧基液 | 环氧胶泥(质量比) | |
|---|---|---|---|
| | | 配合比 1 | 配合比 2 |
| 环氧树脂 6101 | 100 | 100 | 100 |
| 邻苯二甲酸二丁酯 | 10 | 30 | 10 |
| 甲苯 | 50 | | 10 |
| 乙二胺 | 8～10 | 13～15(8～10) | 13～15(8～10) |
| 水泥 | | 350～400(250～300) | 350～450(250～350) |

3. 封缝及试漏

封缝的方法有以下两种。

(1) 不凿槽的裂缝

未凿槽的、细小裂缝,可用环氧树脂胶泥直接封缝。其作法是:先在裂缝两侧(宽 20～30mm)涂一层环氧基液(配方见表 4.11),然后抹一层厚约 1mm、宽为 20～30mm 的环氧树脂胶泥。抹胶泥时,应防止产生小孔和气泡,要刮平整,保证封闭可靠。

当裂缝较宽时,可粘贴玻璃丝布封缝。作法是:先在裂缝两侧宽为 80～100mm 内涂一层环氧基液,然后将已除去润滑剂的玻璃丝布沿缝从一端向另一端粘贴密实,不得有鼓泡和皱纹。玻璃丝布可粘贴 1～3 层。

（2）凿 V 形缝的裂缝

凿 V 形缝的裂缝,可用水泥砂浆封缝。先在 V 形槽面上,用毛刷涂刷一层 1～2mm 厚的环氧基液,涂刷时要平整、均匀,防止出现气孔和波纹,然后用 1∶2 水泥砂浆封闭。

封缝 3d 后,进行压力试漏,以检查密闭效果。试漏前沿裂缝涂刷一层肥皂水,从灌浆嘴通入压缩空气(压力与灌浆压力相同)。如果肥皂水起泡,说明封闭不严。可用快干水泥密封堵漏。快干水泥的配方为水∶五矾∶水泥＝1∶5∶(10～15)。

4. 配浆与灌浆

浆液配制可根据不同裂缝及环境条件选用表 4.9、表 4.10 的任一配方进行配制。每次配制的数量不宜过大,以免浆液变稠而影响灌浆质量。

目前,常用的灌浆方法分手动和机械两类。

（1）手动灌浆法

手动灌浆工具是油脂枪,枪筒容量一般为 300ml。操作时将配制好的浆液装入枪筒,枪头与灌浆嘴相接,扳动操纵杠杆即可把浆液压入缝中。施工时可任意调节灌注压力。当用强力扳压杠杆时,枪端最大压力达 20MPa,但过大的压力,有使封缝层崩破的可能。手动法所用的工具少,机动灵活,当裂缝不多,灌浆量不大时,采用此法尤为适宜。

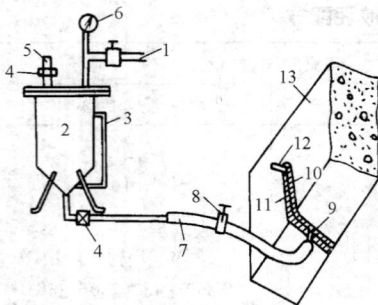

图 4.44 机械灌浆示意图

1.压缩空气进口;2.储料罐;3.浆面管;
4.阀门;5.加料口;6.压力表;7.耐压管;
8.转芯阀门;9.灌浆嘴;10.裂缝;
11.封缝层;12.出浆嘴;13.构件

（2）机械灌浆法

机械灌浆是一种靠压力设备连续灌浆的机械施工方法。它所需要的机具包括:灌浆泵、管路、灌浆嘴等。图 4.44 为灌浆设备示意图。

灌浆步骤及要求:灌浆前,用压缩空气将孔道及裂缝吹干净。灌浆由上而下,由一端到另一端进行。开始时应注意观察,逐渐加压,防止骤然加压。达到规定压力后(化学灌浆为 0.2MPa,水泥灌浆为 0.4～0.8MPa),维持此压力继续灌浆。一旦出浆孔出浆,立即关闭送浆阀门。这时裂缝中的浆液不一定十分饱满,还会有吸浆现象。因此,在出浆口出浆后,把出浆口堵住,再继续压注几分钟。灌浆工作结束后,应立即拆除管路,用丙酮冲洗管路和设备。待裂缝内浆液初凝后,可拆下灌浆嘴。

## 4.10.4 工程实例

【例 4.7】 某小区住宅建筑中,楼板采用非预应力混凝土双向平板,标准间平面尺寸为 3.3m×4.5m,带阳台间尺寸为 3.3m×5.7m,板厚均为 90mm,C30 级混凝土,使用后部分楼板开裂严重。经研究采用环氧树脂灌浆法对楼板进行修补。

**解** 浆液的配方环氧树脂:甲苯:乙二胺 = 100:50:10。

为了检验补强效果,取 3 种足尺寸板分别进行试验。第一种为补强板,即对开裂最严重、用环氧树脂灌浆进行补强的板(板底最大裂缝宽度达 0.75mm);作为对比试验,第二种板为未开裂的整体板;第三种板为虽已开裂,但未进行补强的板(该板的板底有纵横贯通长的裂缝,最大值为 0.4mm)。

试验结果表明:当 $K_s$(试验荷载与设计荷载标准值的比值)在 0.2 之内,补强板与整体板的荷载-变形曲线是一致的。在 $K_s = 1.9$ 时,补强板出现第一条新裂缝,新的裂缝均不在灌浆处。但当 $K_s > 2.0$ 时,补强板的变形发展比整体板快。未补强板加荷试验一开始,就出现很多新裂缝。新老裂缝开展宽度均较大。这表明,灌浆补强的效果是可靠的。补强板的强度、刚度均较好,完全可以满足设计要求。未补强板的强度、刚度、结构整体性以及对变形的协调能力都很差。

## 思 考 题

4.1 混凝土梁、板结构承载力不足的原因有哪些?

4.2 何为改变受力体系加固法?改变受力体系的方法有哪几种?

4.3 简述刚性支点加固梁板结构的计算方法。

4.4 简述增大截面加固法的受力特点、计算方法及构造要求。

4.5 简述增补钢筋加固法的受力特点、计算方法及构造要求。

4.6 简述粘贴钢板加固法的计算方法和施工要求。

4.7 简述加固钢筋混凝土柱的方法及构造要求。

4.8 混凝土结构的裂缝种类、修补方法有哪些?简述灌浆修补裂缝的施工方法。

# 第五章 砌体结构事故处理

　　砌体结构常见的问题主要表现在 3 个方面：开裂、屋面渗漏及基础沉降。本章主要介绍砖砌体结构裂缝的种类、开裂原因和处理方法；砖砌体承载力和稳定性不足的加固方法。

　　砌体结构具有取材广泛、造价低廉、施工简单等优点，但也有不少缺点。砌体结构工程质量事故也时有发生。砌体结构常见的问题主要表现在 3 个方面：开裂、屋面渗漏及基础沉降。屋面渗漏和基础沉降的事故处理在其他章节已有论述。一方面，砌体的强度不足会引起砌体的开裂；另一方面，砌体开裂也导致其稳定性的降低和强度的不足。本章主要讨论砖砌体裂缝的处理及砌体的加固。

## 5.1　砌体裂缝的种类及原因分析

　　砌体的开裂现象十分普遍。有关研究部门曾对 73 幢砌体结构楼房进行调查，开裂的有 68 幢，占总数的 93%。引起砌体开裂的原因较多，大致分为两类：一是由荷载引起的，反应了砌体的承载力不足或稳定性不够；另一类是由于温度变化或地基不均匀沉降引起的。后者引起的砌体开裂约占砌体裂缝的 90% 左右。砌体开裂将影响砌体受力和稳定性，严重的会导致结构破坏或倒塌。对砌体出现的裂缝，首先要判断其种类、危险程度，然后分析其原因，并采取合理的措施进行处理。

### 5.1.1　砌体的荷载裂缝

　　荷载裂缝是由于砌体承受过大的荷载而产生的。荷载裂缝有：受压裂缝、受弯裂缝、局部受压裂缝、受拉裂缝以及受剪裂缝。表 5.1 示出了几种典型的荷载裂缝的形态。荷载裂缝的出现，表明砌体承载力安全度不够，应及时进行加固。

**表 5.1　砖砌体荷载裂缝的种类、形态及图例**

| 裂缝种类 | 裂缝形态 | 裂缝示意图 |
|---|---|---|
| 受压裂缝 | 裂缝顺轴向力方向，砌体中有断砖现象，当竖向裂缝连续长度超过 4 皮砖时，说明砌体接近破坏 | |

| 裂缝种类 | 裂缝形态 | 裂缝示意图 |
|---|---|---|
| 受弯裂缝 | 偏心距较大时,砌体发生弯曲变形,裂缝垂直于荷载作用方向;砖砌平拱抗弯强度不足产生竖向或斜向裂缝 | |
| 受拉裂缝 | 水池池壁、筒仓等结构,裂缝与拉力方向垂直或呈马牙状 | |
| 受剪裂缝 | 挡土墙或拱座缝,裂缝呈水平或阶梯状态 | |
| 局部受压裂缝 | 大梁或梁垫下的斜向或竖向裂缝 | |

## 5.1.2 沉降裂缝

沉降裂缝主要因地基不均匀沉降引起。一般呈 45°的斜裂缝,始自沉降量沿建筑物长度的分布不能保持直线的位置,向着沉降量大的一面倾斜地上升。一些典型的沉降裂缝及其成因见表 5.2 所示。

沉降裂缝有以下两点规律:

1) 多层房屋中,下部的裂缝比上部的裂缝多,有时甚至仅在底层出现裂缝。

2) 沉降缝向上指向哪里,那里下部的沉降量必然是较大的。

在对沉降裂缝进行处理之前,应先用在裂缝端部涂石膏的方法,观察裂缝是否稳定。对于已经稳定的沉降裂缝,可选用灌浆法、局部更换法等方法加固处理。

### 5.1.3 温度裂缝

温度裂缝是由于温度变化所引起的裂缝,在砌体裂缝中所占的比例是最大的。表5.2示出了一些常见的温度裂缝的形态。温度裂缝具有如下3个共同的特点。

1) 温度裂缝一般对称分布。

2) 温度裂缝始自房屋的顶层,偶尔才向下发展。

3) 温度裂缝经1年后即可稳定,不再扩展。

**表5.2 砖砌体温度裂缝及沉降裂缝的原因、形态与图例**

| 类别 | 裂缝原因及形态 | 裂缝示意图 |
|---|---|---|
| 温度裂缝 | 平屋顶砖混结构顶层因日照及气温变化,材料的线膨胀系数不同,并存在较强的约束,造成屋盖与砖墙变形不一致所产生的裂缝。呈正八字或倒八字形 | |
| | 砂浆强度较低时,在平屋顶顶层圈梁下四角出现水平裂缝,是由屋盖的热胀或冷缩作用所致 | |
| | 气温和环境温差太大,房屋长度太大,未设置变形缝时,产生贯穿房屋全高的竖向裂缝 | |
| 沉降裂缝 | 长高比较大的砖混结构房屋中,中部地基沉降大于两端时产生八字裂缝 | |
| | 地基两端沉降大于中部时,产生倒八字裂缝 | |
| | 房屋一端处在软土地基上或较差地基上,该端产生较大沉降而产生裂缝 | |
| | 地基突变,一端沉降较大时,产生竖向裂缝 | 岩基　黏土 |

# 5.2 砌体裂缝的处理

## 5.2.1 裂缝处理的原则

砌体的裂缝是否需要处理和如何处理,主要取决于裂缝的性质及其危害程度。对如下情况的裂缝,应及时采取措施加以处理。

1)明显的受压、受弯等荷载裂缝。

2)缝宽超过 1.5mm 的变形裂缝。

3)缝长超过层高的 1/2、缝宽大于 20mm 的竖向裂缝,或产生缝长超过层高 1/3 的多条竖向裂缝。

4)梁支座下的墙体产生明显的竖向裂缝。

5)门窗洞口或窗间墙产生明显的交叉裂缝、竖向裂缝或水平裂缝。

常见的砌体裂缝可分别按下列原则处理。

温度裂缝,一般不影响结构安全。经过观测,找出裂缝最宽的时间,采用封闭或局部修复的方法处理。

沉降裂缝,绝大多数裂缝不会严重恶化而危及结构安全。通过观测,对沉降逐渐减小的裂缝,待基本稳定后,进行修复或封闭堵塞处理;对长期不稳定的应先加固地基,再处理裂缝。

荷载裂缝,因承载力或稳定性不足而引起,危及结构安全,应及时采取卸荷或加固补强等方法处理,并立立即采取应急防护措施。

## 5.2.2 填缝修补

砖砌体填缝修补的方法有水泥砂浆填缝和配筋水泥砂浆填缝两种。通常月于墙体外观维修和裂缝较浅的场合,主要用于温度裂缝和不影响结构稳定及安全的沉降裂缝。

水泥砂浆填缝的修补工序为:先将裂缝清理干净,用勾缝刀、抹子、刮刀等工具将 1∶3 的水泥砂浆或比砌筑砂浆高一级的水泥砂浆或掺有 107 胶的聚合物水泥砂浆填入砖缝内。

配筋水泥砂浆填缝的修补方法,是每隔 4～5 皮砖在砖缝中嵌入细钢筋,然后按水泥砂浆填缝的修补工序进行。

## 5.2.3 灌浆修补

灌浆修补是一种用压力设备把水泥浆液压入墙体的裂缝内,使裂缝粘合起来的修补方法。由于水泥浆液的强度远大于砌筑砖墙的砂浆强度,所以压力灌浆修补的砌体承载力可以恢复如初。

水泥灌浆修补方法具有价格低、材料来源广、结合体的强度高和工艺简单等优点，在工程实际中得到较广泛的应用。如某宿舍楼为 4 层两单元砖混结构，砖墙厚为 240mm，底层用 MU10 砖，M5 砂浆，二层以上用 MU10 砖，M2.5 砂浆砌筑。每层板下有钢筋混凝土圈梁。1976 年在竣工交付前发生了唐山地震。震后发现，底层承重墙几乎全部震坏，产生对角线斜裂缝，缝宽 3～4mm，楼梯间震害尤为严重。后采用水泥浆液灌缝修补。浆液结硬后，对砌体钻孔检查，发现砌体内浆液饱满。修补后，又经受了 7 级地震，震后检查发现，灌浆补强处均未开裂。

1. 浆液的组成

浆液分为纯水泥浆液和混合水泥浆液。纯水泥浆液是将水泥放入清水中搅拌而成，水灰比宜取为 0.7～1.0。由于纯水泥浆液容易沉淀，造成施工机具堵塞，故常在水泥浆液中掺入适量的悬浮剂，以阻止水泥沉淀。悬浮剂一般用聚乙烯醇，或水玻璃或 107 胶。掺加悬浮剂后，水泥浆液的强度略有提高。

当采用聚乙烯醇当悬浮剂时，应先将聚乙烯醇溶解于水中形成水溶液，然后边搅拌边掺加水泥即可。聚乙烯醇与水的质量比为聚乙烯醇：水＝2：98。配制时，先将聚乙烯醇放入 98℃的热水中，然后加热到 100℃，直至聚乙烯醇在水中溶解。最后按质量比水泥：水溶液为 1：0.7 的比例配制成混合浆液。当采用水玻璃作为悬浮剂时，只要将 2％（按水质量计）的水玻璃溶液倒入刚搅拌好的纯水泥浆中搅拌均匀即可。

2. 灌浆设备

灌浆设备包括：空气压缩机、压浆罐、输浆管道及灌浆嘴。压浆罐可以自制，罐顶应有带阀门的进浆口、进气口和压力表等装置，罐底应有带阀门的出浆口。空气压缩机的容量应大于 0.15m³。灌浆嘴可由金属或塑料制成，其尺寸如图 5.1 所示。

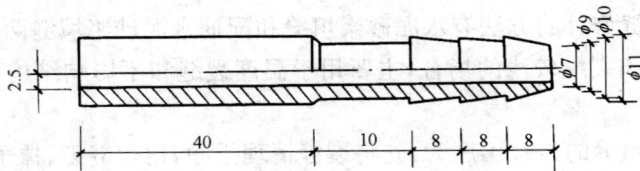

图 5.1　灌浆嘴示意图（单位：mm）

灌浆机装置（见图 5.2）的工作原理是利用空气压缩机产生的压缩空气，迫使压浆罐内的浆液流入墙体的缝隙内。罐体在使用前测试的压力不应小于 0.6MPa。

3. 灌浆工艺

灌浆法修补裂缝可按下述工艺进行。

1) 清理裂缝，使其成为一条通缝。

2) 确定灌浆嘴位置，布嘴间距宜为 500mm，裂缝交叉点和裂缝端均应布设。厚度大于 360mm 的墙体，两面都应设灌浆嘴。在设灌浆嘴处，墙体先钻出孔径大

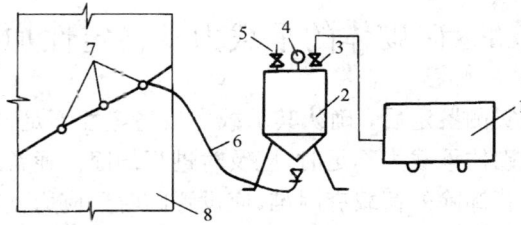

图 5.2　灌浆装置示意图

1.空压机;2.压浆罐;3.进气阀;4.压力表;5.进浆口;6.输送管;7.灌浆嘴;8.墙体

于灌浆嘴外径的孔,孔深为 30～40mm,孔内应冲洗干净,并用纯水泥浆涂刷,然后用 1∶2 水泥砂浆固定灌浆嘴。

3)用 1∶2 水泥砂浆嵌缝,以形成一个可以灌浆的空间。嵌缝时应注意将原砖墙裂缝附近的粉刷层剔除,用新砂浆嵌缝。

4)待封闭层砂浆达到一定强度后,先在每个灌浆嘴中灌入适量的水,然后进行灌浆。灌浆顺序自上而下,当附近灌浆嘴溢出或进浆嘴不进浆时方可停止灌浆。灌浆压力控制在 0.2MPa 左右,但不宜超过 0.25MPa。发现墙体局部冒浆时,应停灌约 15min,或用水泥临时堵塞,再进行灌浆。在靠近基础或楼板处灌入大量浆液仍未饱灌时,应增大浆液浓度或停灌 1～2h 后再灌。

5)拆除或切断灌浆嘴,抹平孔眼,冲洗设备。

### 5.2.4　局部更换

当砖墙裂缝较宽但数量不多时,可以采用局部更换砌体的办法,即将裂缝两侧的砖拆除,然后用 M7.5 或 M10 砂浆补砌(见图 5.3)。更换的顺序是自下而上,每次拆除 4～5 皮砖,经清洗后砌入新砖。

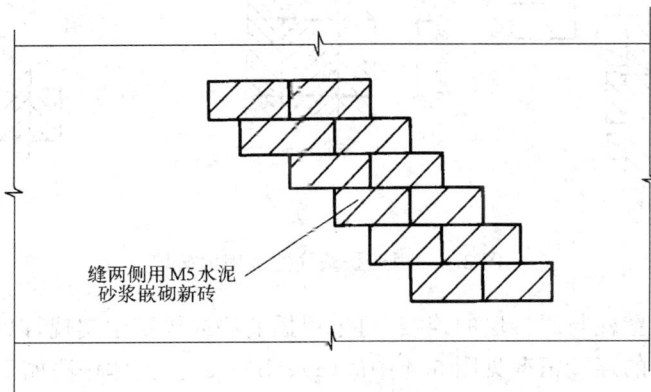

缝两侧用M5水泥
砂浆嵌砌新砖

图 5.3　嵌砌新砖修补裂缝

## 5.3 砖砌体的承载力及稳定性加固

当砌体裂缝经实测鉴定后，确认其承载力或稳定性不足，或因房屋增层、改变使用功能等引起砖砌体承载力不足时，应及时进行加固。通常，在加固施工前应尽可能卸除外荷载。若卸除外荷载有困难，应设置临时预应力支撑，以减小后加构件的应力滞后。常用的砖墙承载力及稳定性加固方法有扶壁柱法和钢筋网水泥法。砖柱的加固方法有增大截面法和外包角钢法。

### 5.3.1 扶壁柱法加固砖墙

扶壁柱法是工程中最常用的砖墙加固方法，这种方法能提高砖墙的承载力和稳定性。根据使用材料的不同，扶壁柱法分砖扶壁柱和混凝土扶壁柱两种方法。

1. 砖扶壁柱法工艺和构造

图 5.4 所示为常用的砖扶壁柱，其中图 5.4 中的(a)、(b)表示单面增设的砖扶壁柱；图 5.4 中的(c)、(d)表示双面增设的扶壁柱。

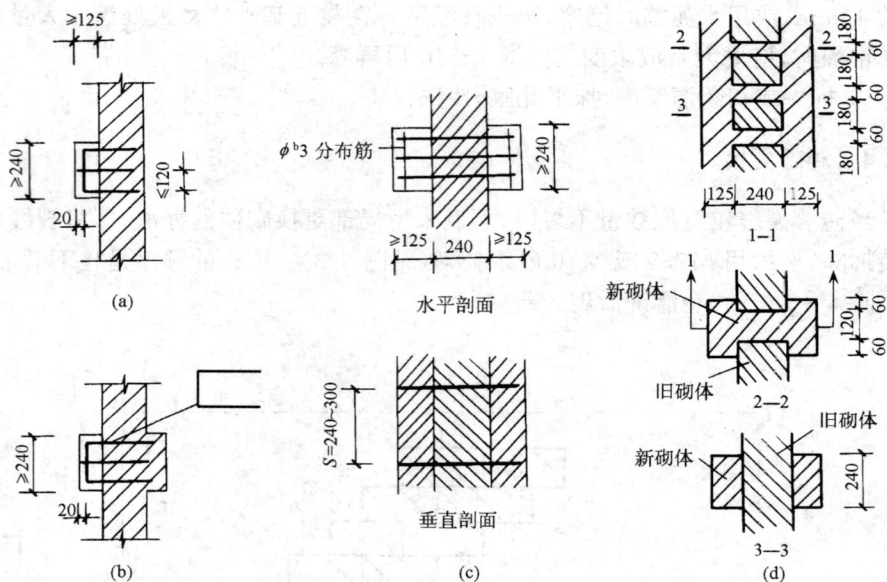

图 5.4 用砖扶壁柱法加固的砖墙

增设的扶壁柱与原砖墙的连接，可采用插筋法或挖镶法实现，以保证两者共同工作。插筋法的连接情况见图 5.4 中的(a)、(b)、(c)。具体作法如下：

1）将新旧砌体接触面间的粉刷层剥去，并冲洗干净。

2）在砖墙的灰缝中打入 $\phi^b 4$ 或 $\phi 6$ 的连接插筋；如果打入有困难，可先用电钻钻孔，然后将插筋钉入。插筋的水平间距应小于120mm，竖向间距以240~300mm为宜。

3）在开口边绑扎$\phi^b3$的封口筋。

4）用M5~M10的混合砂浆，MU7.5级以上的砖砌筑扶壁柱。扶壁柱的宽度不应小于240mm，厚度不应小于125mm。在砌至楼板底或梁底时，应采用硬木顶撑，或用膨胀水泥砂浆砌筑最后5皮砖，以保证补强砌体有效地发挥作用。

挖镶法的连接情况如图5.4(d)所示。具体作法是：先将墙上的顶砖挖去，在砌两侧新壁柱时，再将镶砖砌入。砌入时，砖在旧墙内的灰浆最好掺入适量膨胀水泥，以使镶砖与旧墙能上下顶紧。

增设扶壁柱的间距及数量，由计算确定。

2. 砖扶壁柱法加固墙的承载力验算

考虑到后砌扶壁柱存在着应力滞后，在计算加固砖墙承载力时，对后砌扶壁柱的抗压强度设计值$f$，应乘以折减系数0.9予以降低。加固砖墙的受压承载力按下式验算：

$$N \leqslant \varphi(fA + 0.9f_1A_1) \qquad (5.1)$$

式中：$N$——荷载设计值产生的轴力；

$\varphi$——高厚比$\beta$和轴向力的偏心距$e$对受压构件承载力的影响系数。按《砌体结构设计规范》(GB50003-2001)的有关规定取值；

$f$、$f_1$——原砖墙和新砌扶壁柱的抗压设计强度；

$A$、$A_1$——原砖墙和新砌扶壁柱的截面面积。

应指出，在验算加固砖墙的高厚比及正常使用极限状态时，不必考虑后砌扶壁柱的应力滞后，可同一般砖墙一样按《砌体结构设计规范》进行。

3. 混凝土扶壁柱法加固砖墙工艺及构造

混凝土扶壁柱法加固砖墙（见图5.5），比砖扶壁柱法可以承担更大的荷载。

混凝土扶壁柱与原墙的连接是十分重要的，一般采用U形筋加以连接。当原墙厚度小于240mm时，U形连接筋应穿透墙体，并加以弯折[见图5.5(b)]。双面加扶壁柱的加固方式[见图5.5中的(c)、(e)]，可较多地提高原墙体的承载力。U形箍筋的竖向间距不应大于240mm，纵筋直径不宜小于12mm。图5.5(d)为销键连接法，销键的纵向间距不应大于1000mm。

混凝土扶壁柱用C15~C20级混凝土浇筑，截面宽度不宜小于250mm，厚度不宜小于70mm。

图5.6为用混凝土加固原砖墙壁柱的方法。补浇的混凝土厚度不宜小于50mm，最好采用喷射法施工。为了减小现场工作量，对图5.6(a)所示的原砖墙壁柱的加固，可采用2个开口箍和1个闭口箍间隔放置的办法。开口箍应插入原墙砖缝内，深度不小于120mm，闭口箍在穿过墙体后再行弯折。当插入箍筋有困难时，可先用电钻钻孔，再将箍筋插入。纵筋的直径不得小于8mm。

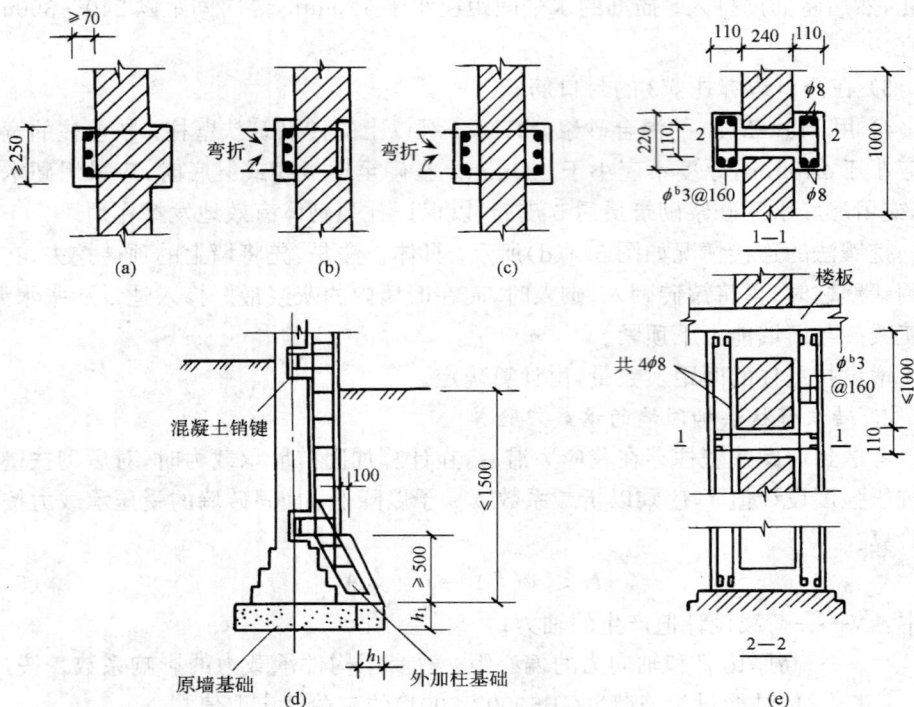

图 5.5　混凝土扶壁柱法加固砖墙

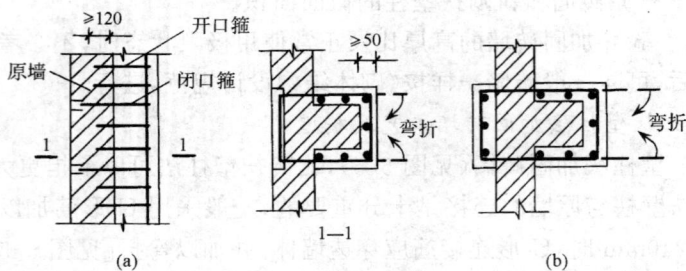

图 5.6　混凝土加固砖墙壁柱

**4.混凝土扶壁柱法加固墙体的承载力验算**

经混凝土扶壁柱法加固后的砌体,成为组合砌体。考虑到新浇混凝土扶壁柱与原墙的受力状态有关,并存在应力滞后,因此在计算组合砖砌体的承载力时,应对新浇扶壁柱的强度予以折减。

轴心受压组合砌体的承载力,可按下式计算,即

$$N \leqslant \varphi_{\text{con}}[fA + \alpha(f_{\text{c}}A_{\text{c}} + \eta_{\text{s}}f_{\text{y}}A'_{\text{s}})] \tag{5.2}$$

式中:$\varphi_{\text{con}}$——组合砖砌体构件的稳定系数,按规范(GB50003-2001)的规定取值;

$\alpha$——新浇扶壁柱的材料强度折减系数,若加固时原砌体完好,取 $\alpha = 0.95$,

若加固时原砌体有荷载裂缝或有破损现象,取 $\alpha=0.9$;

$A$——原砖砌体的截面面积;

$f_c$——扶壁柱混凝土或砂浆面层的轴心抗压设计强度。砂浆的轴心抗压设计强度可取为同强度等级混凝土的 70%;

$A_c$——混凝土或砂浆面层的截面面积;

$\eta_s$——受压钢筋的强度系数,当为混凝土面层时,取 1.0,当为砂浆面层时,取为 0.9;

$f_y'、A_s'$——受压钢筋的截面面积和抗压设计强度。

偏心受压砖砌体(见图 5.7)的承载力,可按下式计算:

$$N \leqslant fA' - \alpha(f_cA_c' + \eta_sf_yA_s') - \sigma_sA_s \tag{5.3}$$

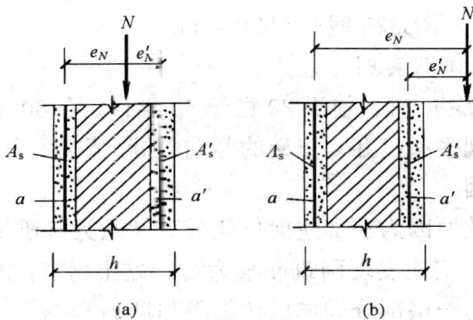

图 5.7　组合砖砌体偏心受压构件

或

$$Ne_N \leqslant fS_s + \alpha[f_cS_{c,s} + \eta_sf_yA_s'(h_0 - a')] \tag{5.4}$$

此时受压区的高度 $x$ 可按下式确定:

$$fS_N + \alpha(f_cS_{c,N} + \eta_sf_yA_s'e_N') - \sigma_sA_se_N = 0 \tag{5.5}$$

式中：$A'$——原砖砌体受压部分的面积;

$A_c'$——混凝土或砂浆面层受压部分的面积;

$S_s$——砖砌体受压部分的面积对受拉钢筋 $A_s$ 重心的面积矩;

$S_{c,s}$——混凝土或砂浆面层受压部分的面积对钢筋 $A_s$ 重心的面积矩;

$S_N$——砖砌体受压部分的面积对轴向力 $N$ 作用点的面积矩;

$S_{c,N}$——混凝土或砂浆面层受压部分面积对轴力 $N$ 作用点的面积矩;

$e_N、e_N'$——钢筋 $A_s$ 和 $A_s'$ 重心至轴向力 $N$ 作用点的距离(见图 5.7),

$$e_N' = e + e_i - \left(\frac{h}{2} - a'\right),$$

$$e_N = e + e_i + \left(\frac{h}{2} - a\right);$$

$e$——轴向力的初始偏心距,按荷载标准值计算,当 $e < 0.05h$ 时,取 $e =$

$0.05h$;

$e_i$——组合砖砌体构件在轴向力作用下的附加偏心距,即:

$$e_i = \frac{\beta^2 h}{2200}(1 - 0.022\beta);\tag{5.6}$$

$h_0$——组合砖砌体构件截面的有效高度,即 $h_0 = h - a$;

$a$、$a'$——钢筋 $A_s$ 和 $A_s'$ 重心至截面较近边的距离;

$\sigma_s$——受拉钢筋的应力,当大偏心受压时($\xi < \xi_b$),$\sigma_s = f_y$,当小偏心受压时($\xi > \xi_b$)

$$\sigma_s = 650 - 800\xi\tag{5.7}$$

$\xi$——组合砖砌体构件截面受压区的相对高度,即 $\xi = x/h_0$;

$\xi_b$——组合砖砌体构件受压区相对高度的界限值,对 HPB235 钢筋,取 0.55,对 HRB335 钢筋,取 0.425。

**5. 砖扶壁柱加固工程实例**

**【例 5.1】** 某 4 层办公楼,建于 20 世纪 50 年代。在 80 年代加建 2 层,投入使用后,底层内横墙发现多条贯穿 4 皮砖的竖向裂缝,情况紧急,需立即进行加固。

**解** (1)事故原因

经调查分析,事故原因为在加建前仅凭外观就认为砖质量很好,盲目作出加层决定。事故发生后,经实测发现砌筑砂浆为石灰黏土,强度很低,约相当于 M0.4。计算表明加建二层后,一层部分砌体已达极限强度的 85%。

(2)加固方法

采用两侧加砖扶壁柱的方法加固一、二层横墙。在扶壁柱部位的原墙上打入间距为 240 的 $\phi^b 4$ 连接筋。采用 MU10 砖,M10 混合砂浆,楼板下最后 5 皮砖用膨胀砂浆砌筑。由于底层已有贯通裂缝,墙体荷载接近极限荷载,所以施工前应进行卸载,并用预应力顶撑支托楼板,进一步减小墙体应力,然后用压力灌浆法修补裂缝。

(3)计算原砖墙的承载力

原横墙厚度为 240mm,间距为 4m,房间进深为 6m,层高为 3m,楼板为 120mm 厚现浇钢筋混凝土楼板,经计算内横墙墙体所受的压力为 $N = 258kN/m$。

原墙体砖和砂浆的等级已无据可查,根据实测,推断砖等级约为 MU7.5,砂浆为 M0.4,查表知其强度为 0.79MPa。

墙体高厚比计算:由于横墙长度是高度的 2 倍($S = 2H$),查《砌体结构设计规范》得

$$H_0 = 0.9H = 0.9 \times 3.0 = 2.7(m)$$

$$\beta = H_0/h = 270/24 = 11.25 < [\beta] = 16$$

查表得 $\varphi = 0.63$,由此得原砖墙的承载力设计值 $N_0$ 为:

$$N_0 = \varphi f A = 0.63 \times 0.79 \times 240 \times 1000 = 119.5(kN) < N$$

$$= 258(kN)$$

由以上计算结果可知，该砖墙必须进行加固。

（4）加固设计

初步拟定扶壁柱的截面尺寸如图 5.8 所示，根据 MU10 砖和 M10 砂浆查得扶壁柱的抗压设计强度 $f_1 = 1.99\text{MPa}$。

$$I = [(100 - 24) \times 24^3 + 24 \times 49^3]$$
$$= 3.23 \times 10^5 (\text{cm}^4)$$
$$A = 100 \times 24 + 24 \times 25 = 3000 (\text{cm}^2)$$

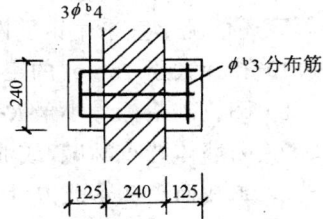

图 5.8 扶壁柱加固砖墙

折算厚度为 $h_T = 3.5i = 3.5 \times \sqrt{\dfrac{I}{A}} = 3.5 \times \sqrt{\dfrac{3.23 \times 10^5}{3000}} = 36.4 (\text{cm})$

$\lambda = \dfrac{H_0}{h_T} = 7.4$，查得 $\varphi = 0.81$

根据式（5.1）得

$$N_p = \varphi(fA + 0.9f_1 A_1)$$
$$= 0.81 \times (0.79 \times 240 \times 1000 + 0.9 \times 1.99 \times 240 \times 250)$$
$$= 2.4 \times 10^5 (\text{N}) < N = 2.58 \times 10^5 (\text{N})$$

由此说明，扶壁柱按 1m 的间距太大。1m 内应有的扶壁柱数为

$$n = \frac{2.58 \times 10^5}{2.4 \times 10^5} = 1.075$$

从而得扶壁柱中距为 $\dfrac{1}{n} = \dfrac{1.0}{1.075} = 0.93(\text{m})$，在 6m 的横墙上设 6 个扶壁柱，平均中距为 0.86m。

## 5.3.2 钢筋网水泥砂浆加固砖墙

### 1. 加固方法及适用范围

钢筋网水泥砂浆法加固砖墙，是把需加固的砖墙表面除去粉刷层后，两面附设 $\phi4 \sim \phi8\text{mm}$ 的钢筋网片，然后喷射砂浆（或细石混凝土）的加固方法（见图 5.9）。由于通常对墙体进行双面加固，所以加固后的墙俗称夹板墙。夹板墙可以较大幅度地提高砖墙的承载力、抗侧移刚度以及墙体延性。

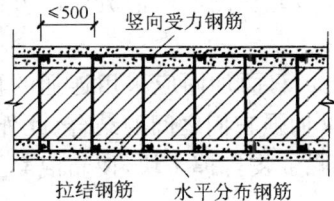

图 5.9 钢筋网水泥砂浆
加固墙体（单位:mm）

目前钢筋网水泥砂浆法常用于下列情况的加固：

1）因施工质量差，而使砖墙承载力普遍达不到设计要求。

2）窗间墙等局部墙体达不到设计要求。

3）因房屋加层或超载而引起砖墙承载力的不足。

4）因火灾或地震而使整片墙承载力或刚度

不足等。

下述情况不宜采用钢筋网水泥砂浆法进行加固：

1）孔径大于 15mm 的空心砖墙及 240mm 厚的空斗砖墙；

2）砌筑砂浆标号小于 M0.4 的墙体；

3）因墙体严重酥碱，或油污不易消除，不能保证抹面砂浆粘结质量的墙体。

2. 正截面受压承载力计算

经钢筋网水泥砂浆法加固的墙体（夹板墙）成为组合砌体，它的正截面受压承载力计算可按式（5.2）～式（5.5）进行。

3. 夹板墙构造要求

夹板墙的加固层应满足下列 6 项要求：

1）采用水泥砂浆面层加固时，厚度宜为 20～30mm；采用钢筋网水泥砂浆面层加固时，厚度宜为 30～45mm；当面层厚度大于 45mm 时，宜采用细石混凝土；钢筋保护层厚度不应小于 10mm。

2）钢筋网的钢筋直径为 $\phi4～\phi8$mm，网格宜为方格，间距不宜小于 150mm，也不宜大于 500mm。

3）水泥砂浆等级宜为 M7.5～M15；面层混凝土强度等级宜采用 C15 或 C20。

4）钢筋网需用 $\phi4～\phi8$mm 穿墙 S 形筋与墙体固定。S 形筋间距宜取 1.0m。对于单面加固的墙体，其钢筋网可用 $\phi4$ 的 U 形钢筋钉入墙内代替 S 形筋与墙体固定。为加强钢筋网与墙体的固定，必要时在中间还可以增设 $\phi4$ 的 U 形筋或用铁钉钉入墙体砖缝内。

5）钢筋网的横向钢筋遇到门窗洞口时，宜将钢筋垂直墙面沿洞边弯成 90°的直钩加以锚固。

6）墙面穿墙 S 形筋的孔洞必须用机械钻孔。

### 5.3.3 砖柱加固

砖柱可用增大截面和外包钢法加固。增大截面法包括单面、双面以及四周外加混凝土加固。

1. 侧面增加混凝土加固砖柱

当砖柱承受的弯矩较大时，可采用在单侧（受压区）或双侧增设混凝层的方法（见图 5.10）进行加固。

侧面加固时，新旧混凝土的连接和结合非常重要。双面加固应采用连通的箍筋；单面加固应在原砖柱上打入射钉或膨胀螺栓等，以加强它们之间的结合。此外，无论是单面加固还是双面加固，都要将原柱的角砖每隔 5 皮掏掉 1 块，使新混凝土与原柱很好地咬合。

新浇混凝土的强度等级宜用 C15 或 C20，受力钢筋距砖柱不应小于 50mm，受压钢筋的直径不应小于 8mm，配筋率不宜小于 0.2%。

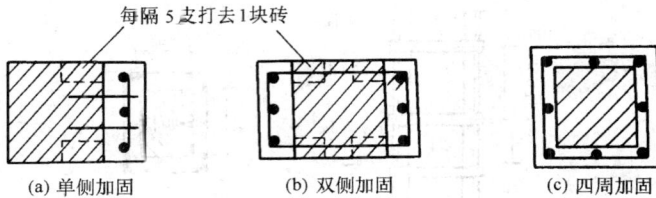

每隔5支打去1块砖

(a) 单侧加固　　　　(b) 双侧加固　　　　(c) 四周加固

图 5.10　增大截面法加固砖柱

增加混凝土加固的砖柱成为组合砖砌体,其承载力按式(5.2)~式(5.5)计算。

2. 四周外包混凝土加固砖柱

对于轴心受压或小偏心受压砖柱,应用四周外包混凝土的方法加固,其承载能力的提高较为显著。

外包层的混凝土与侧面增加混凝土的要求相同。当外包层较薄时,也可用砂浆。砂浆强度等级不得低于 M7.5。外包层内应设置 $\phi4 \sim \phi6mm$ 的封闭箍筋,间距不超过 150mm。

由于封闭箍筋的作用,砖柱的侧向变形受到约束,其受力类似于网状配筋砌体。由此,四周外包混凝土加固砖柱的受压承载力按下式计算:

$$N \leqslant N_1 + 2\alpha_1 \varphi_n \frac{\rho_v f_y}{100}\left(1 - \frac{2e}{y}\right)A \tag{5.8}$$

式中:$N_1$——加固砖柱按组合砌体[式(5.2)~(5.5)计算的受压承载力];

$\varphi_n$——高厚比和配筋率以及轴向力偏心距对网状配筋砖砌体受压承载力的影响系数。按规范(GBJ3-88)中附表 5.6 取用。

$\rho_v$——体积配筋率(%),当箍筋的长为 $a$,宽为 $b$,间距为 $s$,单肢箍筋截面积为 $A_{sv1}$ 时,$\rho_v = \dfrac{2A_{sv1}(a+b)}{abs}\times100$;

$f_y$——箍筋的抗拉设计强度值;

$e$——轴向力偏心距;

$A$——被加固砖柱的截面积;

$\alpha_1$——新浇混凝土的材料强度折减系数。当加固前原砖柱未损坏时,取值 0.9;部分损坏或受力较高时,取值 0.7。

3. 外包角钢加固砖柱

外包角钢加固砖柱的一般作法是:用水泥砂浆将角钢粘贴于砖柱的四周,并用卡具卡紧,随即用缀板将角钢连成整体,去掉卡具后,粉刷水泥砂浆加以保护(见图 5.11)。角钢应锚入基础,顶部也应有可靠地锚箍措施,以保证有效工作。角钢不宜小于∟50×5。

外包角钢后砖柱成为组合砌体,但由于缀板和角钢对砖柱的横向变形起到一定的约束作用,故砖柱的抗压强度有所提高,轴心受压时,其承载力计算公式为

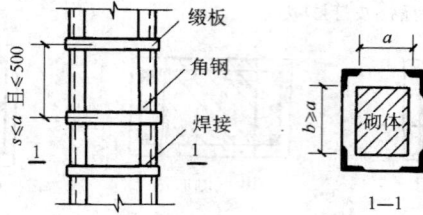

图 5.11 外包角钢加固砖柱

$$N \leqslant \varphi_{con}(fA + \alpha f_a A_a') + N_{av} \qquad (5.9)$$

对于加固后为偏心受压的砖柱，计算公式为

$$N \leqslant fA' + \alpha f_a A_a' - \sigma_a A_a + N_{av} \qquad (5.10)$$

式中：$f_a$——加固角钢的抗压强度设计值；

$A_s'$、$A_a$——受压和受拉加固角钢的截面面积；

$N_{av}$——缀板和角钢对砖柱的约束，使砖砌体强度提高而增大的承载力，可按下式计算：

$$N_{av} = 2\alpha_1 \varphi_n \frac{\rho_{av} f_{av}}{100}\left(1 - \frac{2e}{y}\right)A; \qquad (5.11)$$

$\rho_{av}$——体积配筋率（%），当取单肢缀板的截面面积为 $A_{sv1}$、间距为 $s$ 时

$$\rho_{av} = \frac{2A_{av1}(a + b)}{abs};$$

$f_{av}$——缀板的抗拉强度设计值；

$\sigma_a$——角钢受拉肢 $A_a$ 的应力，可按式(5.7)计算；

其余符号意义同前。

受压取高度 $x$ 可参考式(5.5)计算。

### 5.3.4 窗间墙、砖过梁加固

窗间墙和砖过梁是砖墙体中易损坏的部位。当其承载力不足或有损坏现象时，常采用以下两种方法加固。

#### 1. 外包钢加固窗间墙

外包钢加固就是用角钢和扁铁将已损坏的窗间墙包起来以提高其承载力。由于窗间墙的宽度比厚度大得多，如果仅用四角加角钢的方法加固，不能有效地约束墙中部的变形，起不到应有的作用。因此，当墙的宽厚比大于 25 时，宜在窗间墙的中部两边竖向各增设一根扁铁，并用螺栓进行拉结（见图 5.12）。加固结束后，抹以砂浆保护层，既防止角钢生锈，也起到装饰作用。

用角钢加固的窗间墙的承载力计算与用角钢加固砖柱的计算方法相同。

窗间墙也可用钢筋网水泥砂浆面层加固的方法加固，作法与前述的钢丝网加

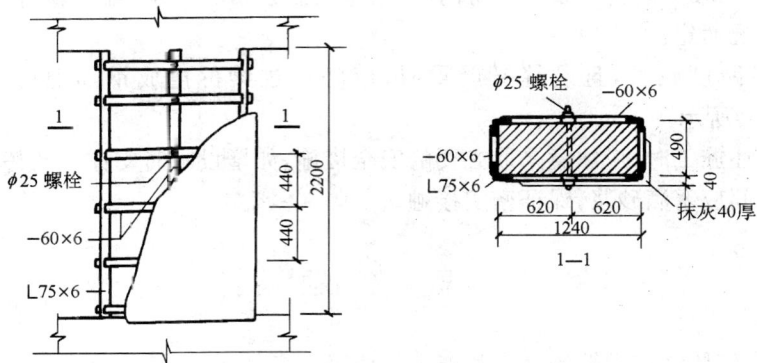

图 5.12　外包钢加固窗间墙

固砌体的方法类似。

2. 砖过梁加固

在砖砌体结构中,许多裂缝出现在窗对角线的墙体上。此外,窗过梁内还可能出现如图 5.13 所示的荷载裂缝。这些裂缝会降低砖砌过梁的承载能力。砖砌窗过梁可用以下措施进行加固。

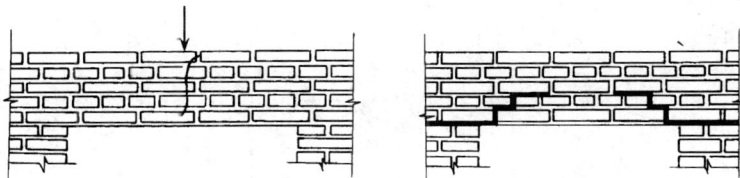

图 5.13　砖过梁裂缝

1) 当跨度<1m,且干裂并不严重时,可将过梁的 3～5 皮砖缝凿深约 4cm,且延伸入两侧窗间墙的长度不小于 300mm,然后嵌入钢筋,用 M10 级水泥砂浆捻缝。也可以在过梁下附设钢筋[图 5.14(a)]。

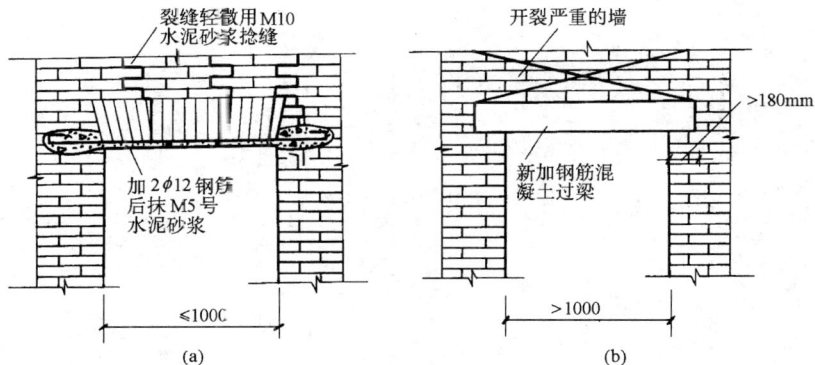

图 5.14　砖过梁加固方法

2）在过梁下边缘两侧嵌入角钢，并用水泥砂浆粉刷。角钢的型号视过梁宽度及破损情况而定。

3）当跨度较大，且裂缝又严重时，应将砖过梁拆换成钢筋混凝土过梁如图 5.14（b）所示。

在上述施工时，应注意采取必要的安全措施，如增设临时支撑。新替换的过梁与砖墙之间应塞满砂浆，保证密实接触。

# 思 考 题

5.1 砌体结构裂缝的种类和产生的原因？

5.2 砌体结构裂缝的处理方法有哪几种？

5.3 砌体结构承载力不足可用哪些方法予以加固？简述扶壁柱法加固的构造要求。

# 第六章　钢结构事故的处理

钢结构被广泛应用于工业厂房的屋架和吊车梁、大跨度屋盖结构、桥梁、多层和高层结构和轻型结构等，由于设计、制造、施工过程中可能产生的各种缺陷，加上重复荷载、超载、低温、腐蚀等因素的作用，钢结构也会产生各种质量事故。本章介绍钢结构质量事故的种类和处理方法。

## 6.1　钢结构的缺陷

### 6.1.1　钢结构缺陷的类型及原因

在建筑工程中，缺陷是指由于人为（勘察、设计、施工、使用）或自然（地质、气候）原因，致使建筑物出现影响正常使用以及承载力、耐久性、整体稳定性等不足的统称。

缺陷和事故均属于工程质量问题，但却是两个不同的概念。事故通常表现为建筑结构局部或整体的临近破坏、破坏和倒塌；而缺陷仅表现为具有影响正常使用以及承载力、耐久性、完整性的种种隐藏的和显露的不足。但是，缺陷和事故又是同一类事物的两种程度不同的表现，缺陷往往是产生事故的直接或间接原因，而事故往往是缺陷的质变和经久不加处理的发展。

钢结构是由钢材组成的一种承重结构。它的完成通常要经过设计、加工、制作和安装等阶段。由于技术和人为因素的影响，钢结构缺陷在所难免。

1. 钢材的先天性缺陷

钢材种类繁多，但在钢结构建筑中，常用的有低碳钢和低合金钢两类。例如，Q235、16Mn、15MnV 等。钢材的种类不同，缺陷自然也不同。钢材的质量主要取决于冶炼、浇铸和轧制过程中的质量控制。常见的先天性缺陷如下。

（1）化学成分缺陷

化学成分对钢材的性能有重要影响。从有害影响的角度来讲，化学成分将产生先天性缺陷。就 Q235 钢材而言，Fe 约占 99％，其余的 1％为 C、Mn、Si、S、P、O、N、H 八种化学成分，其中的 C、Mn、Si 是有益元素，但不可过量；S、P、O、N、H 纯属有害杂质。它们虽然仅占 1％，但其影响极大。因此，我们将其影响视为先天性缺陷，并加以严格控制。

（2）冶炼及轧制缺陷

钢材在冶炼和轧制过程中，由于工艺参数控制不严等问题、缺陷在所难免。缺陷有表面缺陷和内部缺陷,也有轻重之分。常见的缺陷有偏析、夹渣、裂纹、分层、过烧、气泡、内部破裂及机械性能不合格等。最严重的应属钢材中形成的各类裂纹,其危害后果应引起高度重视。

2. 钢构件的加工制作缺陷

钢结构的加工制作主要是钢构件(柱、梁、支撑等)的制作。钢结构制作的基本元件大多是热轧型材和板材。完整的钢结构产品,需要将基本元件通过机械设备和成熟的工艺方法,进行各种操作处理,达到规定产品的预定要求目标。现代化的钢结构厂应具有进行剪、冲、切、折、割、钻、铆、焊、喷、压、滚、弯、刨、铣、磨、锯、涂、抛、热处理、无损检测等加工能力的设备,并辅以各种专用胎具、模具、夹具、吊具等工艺设备。由此可见,钢结构的加工制作过程将由一系列工序组成,如图 6.1 和图 6.2所示,每一工序都有可能产生缺陷。

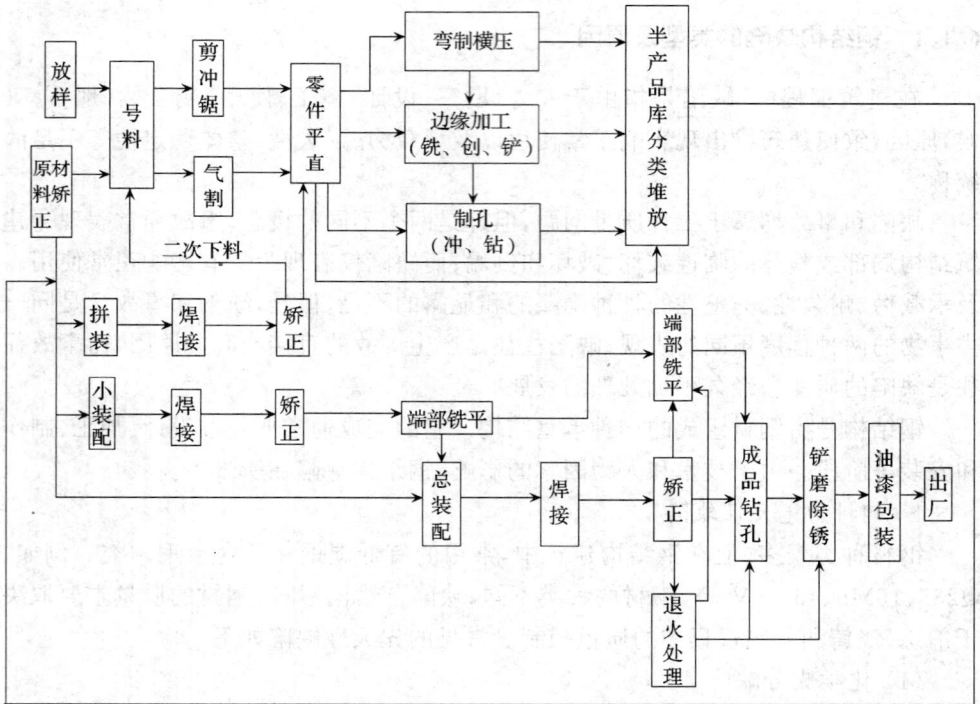

图 6.1 大流水作业生产的工艺流程

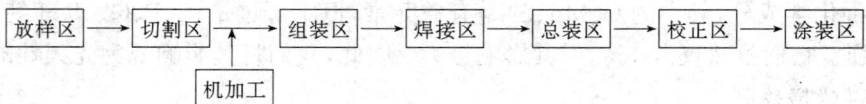

图 6.2 流水生产区域划分

仔细分析上述工艺,归纳起来,钢结构加工制作可能出现的缺陷如下:

1) 选材不合格。

2) 原材料矫正引起冷作硬化。

3) 放样、号料尺寸超公差。

4) 切割边未加工或达不到要求。

5) 孔径误差。

6) 冲孔未作加工,存在硬化区和微裂纹。

7) 构件冷加工引起钢材硬化和微裂纹。

8) 构件热加工引起的残余应力。

9) 表面清洗防锈不合格。

10) 钢构件外形尺寸超公差。

3. 钢结构的连接缺陷

钢结构的连接方法通常有铆接、栓接和焊接三种。目前大部分为栓焊混合连接。一般工厂制作以焊接居多,现场制作以螺栓连接居多或者部分相互交叉使用。

(1) 铆接缺陷

铆接是将一端带有预制钉头的铆钉,经加热后插入连接构件的钉孔中,再用铆钉枪将另一端打铆成钉头,以使连接达到紧固。铆接有热铆和冷铆两种方法。铆接传力可靠,塑性、韧性均较好,在 20 世纪上半叶曾是钢结构的主要连接方法。由于铆接是现场热作,目前只在桥梁结构和吊车梁构件中偶尔使用。

铆接工艺产生的缺陷归纳如下:

1) 铆钉本身不合格。

2) 铆钉孔引起构件截面削弱。

3) 铆钉松动,铆合质量差。

4) 铆合温度过高,引起局部钢材硬化。

5) 板件之间紧密度不够。

(2) 栓接缺陷

栓接包括普通螺栓连接和高强螺栓连接两大类。

普通螺栓一般为六角头螺栓,材质为 Q235,常用性能等级为 4.6、4.8、5.6 级等,根据产品质量和加工要求分为 A、B、C 三级,其中 A 级为精制螺栓,B 级为半精制螺栓。精制螺栓和半精制螺栓采用 I 类孔,孔径比螺栓杆径大 0.3~0.5mm。C 级为粗制螺栓。一般采用 II 类孔,孔径比螺栓杆径大 1.0~1.5mm。普通螺栓紧固力小,且栓杆与孔径间空隙较大(主要指粗制螺栓),故受剪性能差,但受拉连接性能好,且装卸方便,故通常应用于安装连接和需拆装的结构。

高强螺栓是当今钢结构连接的主要手段之一。高强螺栓常用性能等级为 8.8 级和 10.9 级。8.8 级采用的是 45 号、35 号或 40B 钢材,10.9 级采用 20MnTiB、

40B 或 35VB 合金钢。高强螺栓通常包括摩擦型和承压型两种,而以前者应用为多。摩擦型高强螺栓的孔径比螺栓公称直径大 1.0~1.5mm。高强螺栓连接具有安装简便、迅速、能装能拆和受力性能好、安全可靠等优点,故被广泛应用。

螺栓连接给钢结构带来的主要缺陷有:

1) 螺栓孔引起构件截面削弱。

2) 普通螺栓连接在长期动载作用下的螺栓松动。

3) 高强螺栓连接预应力松弛引起的滑移变形。

4) 螺栓及附件钢材质量不合格。

5) 孔径及孔位偏差。

6) 摩擦面处理达不到设计要求,尤其是摩擦系数达不到要求。

(3) 焊接缺陷

焊接是钢结构连接最重要的方法。焊接方法种类很多,按焊接的自动化程度一般分为手工焊接、半自动焊接及自动化焊接。焊接连接的优点是不削弱截面、节省材料、构造简单、连接方便、连接刚度大、密闭性好,尤其是可以保证等强连接或刚性连接。焊接可能带来以下缺陷:

1) 焊接材料不合格。手工焊采用的是焊条,自动焊采用的是焊丝和焊剂。实际工程中通常容易出现三个问题:一是焊接材料本身质量有问题;二是焊接材料与母材不匹配;三是不注意焊接材料的烘焙工作。

2) 焊接引起焊缝热影响区母材的塑性和韧性降低,使钢材硬化、变脆和开裂。

3) 因焊接产生较大的焊接残余变形。

4) 因焊接产生严重的残余应力或应力集中。

5) 焊缝存在的各种缺陷。如裂纹、焊瘤、边缘未熔合、未焊透、咬肉、夹渣和气孔等等。

(4) 钢结构运输、安装和使用维护中的缺陷

钢结构在工厂制作完成后,运至现场安装,安装完毕进入使用期。可能遇到以下缺陷:

1) 运输过程中引起结构或构件较大的变形和损伤。

2) 吊装过程中引起结构或构件较大的变形和局部失稳。

3) 安装过程中没有足够的临时支撑或锚固,导致结构或构件产生较大变形,丧失稳定性,甚至倾覆。

4) 现场焊接及螺栓连接质量达不到设计要求。

5) 使用期间由于地基不均匀沉陷、温度应力以及人为因素造成的结构损坏。

6) 不能做到定期维护,致使结构腐蚀严重,影响结构的耐久性。

### 6.1.2 钢结构缺陷的检测方法

**1. 钢材化学成分缺陷的检测**

钢材化学成分缺陷的检测其实就是化学成分的化验问题。目前可采用的检测方法和手段有很多,例如,质谱仪、色谱仪、光谱仪、核磁共振等。试验方法,通常用直径为 6mm 的钻头,从钢材中钻取试样。常规分析需试样 50～60g。

**2. 钢材冶金及轧制缺陷的检测**

钢材常见的冶金和轧制缺陷有很多种,通常采用宏观检查、机械法以及超声波探伤相结合进行检测。例如气泡的检测,首先是宏观检查确定部位,然后用手锤敲打凸包处,如听有声响便是气泡。

**3. 构件加工制作缺陷的检测**

钢构件加工制作缺陷主要是各工序造成的尺寸超公差,因此可采用肉眼和普通的量测工具对构件进行检查。通常检测的子项如下:

1）构件的外观检查。

2）构件制作允许偏差检查。

3）构件制孔的允许偏差检查。

4）构件螺栓孔距的允许偏差检查。

5）构件端部铣平的允许偏差检查。

6）磨光顶紧的构件组装面检查。

7）构件的裂缝检查。

裂缝检查可采用包有橡皮的木锤轻敲构件各部分,如声音不清脆、传音不匀,可确定有裂缝损伤。也可用 10 倍以上放大镜观察构件表面,如发现油漆表面有直线形黑褐色锈痕、油漆表面有细直裂纹,构件就有可能存在裂缝。还可在有裂缝处用滴油剂方法检查,不存在裂缝时油渍呈圆弧状扩散,有裂缝时油渗入裂缝呈线状伸展。

**4. 钢结构连接缺陷的检测**

（1）铆钉连接缺陷检测

铆钉连接缺陷检测着重于使用阶段的切断、松动和掉头,同时也检查建造时留下的缺陷。铆钉检查采用目测或敲击方法或二者结合,工具是木锤、卷尺、弦线和10 倍以上放大镜。

（2）螺栓连接缺陷检测

除上述方法外,对螺栓连接检查尚需特殊显示扳手测试。高强螺栓连接摩擦面的检测十分重要。摩擦面通常采用酸洗、喷砂、砂轮打磨三种方法。Q235 和 16Mn钢材采用上述三种方法生成浮锈的摩擦系数试验值如表 6.1 所示。摩擦系数的影响因素很多,如摩擦面状态、钢材强度、表面浮锈、表面涂层、油污以及处理方法等都会降低摩擦系数。

**表 6.1　摩擦系数试验值**

| 加工方法 | 钢 种 | 生锈天数 | 摩擦系数 $f$ 试验值 | |
|---|---|---|---|---|
| | | | 变动范围 | 平均值 |
| 酸洗 | Q235 | 0 | — | — |
| | | 20 | 0.582～0.694 | 0.643 |
| | 16Mn | 0 | 0.252～0.396 | 0.308 |
| | | 20 | 0.428～0.638 | 0.576 |
| 喷砂 | Q235 | 0 | — | — |
| | | 20 | 0.565～0.619 | 0.587 |
| | 16Mn | 0 | 0.603～0.741 | 0.666 |
| | | 20 | 0.633～0.742 | 0.679 |
| 砂轮打磨 | Q235 | 0 | — | — |
| | | 20 | 0.581～0.728 | 0.652 |
| | 16Mn | 0 | | 0.545 |
| | | 20 | 0.594～0.882 | 0.721 |

　　钢结构采用高强螺栓连接,施工完毕后再检测其摩擦系数往往比较困难,因此通常在施工前对摩擦面的抗滑移系数进行复验。关于抗滑移系数试验和复检详见《钢结构工程施工质量验收规范》(GB50205-2001)附录 B 内容。

　　(3) 焊接连接缺陷的检测

　　焊接连接缺陷的检测主要是焊缝缺陷的检测,检测方法包括普通方法和精确方法。普通方法检查指外观检查、钻孔检查等;精确方法检查指在普通方法基础上用射线探伤、超声波探伤、磁粉探伤进行补充检查。以上三种无损检测方法目前应用均十分普遍,其各自的优缺点比较如表 6.2 所示。

**表 6.2　无损检测常用方法种类及优缺点**

| 种类 | 优 点 | 缺 点 |
|---|---|---|
| 射线探伤法 | 1. 能有效地检查出整个焊缝透照区内所有缺陷<br>2. 缺陷定性及定量迅速、准确<br>3. 相片结果能永久记录并存档 | 1. 检查时间长、成本高<br>2. 需建造一个专门的曝光室<br>3. 需要有专门处理胶片的暗室及设备<br>4. 能发现厚度方向尺寸较大的缺陷,但平行于钢板轧制方向的缺陷检测能力差<br>5. T 型接头及各种角焊缝检查困难<br>6. 现场及野外操作时,射线防护困难 |

| 种类 | 优 点 | 缺 点 |
|---|---|---|
| 超声波探伤法 | 1. 探伤速度快、效率高<br>2. 不需要专门的工作场所,设备轻巧、机动性强、野外及高空作业方便、实用<br>3. 探测结果不受焊缝接头形式的影响,除对接焊缝外,还能检查 T 形接头及所有角焊缝<br>4. 对焊缝内危险性缺陷(包括裂纹、未焊透、未溶合)检测灵敏度高<br>5. 易耗品极少,检查成本低 | 1. 探测结果判定困难、操作人员须经专门培训并经考核合格<br>2. 缺陷定性及定量困难<br>3. 探测结果的正确评定受人为因素的影响较大<br>4. 缺陷真实形状与探测结果判定有一定误差<br>5. 探测结果不能直接记录存档 |
| 磁粉探伤法 | 1. 对铁磁性材料表面及近表面缺陷探测灵敏度高<br>2. 操作简单、探测速度快、成本低<br>3. 缺陷显示直观,结果可靠 | 1. 不适用于非导磁材料的检测<br>2. 工件内部缺陷无法检测<br>3. 被检工件表面需达到一定的光洁度<br>4. 与磁力线平行的缺陷不易检出 |

缺陷的位置不同、形状不同均对探测结果有较大影响,分别如表 6.3 和表 6.4 所示。

表 6.3　缺陷位置对探测结果的影响

| 探测方法＼缺陷位置 | 表面开口性缺陷 | 近表面缺陷 | 内部缺陷 |
|---|---|---|---|
| 射线探伤法 | 合适 | 合适 | 合适 |
| 超声波探伤法 | 一般 | 一般 | 合适 |
| 磁粉探伤法 | 合适 | 合适 | 困难 |

表 6.4　缺陷形状对探测结果的影响

| 探测方法＼缺陷形状 | 片状夹渣 | 气孔 | 未焊透 | 表面裂缝和气孔 |
|---|---|---|---|---|
| 射线探伤法 | 一般 | 合适 | 合适 | 一般 |
| 超声波探伤法 | 合适 | 一般 | 合适 | 困难 |
| 磁粉探伤法 | 困难 | 困难 | 困难 | 合适 |

综上所述,各种检测方法存在各自的优缺点和适用范围,在实际应用中,应结合钢结构对焊缝的质量要求综合选用。一般焊缝的质量等级为一级、二级和三级,其检测方法如表 6.5 所示。

表 6.5　焊缝不同质量等级的检测方法

| 焊缝质量级别 | 检查方法 | 检查数量 | 备　　注 |
|---|---|---|---|
| 一级 | 外观检查 | 全部 | |
| | 超声波检查 | 全部 | |
| | X 射线检查 | 抽查焊缝长度的 2%，至少应有一张底片 | 缺陷超过规范规定时，应加倍透照，若不合格，应 100%透照 |
| 二级 | 外观检查 | 全部 | |
| | 超声波检查 | 抽查焊缝长度的 50% | 有疑点时，用 X 射线透照复验，如发现有超标缺陷，应用超声波全部检查 |
| 三级 | 外观检查 | 全部 | |

5. 钢结构在运输、安装和使用维护中的缺陷检测

在该阶段，缺陷主要表现为钢结构或构件的过大变形、失稳以及耐久性问题，因此检测方法主要依靠人工和测量仪器等常规方法。

钢结构在安装过程中的检查项目如表 6.6 所示，项目检查过程其实也就是缺陷检查过程。

表 6.6　钢结构安装过程检查项目一览表

| 项目 | 项目检查 |
|---|---|
| 高强螺栓检查 | 1. 摩擦面确认检查<br>2. 出厂前组装的高强螺栓施工记录复核检查 |
| 涂层检查 | 1. 构件被涂表面的处理情况检查<br>2. 误涂、漏涂、无脱皮和除锈检查<br>3. 涂层外观检查<br>4. 干漆膜允许偏差检查 |
| 安装检查 | 1. 检查构件出厂合格证明及附件<br>2. 构件外观检查<br>3. 钢结构安装允许偏差检查<br>4. 安装焊缝质量检查<br>5. 高强螺栓初拧、终拧质量检查<br>6. 高强螺栓接头外观检查<br>7. 终拧扭矩检查<br>8. 扭剪型高强螺栓终拧检查<br>9. 补刷漆膜完整性检查<br>10. 干漆膜允许偏差检查 |

### 6.1.3　钢结构缺陷的处理和预防

综上所述,钢结构的缺陷有先天性的材质缺陷和后天性设计、加工制作、安装和使用缺陷。当缺陷超过了有关规范的要求时,将对钢结构的各项性能构成有害影响,成为事故的潜在隐患,因此必须对缺陷进行处理和预防。

钢结构的材质缺陷应由冶金部门把关,从炼钢工艺上得到根本解决。

钢结构的加工制作、安装及使用缺陷的处理与预防应从以下几方面入手:

1) 钢结构设计人员应重视钢结构的节点构造设计。合理的节点构造将会大大降低应力集中、残余应力、残余变形等缺陷的影响程度。

2) 钢结构制造厂应重视加工制作过程中各个环节工艺的合理性和设备的先进性,尽量减少手工作业,力求全自动化,并加强质量的监控和检验工作。

3) 钢结构施工单位应重视安装工序的合理性、人员的高素质以及现场质量检验工作,尤其不可忽视临时支撑和安全措施。

4) 钢结构的使用单位应重视定期维护工作,保证必要的耐久性。

# 6.2　钢结构事故种类及表现

### 6.2.1　钢结构的材料事故

钢结构所用材料主要包括钢材和连接材料两大类。钢材常用种类为 Q235、16Mn、15MnV 等,连接材料有铆钉、螺栓和焊接材料。材料本身性能的好坏直接影响到钢结构的可靠性,当材料的缺陷累计或严重到一定程度将会导致钢结构事故的发生。

1. 材料事故的类型及产生的原因

材料事故可概括为两大类:裂缝事故和倒塌事故。裂缝事故主要出现在钢结构基本构件中;倒塌事故则指因材质原因引起的结构局部倒塌或整体倒塌。

钢结构材料事故的产生原因如下:

1) 钢材质量不合格。

2) 铆钉质量不合格。

3) 螺栓质量不合格。

4) 焊接材料质量不合格。

5) 设计时选材不合理。

6) 制作时工艺参数不合理,钢材与焊接材料不匹配。

7) 安装时管理混乱,导致材料混用或随意替代。

2. 材料事故的处理方法

材料事故最常见的是构件裂缝,而且裂缝纯属材料本身不合格所引起。处理方法如下：

(1) 钢材和连接材料的复检

认真复检钢材及连接材料的各项指标，以确认事故原因。

1) 钢材应符合《碳素结构钢》(GB /T700-1988)和《低合金结构钢》(GB /T 1591-1994)中相关规定。

2) 焊接材料应符合《碳钢焊条》(GB/T 5117-1995)、《低合金钢焊条》(GB /T 5118-1995)等相关标准规定。

3) 螺栓材料应符合《紧固件机械性能》(GB3098-2000)、《钢结构用高强度大六角螺栓、大六角螺母、垫圈型式尺寸与技术条件》(GB/T 1228-1231-9)和《钢结构用扭剪型高强度螺栓连接型式尺寸及技术条件》(GB3633-83)等有关规定。

(2) 材料原因引起开裂的处理

如果构件裂缝的确是材料本身的原因，通常应采用加固或更换构件的处理方法。

(3) 轻微开裂的处理

如果结构不重要、构件的裂纹细小时，也可用下列方法处理：

1) 用电钻在裂缝两端各钻一直径约 12～16mm 的圆孔(直径大致与钢板厚度相等)，裂缝末端必须落入孔中，减少裂缝处应力集中。

2) 沿裂缝边缘用气割或风铲加工成 K 形坡口。

3) 裂缝端部及焊缝侧金属预热到 150～200℃，用焊条堵焊裂缝，堵焊后用砂轮打磨平整为佳。

4) 对于铆钉连接附近的构件裂缝，可采用在其端部钻孔后，用高强螺栓封住。

(4) 构件钢板夹层缺陷的处理

钢板夹层是钢材最常见的缺陷之一，往往在构件加工前不易发现，当发现时已成半成品或成品，或者已用于结构投入使用。下面分几类构件介绍钢板夹层处理方法。

1) 桁架节点板夹层处理。对于屋盖结构承受静载或间接动载的桁架节点板，当夹层深度小于节点板高度的 1/3 时，应将夹层表面铲成 V 形坡口，作焊合处理；当允许在角钢和节点板上钻孔时，也可用高强螺栓拧合；当夹层深度等于或大于节点板 1/3 高度时，应将节点板作拆换处理。

2) 实腹梁、柱翼缘板夹层处理。当承受静载的实腹梁和实腹柱翼缘有夹层存在时，可按下述方法处理：

① 在一半长度内，板夹层总长度(连续或间断)不超过 200mm，夹层深度不超过翼缘板断面高度 1/5 且不大于 100mm 时，可不作处理继续使用。

② 当夹层总长度超过 200mm，而夹层深度不超过翼缘断面高度 1/5，可将夹层表面铲成 V 形坡口予以焊合。

③ 当夹层深度未超过翼缘断面高度 1/2 时，可在夹层处钻孔，用高强螺栓拧合，此时应验算钻孔所削弱的截面；当夹层深度超过翼缘断面高度 1/2 时，应将夹

层的一边翼缘板全部切除，另换新板。

（5）焊缝裂纹处理

对于焊缝裂纹，原则上要刨掉重焊（用碳弧气刨或风铲），但对承受静载的实腹梁翼缘和腹板处的焊缝裂纹，可采用在裂纹两端钻上止裂孔，并在两板之间加焊短斜板方法处理，斜板厚度应大于裂纹长度。

3．事故实例分析

【例6.1】 某车间钢屋架的钢材存在先天性裂缝。

（1）工程及事故概况

某车间为5跨单层厂房，全长759m，宽159m，屋盖共有钢屋架118榀，其中40榀屋架下弦角钢为2∟160×14，其肢端普遍存在不同程度的裂缝（见图6.3）。裂缝深2～5mm，个别达20mm，裂缝宽0.1～0.7mm，长0.5～10m不等。

（2）原因分析

经取样检验，该批角钢材质符合 $A_3F$ 标准，估计裂缝是在钢材生产过程中形成；由于现场缺乏严格的质量检验制度，管理混乱，而将这批钢材用到工程上。

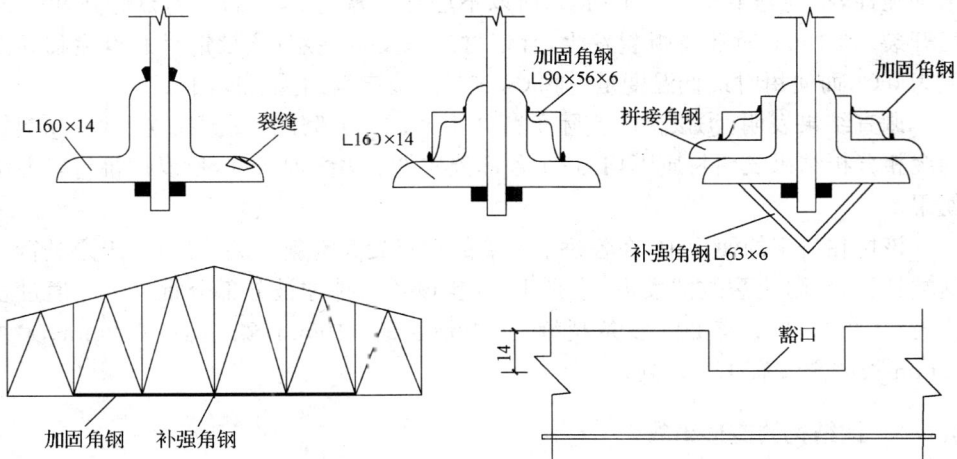

图6.3 下弦加固实例

（3）处理措施

由于角钢裂缝造成截面削弱、强度与耐久性降低，因此必须采取加固处理措施。

1）加固原则。加固钢材截面一律按已知裂缝最大深度20mm加倍考虑，并与屋架下弦中心基本重合，不产生偏心受拉，其断面按双肢和对称考虑，钢材焊接时，要求不损害原下弦拉杆并要防止结构变形。

2）加固方法。在下弦两侧沿长度方向各加焊一根规格为∟90×56×6的不等边角钢。加固长度为：当端节间下弦无裂缝时，仅加固到第二节点延伸至节点板一端；当端节间下弦有裂缝时，则按全长加固。加固角钢在屋架下弦节点板及下弦拼接板范围之内,均采用连续焊缝连接,其余部位采用间断焊缝与下弦焊接。若加固角钢与原下弦拼接角钢相碰,则在相碰部位切去14mm,切除部分两端应加工成弧形,并另在底部加焊一根∟63×6(材质为$A_3F$)角钢加强。若在屋架下弦节点及拼接板处有裂缝,则均在底部加焊一根∟63×6角钢,加固角钢本身的拼接在端头适当削坡等强对接,但要求与原下弦角钢拼接错开不少于500mm。所有下弦角钢裂缝部分用砂轮将表面打磨后,再用直径3mm焊条电焊封闭,以防锈蚀。焊条用T42。

**【例6.2】** 哈尔滨某钢桥因材质问题开裂。

(1) 工程及事故概况

哈尔滨滨洲城松花汀大桥为铆接钢结构,77m跨的有8孔,33.5m跨的有11孔。该桥1901年由俄国建造,1914年发现裂缝,裂纹大部分在钢板的边缘或铆钉周围、呈辐射状。

(2) 原因分析

经试验证明,该桥钢材是从比利时买进的马丁炉钢,脱氧不够。由于FeO及S增加脆性,特别是金相颗粒不均匀,所以不适宜低温加工,母材冷弯试验在90℃时已开裂,到180℃时还有断裂发生,且钢材边缘发现夹层;该批钢材的冷脆临界温度为0℃,而使用时最低温度是−40℃,这是造成裂缝的重要原因。

调查结果表明:①该桥的实际负荷并不大;②大部分裂纹不在受力处;③钢材的金相分析结果表明材质不均匀;④各部分构件受力情况较好,所以钢桥可以继续使用。

该桥在后来的使用中,在各桥端节点的铆钉处又有新的裂纹出现,于是进行了缝端钻孔,以阻止裂纹的发展,直到1970年该桥构件才被分部分批换下。通过复检,换下的构件上有200多条裂缝,其中最长的110mm,宽0.1~0.2mm;大约50mm长的裂纹有150余处。

### 6.2.2 钢结构的变形事故

钢结构具有强度高、塑性好的特点,尤其是冷弯薄壁型钢的应用和轻型钢结构的迅速发展,致使目前的钢结构截面越来越小,板厚及壁厚越来越薄。再加上原材料以及加工、制作、安装、使用工程中的缺陷和不合理的工艺等原因,钢结构的变形问题更加突出,因此对钢结构变形事故应引起足够的重视。

1. 钢结构变形的类型及产生的原因

钢结构的变形可分为总体变形和局部变形两类。

总体变形是指整个结构的外形和尺寸发生变化,出现弯曲、畸变和扭曲等,如图6.4所示。

局部变形是指结构构件在局部区域内出现变形。例如,构件凹凸变形、端面的角变位、板边褶皱波浪形变形等,如图6.5所示。

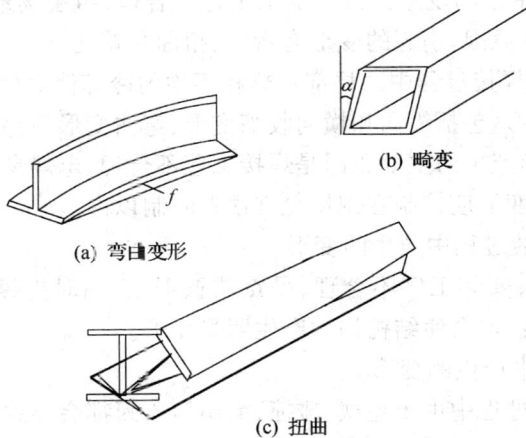

(b) 畸变

(a) 弯曲变形

(c) 扭曲

图 6.4 总体变形

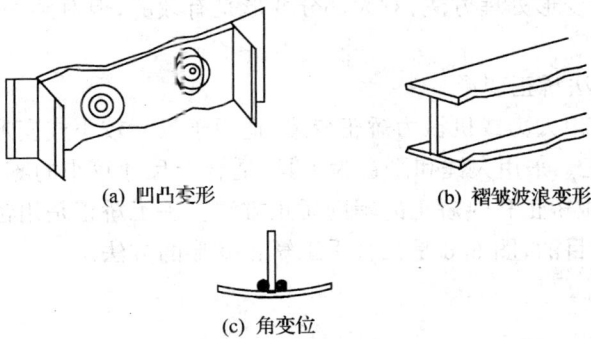

(a) 凹凸变形

(b) 褶皱波浪变形

(c) 角变位

图 6.5 局部变形

总体变形与局部变形在实际的工程结构中有可能单独出现,但更多的是组合出现。无论何种变形都会影响到结构的美观,降低构件的刚度和稳定性,给连接和组装带来困难,尤其是附加应力的产生,将降低构件的承载力,影响到整体结构的安全。

钢结构产生变形的原因如下:

(1) 钢材的初始变形

钢结构所用的钢材常由钢厂以热轧钢板和热轧型钢供应。热轧钢板厚度为4.5~16.0mm,薄钢板厚度为0.35~4.0mm;热轧型钢包括角钢、槽钢、工字钢、H形钢、钢管、C形钢、Z形钢,其中冷弯薄壁型钢厚度在2~6mm。

钢材由于轧制及人为因素等原因,时常存在初始变形,尤其是冷弯薄壁型钢。因此在钢结构构件制作前必须认真检查材料,矫正变形,不允许超出钢材规定的变形范围。

(2) 加工制作中的变形

1) 冷加工产生的变形。剪切钢板产生变形,一般为弯扭变形,窄板和厚板变形大一点;刨削以后产生的弯曲变形,窄板和薄板变形大一点。

· 165 ·

2) 制作、组装带来的变形。由于加工工艺不合理、组装场地不平整、组装方法不正确、支撑不当等原因,引起的变形有弯曲、扭曲和畸变。

3) 焊接变形。焊接过程中的局部加热和不均匀冷却使焊件产生变形。焊接变形又称焊接残余变形,包括纵向和横向收缩变形、弯曲变形、角变形、波浪变形和扭曲变形等。焊接变形产生的主要原因是焊接工艺不合理、电焊参数选择不当和焊接遍数不当等。焊接变形应控制在制造允许误差限制以内。

（3）运输及安装过程中产生的变形

运输中不小心、安装工序不合理、吊点位置不当、临时支撑不足、堆放场地不平,尤其是强迫安装,均会使结构构件产生明显变形。

（4）使用过程中产生的变形

钢结构在使用过程中由于超载、碰撞、高温等原因都会导致变形。

2. 钢结构变形事故处理方法

下面介绍的变形处理方法,对大部分变形是有效的,但对某些特殊变形可能矫正不完全。

（1）冷加工法矫正变形

冷加工法是用人力或机械力矫正变形,适用于尺寸较小或变形较小的构件。

1) 手工矫正。采用大锤和平台为工具,适合于尺寸较小的零件的局部变形矫正,也可作为机械矫正和热矫正的辅助矫正方法。手工矫正是用锤击使金属延伸,达到矫正变形的目的,图 6.6 是几种手工矫正变形的方法。

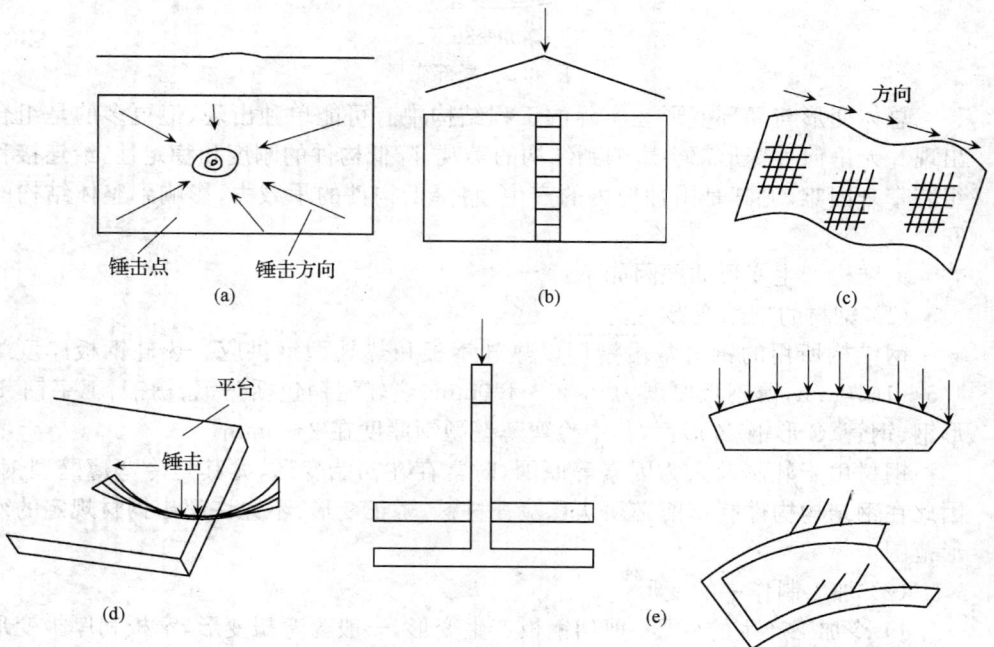

图 6.6　手工矫正方法

图 6.6(a),钢板置于平台上,凸面向上,中厚板大锤敲击凸出处可矫正过来,薄板要以凸面为中心,从外围由远到近,由重到轻,击打凸面周围,使板件逐渐平整,最后轻微打击凸处。

图 6.6(b),零件置于平台上,锤击凸起部位,击点距离要适当,锤击应一遍遍进行,击力由小到大。

图 6.6(c),将折皱零件置于平台上,在弓形两端划好方格线,按方格由外向内、由重到轻、由密到稀锤击,锤击点要呈梅花形交叉。

图 6.6(d),将扭曲板条置于平台上,用锤击支承点外侧板条边缘(翘起边),大体矫正后,在平台上矫正凹凸不平处。

图 6.6(e),T 形钢和槽钢弯曲变形,见凸就锤击,要掌握好支撑点距离、锤击点位置和轻重,重点是锤击"突肋"。

2)机械矫正。采用简单弓架、千斤顶和各种机械来矫正变形。表 6.7 是几种机械矫正变形的方法及适用范围。

表 6.7 机械矫正变形的方法及适用范围

| 机械类别 | | 示意图 | 适用范围 |
|---|---|---|---|
| 拉伸机矫正 | | | 薄板凹凸及翘曲矫正,型材扭曲矫正、管材、线材、带材矫直 |
| 压力机矫正 | | | 管材、型材、杆件的局部变形矫正 |
| 辊式机矫正 | 正辊 | 角钢 | 板材、管材矫正,角钢矫直 |
| | 斜辊 | | 圆截面管材及棒材矫正 |
| 弓形矫正 | | 变形型钢 | 型钢弯曲变形(不长)矫正 |
| 千斤顶矫正 | | 垫梁 千斤顶 | 杆件局部弯曲变形矫正 |

冷加工矫正方法必须是杆件和板件无裂纹、缺口等损伤,机械施力应逐渐增加,变形消失后应使压力保持一段时间。

(2) 热加工法矫正变形

我国目前采用乙炔气和氧气混合燃烧火焰为热源,对变形结构构件加热,使其产生新的变形,来抵消原有的变形。正确使用火焰和温度是其关键。加热方式有点状加热、线状加热(直线、曲线、环线、平行线和网线)和三角形加热之分,如图6.7所示。

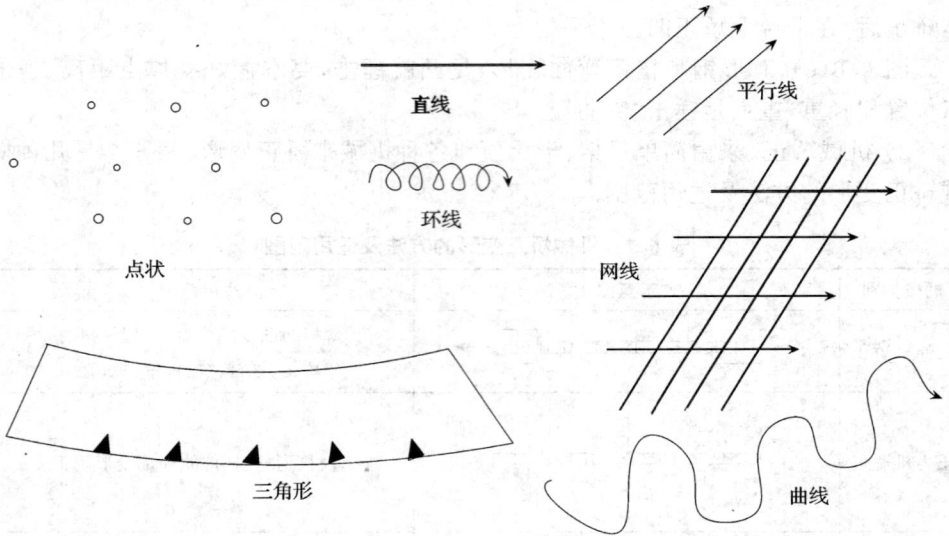

图 6.7　矫正变形的加热方式

热矫正方法要根据实际情况,首先了解变形情况,分析变形原因,测量变形大小,做到心中有数;其次确定矫正顺序,原则上是先整体变形矫正,后局部变形矫正。角变形一般先矫正,而凹凸变形则后矫正;其三确定加热部位和方法,由几名工人同时加热效果较佳,有些变形单靠热矫正有困难,可以借助辅助工具对适当部位进行拉、压、撑、顶、打等,加热位置应尽量避开关键部位,避免同一位置反复多次加热;最后选定合适的火焰和加热温度。矫正后要对构件进行修整和检查,如图6.8所示。

图6.8(a)板件凹凸变形:凹凸变形范围较小,可用点状加热矫正;凹凸变形范围较大,用线状(平行线或网状)加热矫正。矫正顺序由凸面周围对称地逐渐向凸面中心进行,范围大时可由几名工人同时操作。

图6.8(b)折皱变形:变形较小,以平行线方式加热为主;变形较大,应以三角形方式加热为主。两种方式综合矫正效果更好。平行线和三角形加热都应从凸起的两侧开始,向最高处围绕。平行线宽15~20mm,线距80mm;三角形常用顶角

30°,腰长 80mm,左右等腰三角形,一般 1m 内 1 至 3 个为宜。

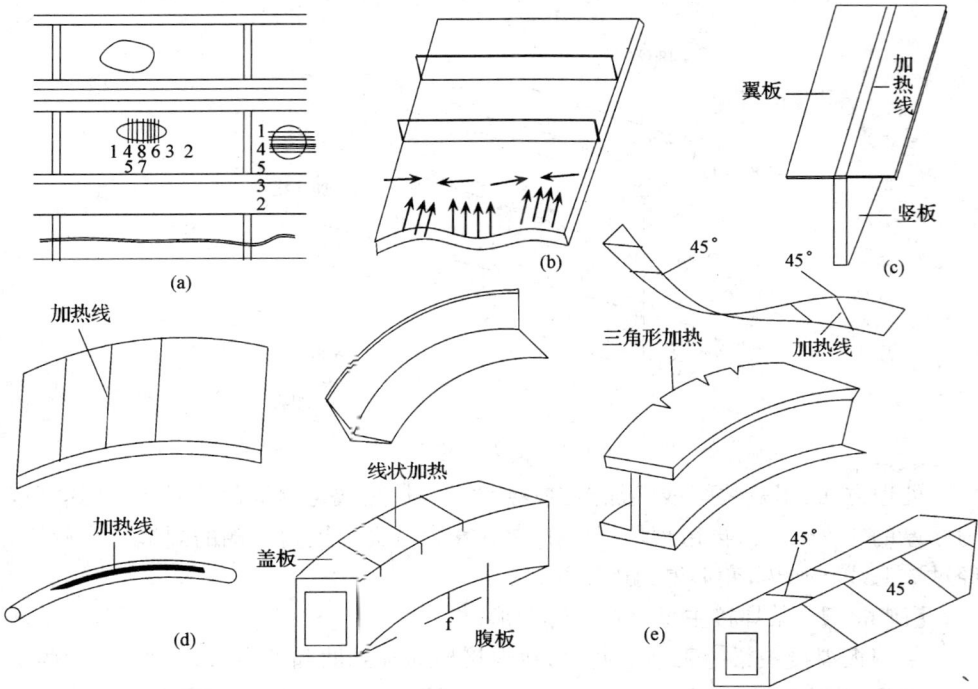

图 6.8　热矫正方法

图 6.8(c)角变形:在翼缘板凸面与焊缝对应位置用线状加热,线宽为(0.5~2)$t$,加热深度为(1/2~1/3)$t$($t$ 为翼缘板厚)。

图 6.8(d)弯曲变形:厚板弯曲可在凸面最高点附近线状加热,一次矫正不过来,在两侧附近再加热,加热深度同角变位;钢管弯曲在凸起处点状加热,加热移动要迅速,一次矫正不过来,可再次加热,但加热点位置与前次要错开,加热深度等于管壁厚;型钢弯曲在凸起的一侧用三角形加热,三角形底边在边缘上,加热深度为翼缘厚度,三角形高度为型钢宽的 1/5~2/3;箱形构件弯曲在上盖板上线状加热,加热深度等于盖板厚度,线宽为板的 2 倍厚度,同时在两侧腹板上三角形加热(最好位于隔板处),深度等于腹板厚度,三角形高为腹板高的 1/6~2/5。

图 6.8(e)扭曲变形:板条扭曲变形,将其置于平台上,在凸面线状加热,加热线与板条长边夹角为 45°,加热线宽度一般取板厚的 1~2 倍,深度为板厚的 1/2~2/3,加热由板条中部开始向两端进行,矫正后如仍有残留弯曲变形,可用三角形加热法进行弯曲变形矫正;箱形构件扭曲,将其置于平台上,在两腹板的外侧线状加热,由两端向中间进行,加热线宽度和深度同上,再在两盖板外侧线状加热矫正。

3. 事故实例分析

【例 6.3】 某桥主梁变形。

某桥主梁为 24m 跨工字形焊接钢板梁，上翼缘因焊前预弯量不够，焊后产生角变形；下翼缘因拼装不正确，加上焊接引起下翼缘与腹板不垂直（见图 6.9）。

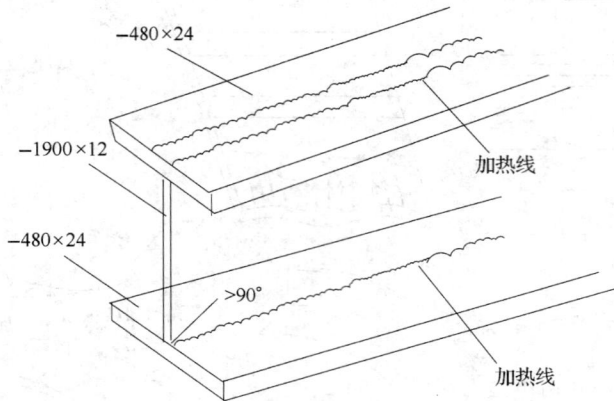

图 6.9　主梁角变位校正

处理方法：用氧炔焰线状加热上翼缘外侧，加热线与焊缝部位对应，加热深度为板厚的 1/2～2/3；再用火焰线状加热下翼缘与腹板钝角一侧的焊缝上侧腹板，经过数遍线状加热，变形得到逐步纠正。

【例 6.4】　某焊接主梁腹板局部变形。

某钢板焊接主梁为工字形截面，在焊接横向加劲肋和节点板（水平）之后腹板产生凹凸变形，凹凸范围为 300～600mm 的圆形，深度 3～6mm（见图 6.10）。

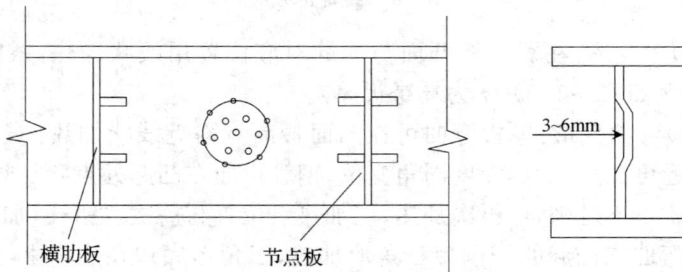

图 6.10　凹凸变形矫正

处理方法：用中性火焰缓慢地点状加热腹板凸面，加热点直径一般为 50～80mm，加热深度同腹板厚度，然后对微有不平处，垫以平锤击打。

【例 6.5】　某焊接主梁总体变形事故。

某 24m 跨焊接工字形钢板梁，在焊接横向加劲肋和水平节点板后，梁发生向上以及向侧面弯曲变形（见图 6.11）。

处理方法：用中性火焰先处理旁弯，在上下翼缘的凸侧，有横向加肋部位进行三角形加热，加热深度等于翼缘板厚度；为纠正向上弯曲，用中性火焰线状加热上翼缘上平面，加热带宽度为 80mm，同时在拱起最大的梁中部有肋处，以三角形加

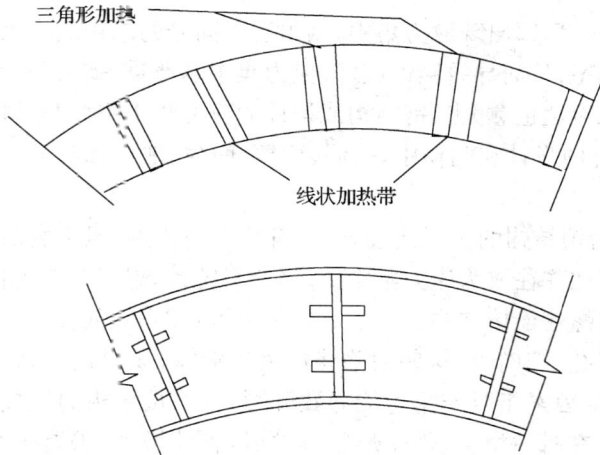

图 6.11　梁弯曲矫正

热腹板上部两侧,加热深度等于腹板厚度。

## 6.2.3　钢结构的脆性断裂事故

钢结构的脆性断裂是指钢材或钢结构在低名义应力(低于钢材屈服强度或抗拉强度)情况下发生的突然断裂破坏。钢结构的脆性断裂通常具有以下特征:

1)破坏时的应力常小于钢材的屈服强度 $f_y$,有时仅为 $f_y$ 的 0.2。

2)破坏之前没有显著变形,吸收能量很小,破坏突然发生,无事故先兆。

3)断口平齐光亮。

由于脆性断裂的突发性,往往会导致灾难性后果。因此,作为钢结构专业技术人员,应该高度重视脆性破坏的严重性并加以防范。

### 1. 脆性断裂产生的原因

虽然钢结构的塑性很好,但仍然会发生脆性断裂,这是由于各种不利因素综合影响或作用的结果,主要原因可归纳为以下几方面:

(1)材质缺陷

当钢材中碳、硫、磷、氧、氮、氢等元素的含量过高时,将会严重降低其塑性和韧性,脆性则相应增大。通常,碳导致可焊性差;硫、氧导致"热脆";磷、氮导致"冷脆";氢导致"氢脆"。另外,钢材的冶金缺陷,如偏析、非金属夹杂、裂纹以及分层等也将大大降低钢材抗脆性断裂的能力。

(2)应力集中

钢结构由于孔洞、缺口、截面突变等缺陷不可避免,在荷载作用下,这些部位将产生局部高峰应力,而其余部位应力较低且分布不均匀的现象称为应力集中。我们通常把截面高峰应力与平均应力之比称为应力集中系数,以表明应力集中的严重程度。

当钢材在某一局部出现应力集中,则出现了同号的二维或三维应力场,使材料不易进入塑性状态,从而导致脆性破坏。应力集中越严重,钢材的塑性降低愈多,同时脆性断裂的危险性也愈大。钢结构或构件的应力集中主要与其构造细节有关:

1)在钢构件的设计和制作中,孔洞、刻槽、凹角、缺口、裂纹以及截面突变等缺陷在所难免。

2)焊接作为钢结构的主要连接方法,有众多的优点,但不利的是,焊缝缺陷以及残余应力的存在往往成为应力集中源。据资料统计,焊接结构脆性破坏事故远远多于铆接结构和螺栓连接结构。主要有以下原因:①焊缝或多或少存在一些缺陷,如裂纹、夹渣、气孔、咬肉等,这些缺陷将成为断裂源;②焊接后结构内部存在的残余拉应力,与其他因素组合作用可能导致开裂;③焊接结构的连接往往刚性较大,当出现多焊缝汇交时,材料塑性变形很难发展,脆性增大;④焊接使结构形成连续的整体,一旦裂缝开展,就可能一裂到底,不像铆接或螺栓连接,裂缝一遇螺孔就会终止。

(3)使用环境

当钢结构受到较大的动载作用或者处于较低的环境温度下工作时,钢结构脆性破坏的可能性增大。

众所周知,温度对钢材的性能有显著影响。当温度升高时,钢材的强度及弹性模量 $E$ 均有变化,一般是强度降低,塑性增大。温度在 200℃ 以内时,钢材的性能没有多大变化。但在 250℃ 左右时钢材的抗拉强度反弹,$f_y$ 有较大提高,而塑性和冲击韧性下降,出现所谓的"蓝脆现象",此时进行热加工,钢材易发生裂纹。当温度达 600℃,$f_y$ 及 $E$ 均接近于零,钢结构几乎完全丧失承载力。

当温度在 0℃ 以下,随温度降低,钢材强度略有提高,而塑性和韧性降低,脆性增大。尤其是当温度下降到某一温度区间时,钢材的冲击韧性急剧下降,出现低温脆断。通常又把钢结构在低温下的脆性破坏称为"低温冷脆"现象,产生的裂纹称为"冷裂纹"。因此,在低温下工作的钢结构,特别是受动力荷载作用的钢结构,钢材应具有负温冲击韧性的合格保证,以提高抗低温脆断的能力。

(4)钢板厚度

随着钢结构向大型化发展,尤其是高层钢结构的兴起,构件钢板的厚度大有增加的趋势。钢板厚度对脆性断裂有较大影响,通常钢板越厚,脆性破坏倾向愈大。"层状撕裂"问题应引起高度重视。

综上所述,材质缺陷、应力集中、使用环境以及钢板厚度是影响脆性断裂的主要因素,其中应力集中的影响尤为重要。在此值得一提的是,应力集中一般不影响钢结构的静力极限承载力,在设计时通常不考虑其影响。但在动载作用下,严重的应力集中加上材质缺陷、残余应力、冷却硬化、低温环境等往往是导致脆性断裂的根本原因。

## 2. 脆性断裂的防治措施

钢结构设计是以钢材的屈服强度 $f_y$ 作为设计依据,它避免不了结构的脆性断裂。随着现代钢结构的发展以及高强钢材的大量采用,防止其脆性断裂已显得十分重要。一般从以下几方面入手:

### (1) 合理选择钢材

钢材通常选用的原则是既保证结构安全可靠,同时又要经济合理,节约钢材。具体而言,应考虑到结构的重要性、荷载特征、连接方法以及工作环境,尤其是在低温下承受动载的重要的焊接结构,应选择韧性高的材料和焊条。另外,改进冶炼方法,提高钢材断裂韧性,也是减少脆断的有效途径。

### (2) 合理设计

合理的设计应该在考虑材料的断裂韧性水平、最低工作温度、荷载特征、应力集中等因素后,再选择合理的结构型式,尤其是合理的构造细节十分重要。设计时应力求使缺陷引起的应力集中减少到最低限度,尽量保证结构的几何连续性和刚度的连贯性。比如,把结构设计为超静定结构并采用多路径传力可减少脆性断裂的危险;接头或节点的承载力设计应比其相连的杆件强 20%~50%;构件截面在满足强度和稳定的前提下应尽量宽而薄。

### (3) 合理制作和安装

就钢结构制作而言,冷热加工易使钢材硬化变脆,焊接尤其易产生裂纹、类裂纹缺陷以及焊接残余应力。就安装而言,不合理的工艺容易造成装配残余应力及其他缺陷。因此制定合理的制作安装工艺并以减少缺陷及残余应力为目标是十分重要的。

### (4) 合理使用及维修措施

钢结构在使用时应力求满足设计规定的用途、荷载及环境,不得随意变更。此外,还应建立必要的维修措施,监视缺陷或损坏情况,以防患于未然。

## 3. 事故实例

【例 6.6】 加拿大杜佩里西斯大桥脆性断裂。

1951 年 1 月 31 日,加拿大魁北市的杜佩里西斯(Duplessis)全焊接钢板大桥(建于 1947 年)整跨脆断落于冰冻的河中,当时的气温为 $-35℃$。该桥其中 6 跨的跨度为 54.88m,2 跨的跨度为 45.73m,在使用 27 个月后,桥的东端曾发现裂纹,曾经用钢板焊补过。

【例 6.7】 辽阳太子河桥脆性断裂。

我国辽阳太子河桥,跨度 33m,1973 年初大桥桁架的第一根斜拉杆断裂,桥架的第二节间下挠达 50mm,如图 6.12 所示。

但奇怪的是,在此拉杆断裂后竟然还前后通过了 10 次列车而未发生事故。发现后立即抢修加固,并于 1974 年换了新桥。

【例 6.8】 中国北海油田"海宝"号海洋钻井平台脆性断裂。

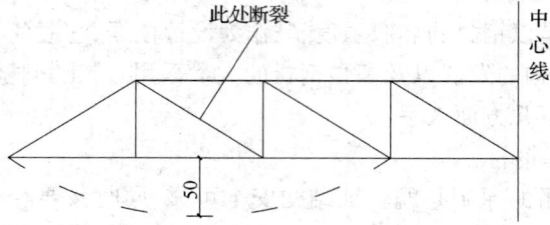

图 6.12　太子河桥斜拉杆断裂示意图

北海油田"海宝"号海洋钻井平台由长 75m、宽 27.5m、高 3.95m 的巨型浮船构成,并安装有钻机、井架、减速箱和调节装置。1965 年 12 月 27 日在气温为 3℃时发生井架倒塌和下沉。当时船上有 32 人,其中 19 人丧生。到事故发生时,"海宝"号海洋钻机已运转了约 1345h。调查发现,事故是因某连接杆的脆性破坏引起的。该杆破坏时的实际应力低于所用钢材的屈服强度;连接杆的上部因角半径很小,应力集中系数达 7.0;同时钢材的冲击韧性很低,在 0℃时仅为 10.8～31J,并有粗大的晶粒,所有这些因素导致了连接杆的低温脆性断裂,从而导致整个结构的倒塌。

### 6.2.4　钢结构的疲劳破坏事故

1. 疲劳破坏的概念及其影响因素分析

钢结构的疲劳破坏是指钢材或构件在反复交变荷载作用下,在拉应力远低于抗拉极限强度甚至屈服点的情况下发生的一种破坏。就断裂力学的观点而言,疲劳破坏是从裂纹起始、扩展到最终断裂的过程。

疲劳破坏与静力强度破坏是截然不同的两个概念。它与塑性破坏、脆性破坏相比,具有以下特点:

1) 疲劳破坏是钢结构在反复交变动载作用下的破坏形式,而塑性破坏和脆性破坏是钢结构在静载作用下的破坏形式。

2) 疲劳破坏虽然具有脆性破坏特征,但不完全相同。疲劳破坏经历了裂缝起始、扩展和断裂的漫长过程,而脆性破坏往往是无任何先兆的情况下瞬间突然发生。

3) 就疲劳破坏断口而言,一般分为疲劳区和瞬断区(见图 6.13)。疲劳区记载了裂缝扩展和闭合的过程,颜色发暗,表面有较清楚的疲劳纹理,呈沙滩状或波纹状。瞬断区真实反映了当构件截面因裂缝扩展削弱到临界尺寸时脆性断裂的特点,瞬断区晶粒粗亮。

疲劳是一个十分复杂的过程,从微观到宏观,疲劳破坏受到众多因素的影响,尤其是对材料和构件静力强度影响很小的因素,对疲劳影响却非常显著,例如构件的表面缺陷、应力集中等。

自 1972 年里海大学 J. W. Fisher 提出疲劳设计新概念至今,各国普遍公认,影响钢结构疲劳破坏的主要因素是应力幅、构造细节和循环次数,而与钢材的静力强

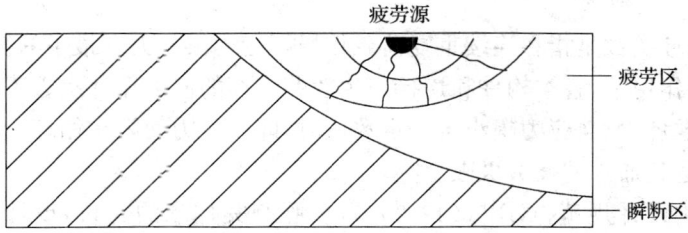

图 6.13 疲劳断口分区

度和最大应力无明显关系,该观点尤其对焊接钢结构更具有正确性。

（1）应力幅 $\Delta\sigma$

应力幅 $\Delta\sigma$ 为应力谱中最大应力与最小应力之差,即 $\Delta\sigma=\sigma_{max}-\sigma_{min}$,$\sigma_{max}$ 为每次应力循环中的最大拉应力(取正值),$\sigma_{min}$ 为每次应力循环中的最小拉应力(取正值)或压应力(取负值)。如果重复作用的荷载数值不随时间变化,在所有应力循环内的应力幅保持常量,发生常幅疲劳,如果在应力循环内的应力幅随时间随机变化,则发生变幅疲劳。另外,除应力幅 $\Delta\sigma$ 外,应力比 $\rho=\sigma_{min}/\sigma_{max}$ 也是标志应力谱特征的参量。

影响疲劳强度的主要因素是应力幅 $\Delta\sigma$ 而不是 $\sigma_{max}$,原因如下:焊接结构由于在焊缝及其附近主体金属通常均存在残余应力,有时其数值高达屈服点 $f_y$ 值,故在反复荷载作用下的实际应力循环,最大拉应力是从 $f_y$ 开始,即 $\sigma_{max}=f_y$,然后下降到 $\sigma_{min}$ 再升至 $f_y$。因此无论是何种应力谱,都可用 $\Delta\sigma=\sigma_{max}-\sigma_{min}$ 表示其应力幅,且只要它们的应力幅相等,不论其循环特征有无差异,名义最大应力是否大小一样,其疲劳强度均相同。

（2）构造细节

应力集中对钢结构的疲劳性能影响显著,而构造细节是应力集中产生的根源。构造细节常见的不利因素如下:

1）钢材的内部缺陷,如偏折、夹渣。

2）制作过程中剪切、冲孔、切割。

3）焊接结构中产生的残余应力。

4）焊接缺陷的存在,如:气孔、夹渣、咬肉、未焊透等。

5）非焊接结构的孔洞、刻槽等。

6）构件的截面突变。

7）结构由于安装、温度应力、不均匀沉降等产生的附加应力集中。

针对构件细节对疲劳强度的影响,《钢结构设计规范》(GB50017-2003)中把构造和连接形式按应力集中的影响程度由低到高分为八类。第一类为基本无应力集中影响的无连接处的主体金属,第八类则为应力集中最严重的角焊缝,具体分类见《钢结构设计规范》(GB50017-2003)附录 E。

（3）循环次数 $N$

应力循环次数是指在连续重复荷载作用下应力由最大到最小的循环次数。在不同应力幅作用下,各类构件和连接产生疲劳破坏的应力循环次数不同,应力幅愈大,循环次数愈少。当应力幅小于一定数值时,即使应力无限次循环,也不会产生疲劳破坏,即达到通称的疲劳极限。

《钢结构设计规范》(GB50017-2003)参照有关标准的建议,设计中将 $n=2\times 10^6$ 次视为各类构件和连接疲劳容许应力幅对应的循环次数,将 $n=5\times 10^6$ 次视为各类构件和连接疲劳极限对应的应力循环次数。

**2. 提高和改善疲劳性能的措施**

由疲劳性能的三个影响因素来看,应力幅 $\Delta\sigma$ 及循环次数 $n$ 是客观存在的事实,因此,提高和改善疲劳性能的途径只有从减小应力集中入手。具体措施如下:

1）精心选材。对用于动载作用的钢结构或构件,应严格控制钢材的缺陷,并选择优质钢材。

2）精心设计。力求减少截面突变,避免焊缝集中,使钢结构构造做法合理化。

3）精心制作。使缺陷、残余应力等减小到最低程度。

4）精心施工。避免附加应力集中的影响。

5）精心使用。避免对结构的局部损害,如划痕、开孔、撞击等。

6）修补焊缝。目的是缓解缺陷产生的应力集中,方法如下:

① 对于对接焊缝,磨去焊缝表面部分,如对接焊缝的余高。如果焊缝内部无显著缺陷,疲劳强度可以提高到和母材相同。

② 对于角焊缝,应打磨焊趾。焊缝的趾部时常存在咬肉(咬边)等切口,且有焊渣侵入。因此,要得到较好的效果,必须如图 6.14 所示 $B$ 缝那样,不仅磨去切口,还要将板磨去 0.5mm,以除去侵入的焊渣。这种做法虽然使钢板截面稍有削弱,但影响并不大。如果像图中 $A$ 缝那样磨去部分焊缝,就得不到改善的效果。图 6.14 所示为横向角焊缝,对于纵向角焊缝,则可打磨它的端部,使截面变化趋于缓和,打磨后的表面不应有明显刻痕。

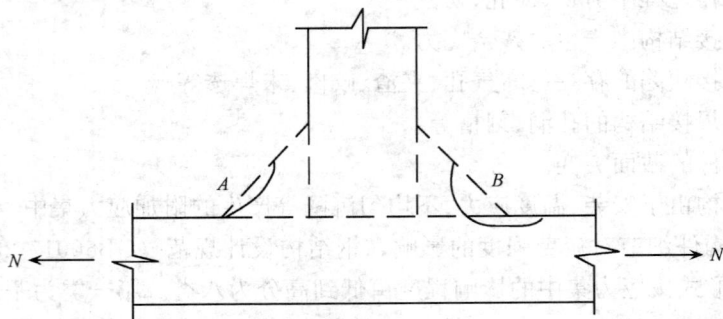

图 6.14　角焊缝打磨

③ 对于角焊缝的趾部,用气体保护钨弧重新熔化,可以起到消除切口的作用。此方法在不同应力幅的情况下疲劳寿命都能同样提高。

④ 在焊缝及附近金属表层采用喷射金属丸粒或锤击等方法增加局部残余压应力,是改善疲劳性能的一个有效方法。残余压应力和锤击造成的冷作硬化均会使疲劳强度提高,同时尖锐切口也被缓减。

总之,依靠精心的选材、设计、制作、安装和使用,再加上焊接之后的一些特殊工艺措施,可以达到提高和改善疲劳性能的作用。

3. 事故实例分析

【例 6.9】 某厂铆接吊车梁的疲劳破坏。

某厂均热炉车间 43~45 号柱之间 15m 变截面铆接吊车梁,1987 年 9 月 29 日,该梁的右端变截面处的下翼缘和腹板发生突发性撕裂,主断口处于变截面转折处。

在进行铆接吊车梁破坏原因调查时,对该吊车梁的使用(即吊车运行)情况进行了较详细的调查。调查结果如下:均热炉车间厂房跨度 36m,车间内设置了前苏联生产的 50t 钳式吊车 3 台,太原产 50/20t 钳式吊车 1 台。自 1960 年 7 月投产至吊车梁发生破坏,已使用 27 年。该车间钳式吊车停止运行时间是:每次小修(每周一次)停 4~8h,每次中修(年度检修)停 10~18d,每次大修(每次一周期)停 30d。平均每年工作 326d,每天实际工作 17h,每小时运行 15 次,荷载循环次数为 2.245×10^6 次。该吊车无超负荷使用史,吊车梁发生破坏时的起重量为 13.5t。

以上调查数据表明:该吊车梁已超过疲劳寿命。但就一般情况而言,荷载循环次数达到了疲劳周期不一定就产生损伤,况且因该梁正处在运行的极端位置,吊车运行只能到达梁的中部,可梁的破坏部位不是在吊车运行最频繁的 43 号柱那一端,而是在受力状态较好的 45 号柱一端。

分析其原因有二:一是现场调查发现,在制作安装时,因铆钉孔不对位而被扩大,减少了母材的受力面积;二是组成该吊车梁下翼缘的主体金属,在破坏端有晶格缺陷。由于这些原因,降低了构件的强度和疲劳寿命。

【例 6.10】 某厂作业平台装料机轨道梁的疲劳破坏。

某厂作业平台装料机焊接实腹轨道梁长 12m,高 1.6m。该梁于 1980 年开始使用,在 1990 年检查厂房结构时,发现梁的两端受压区主焊缝出现裂纹,左端裂纹长 1.5m,右端裂纹长 2.0m,均呈贯通性裂纹。当年年底对裂纹进行了修补。修补后的轨道梁使用 3 年后,又出现更为严重的破坏:梁上翼缘板与腹板的连接焊缝全部开裂,梁腹板多处错位,梁中段腹板最大错位达 109mm,梁上轨道因梁腹板变位下沉而折断成 3 节,装料机被迫停止运行。

从现场调查来看,该梁在制作阶段和加固阶段存在着严重的缺陷:梁的上翼缘板属多板拼接,而且拼接焊缝质量差,坡口过小,根本没有焊透,外观检查有可见的孔洞、焊瘤、气泡等缺陷;修补后的主焊缝,焊缝严重偏离或高度不足。造成构件早期疲劳破坏的主要原因为:一是构件制作质量差;二是由于生产工艺的影响,在带有腐蚀介质 $SO_2$ 的湿热环境中( $SO_2$ 浓度 $1.144 \sim 1.956 mg/m^3$ ,相对湿度 $68\% \sim 100\%$ ,温度 $44 \sim 61°C$ ),腐蚀介质和交变应力对构件的共同作用,产生的腐蚀疲劳;三是对已出现裂纹的构件采用的修补方法不正确。

该平台装料机轨道梁的疲劳破坏带来的经济损失也是巨大的。从事故中可以得到如下启示。

1) 对结构应细致检查。疲劳破坏,不管是高周疲劳还是低周疲劳,裂纹都有一个发展的过程,在使用中必须进行定期检查,以减免事故的发生。

2) 对于超重级工作制吊车梁使用 20 年以上或重级工作制吊车梁在达到疲劳周期时,要特别注意检查吊车梁的各部位,一旦发现与疲劳有关的裂纹应立即采取有效的补救措施,把事故消灭在萌芽状态。

3) 对于已出现裂纹的构件修复时,应优先采用更换的办法。对已出现裂纹的焊缝补焊时,必须先用风铲或碳弧气刨清根,直至焊肉,然后重新施焊;补焊时一定要控制好焊接电流和焊条的直径,以保证焊缝厚度的增加量每道不超过 2mm,后加的焊缝要在前一道降温到 $100°C$ 以后才能进行。

### 6.2.5 钢结构的失稳事故

**1. 钢结构失稳的类型及产生的原因**

失稳也称为屈曲,是指钢结构或构件丧失了整体稳定性或局部稳定性,属于承载力极限状态范围。由于钢结构强度高,用它制成的构件比较细长,截面相对较小,组成构件的板件宽而薄,因而在荷载作用下容易失稳成为钢结构最突出的一个特点。因此在钢结构设计中稳定性比强度更为重要,它往往对承载力起控制作用。

钢结构的失稳事故可分为整体失稳事故和局部失稳事故两大类,其各自产生的原因如下:

(1) 整体失稳事故原因分析

1) 设计错误。设计错误主要与设计人员的水平有关。如,缺乏稳定概念;稳定验算公式错误;只验算基本构件的稳定,忽视整体结构的稳定验算;计算简图及支座约束与实际受力不符,设计安全储备过小等。

2) 制作缺陷。制作缺陷通常包括构件的初弯曲、初偏心、热轧冷加工以及焊接产生的残余变形等。这些缺陷将对钢结构的稳定承载力产生显著影响。

3) 临时支撑不足。钢结构在安装过程中,当尚未完全形成整体结构之前,属几何可变体系,构件的稳定性很差。因此必须设置足够的临时支撑体系来维持安装过程中的整体稳定性。若临时支撑设置不合理或者数量不足,轻则会使部分构件丧失稳定,重则造成整个结构在施工过程中倒塌或倾覆。

4) 使用不当。结构投入使用后,使用不当或意外因素也是导致失稳事故的主因。例如,随意改造使用功能;改变构件的受力状态;有积灰或增加悬吊设备引起的超载;基础的不均匀沉降和温度应力引起的附加变形;意外的冲击荷载等。

（2）局部失稳事故原因分析

局部失稳主要是针对构件而言,其失稳的后果虽然没有整体失稳严重,但对以下原因引起的失稳也应引起足够的重视。

1）设计错误。设计人员忽视甚至不进行构件的局部稳定验算,或者验算方法错误,致使组成构件的各类板件宽厚比和高厚比大于规范限值。

2）构造不当。通常在构件局部受集中力较大的部位,原则上应设置构造加劲肋。另外,为了保证构件在运输过程中不变形也须设置横隔、加劲肋等。但实际工程中,加劲肋数量不足、构造不当的现象比较普遍。

3）原始缺陷。原始缺陷包括钢材的负公差超过规定,制作过程中焊接等工艺产生的局部鼓曲和波浪形变形等。

4）吊点位置不合理。在吊装过程中,尤其是大型的钢结构构件,吊点位置的选定十分重要。吊点位置不同,构件受力状态也不同。有时构件内部过大的压应力将会导致构件在吊装过程中局部失稳。因此,在钢结构设计中,针对重要构件应在图纸中说明起吊方法和吊点位置。

2. 钢结构失稳的处理与防范

当钢结构发生整体失稳事故而倒塌后,整个结构已经报废,事故的处理已没有价值,只剩下责任的追究问题。但对于局部失稳事故可以采取加固或更换板件的做法。所以,钢结构失稳事故应以防范为主,应该遵守以下原则:

（1）设计人员应强化稳定设计理念

1）结构的整体布置必须考虑整个体系及其组成部分的稳定性要求,尤其是支撑体系的布置。

2）结构稳定计算方法的前提假定必须符合实际受力情况,尤其是支座约束的影响。

3）构件的稳定计算与细部构造的稳定计算必须配合,尤其要有强节点的概念。

4）强度问题通常采用一阶分析,而稳定问题原则上应采用二阶分析。

5）叠加原理适用于强度问题,不适用于稳定问题。

6）处理稳定问题应有整体观点,应考虑整体稳定和局部稳定的相关影响。

（2）制作应力求减少缺陷

在常见的众多缺陷中,初弯曲、初偏心、残余应力对稳定承载力影响最大,因此,制作时应通过合理的工艺和质量控制措施将缺陷减少到最低程度。

（3）施工应确保安装过程中的安全

施工单位只有制定科学的施工组织设计,采用合理的吊装方案,精心布置临时支撑,才能防止钢结构安装过程中失稳,确保结构安全。

（4）正确使用钢结构建筑物

一方面,使用单位要注意对已建钢结构的定期检查和维护;另一方面,当需要进行工艺流程和使用功能改造时,必须与设计单位或有关专业人士协商,不得擅自增加负荷或改变构件受力。

**3. 事故实例分析**

【例6.11】 23榀大跨轻钢屋架倒塌。

（1）事故概况

河北省某厂铸造车间,厂房总长83m,分三期建成。第一期工程于1983年10月完工,共15间,开间3.3m。为钢筋混凝土吊车梁,三铰拱式轻钢屋架。屋面为轻钢檩条,上铺木望板,挂水泥瓦。屋架下弦标高10.5m,砖墙承重。第二期工程为由原车间向东接建8个开间,开间尺寸4m,屋架下弦标高8.25m。其余同第一期工程。第三期工程于1984年7月开始在室内增建两排钢筋混凝土柱,横向柱距16.5m,纵向柱距与厂房开间相同。南排柱紧靠厂房南墙,柱顶为现浇钢筋混凝土吊车梁,设3t和5t吊车各一台。于1986年1月投入使用,厂房的平、剖面示意图如图6.15所示。该工程未经正式设计单位设计,未考虑抗震设计,并由非正式施工单位施工。1987年11月27日下午2时10分,厂房中工人正在浇注铁水,突然有一根屋架上弦支撑的圆钢掉下来,接着发现屋架下弦严重下垂,从室外看屋盖上弦三角形变为"人"字形。至2时52分,屋顶开始掉灰尘,紧接着整个屋盖23榀三铰拱式轻钢屋架全部倒塌。顶部部分墙体倒塌。幸运的是车间人员发现险情后,迅速撤出,只有3人受轻伤,未造成重大伤亡。但造成严重的直接和间接经济损失。

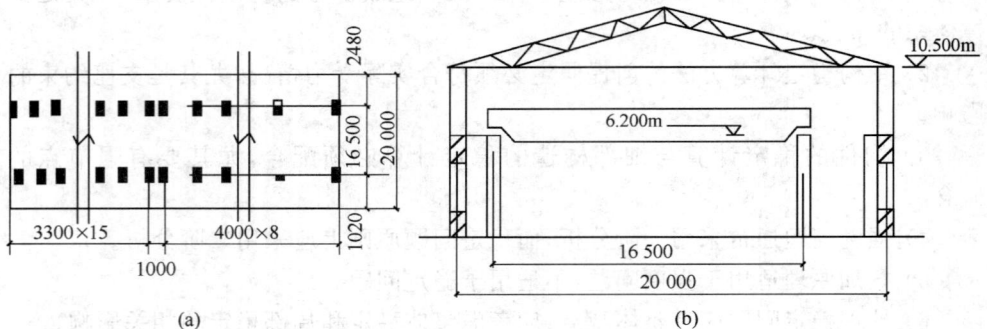

图6.15 厂房平面及剖面示意图

（2）事故原因分析

1）屋架选型不当。该厂房为热加工车间,跨度为20m。内设吊车2台,处于7度地震区。厂房跨度大,有振动荷载,并且处于高温工作环境。对于这种情况,屋盖结构本来应适当加强,但设计中却选用了单榀和整体刚度都很差的三铰拱式轻钢屋架。建筑科学研究院标准所和铁道部建厂工程局合编的《轻钢结构设计资料集》

明确指出:"三铰拱屋架由于拱拉杆比较柔细,不能承压,并且无法设置垂直支撑和下弦水平支撑,整个屋盖结构的刚度较差,故不宜用于有振动荷载以及屋架跨度超过 18m 的工业房屋。"重庆钢铁设计研究总院编的《工业厂房钢结构设计手册》也指出:"轻钢屋架不宜用于高温房屋中。当跨度大于 18m 时,必须经过试验研究,证明确能保证安全并满足使用要求后方可使用。"显然,本工程设计与上述安全要求不符。

2)屋架上弦斜梁不满足整体稳定性要求。屋架上弦斜梁采用空间桁架式结构,三角形组合截面,上弦为双角钢,下弦为单根圆钢。原《钢结构设计规范》(TJ17-74)中规定:"三铰拱屋架的三角形截面组合斜梁,为了满足整体稳定性要求,其截面高度与斜梁长度约比值不得小于 1/18。"实际工程中,一般采用 1/15 左右。而本工程斜梁高跨比只有 0.5/10.8＝1/21.6,远不能满足整体稳定性要求。

3)屋架斜梁上、下弦杆强度不足。屋架斜梁上弦采用 2∟50×5 角钢,下弦采用 1φ20 圆钢。经复算,在正常荷载作用下,上弦压应力为 183.1MPa,下弦拉应力达 363.5MPa,均大于其允许应力。

4)不应采用砖墙承重方案。第一期工程屋架下弦标高 10.5m,这样高的厂房,采用带墙垛砖墙承重是不安全的。相关文件曾明确指出:"单层房屋,凡柱高在 9m 和 9m 以上的,不论房屋跨度大小和承重大小,都不得采用砖柱。"对于此类建筑,应采用钢筋混凝土柱。

5)未做抗震设计。该工程位于 7 度地震区,而设计中未考虑抗震设防。

综上所述,这次严重的房屋倒塌事故,是结构设计失误所致。由于屋架选型不当,并且上弦斜梁稳定性、强度均不满足要求,加之厂房过高而采用砖墙承重方案,因而屋架上弦斜梁严重下垂直至失稳造成屋盖塌落,并将部分墙体拉倒。据厂方反映,很早以前屋面就有下垂现象,严重处达 100mm 之多,即房屋结构从一开始就因设计错误而先天不足。天长日久积灰增多,雨、雪又使屋面荷载增大(11 月 24 日下小雨,25 日、26 日雨加雪,27 日房屋倒塌),吊车振动(倒塌时 5t 吊车正在运行)等,都是造成事故的诱因,而根本原因是结构设计问题。

(3)应吸取的教训

结构设计时,对方案的研究和主要受力构件的选型应十分谨慎。对有振动荷载或跨度大于 18m 的建筑不要选用轻钢屋架。凡柱高在 9m 或 9m 以上的,不论房屋跨度大小和承重大小均不得采用砖排架承重方案。

1)严禁在施工和使用中超载,严禁随意在屋架上增加荷载。对积灰较多的厂房,除设计时必须按规定考虑积灰荷载外,使用中应指定专人负责,定期进行清扫,以防给屋架增加负担。

2)应加强对建筑设计施工的管理,严禁无证设计、无证施工。

### 6.2.6 钢结构的锈蚀事故

钢结构生锈腐蚀会引起构件截面减小,承载力下降,尤其是因腐蚀产生的"锈坑"将使钢结构的脆性破坏的可能性增大。再者,在影响安全性的同时,也将严重的影响钢结构的耐久性,使得钢结构的维护费用昂贵。据有关资料统计,世界钢结构的产量约十分之一因腐蚀而报废。因此,开展钢结构锈蚀事故的分析研究有重要的意义。

**1. 锈蚀的类型及影响因素**

(1) 锈蚀的类型

通常,我们将钢材由于和外界介质相互作用而产生的损坏过程称为"腐蚀"。有时也叫"钢材锈蚀"。钢材锈蚀,按其作用可分为以下两类:

1) 化学腐蚀。化学腐蚀是指钢材直接与大气或工业废气中含有的氧气、碳酸气、硫酸气或非电介质液体发生表面化学反应而产生的腐蚀。

2) 电化学腐蚀。电化学腐蚀是由于钢材内部有其他金属杂质,它们具有不同的电极电位,在与电介质或水、潮湿气体接触时,产生原电池作用,使钢材腐蚀。

实际工程中,绝大多数钢材锈蚀是电化学腐蚀或化学腐蚀与电化学腐蚀同时作用的结果。

(2) 不同环境下的腐蚀因素分析

1) 大气腐蚀。钢材暴露在大气环境条件下,由于大气中水和氧等物质的作用而引起的腐蚀,称为大气腐蚀。这种腐蚀的主要影响因素为湿度、降水量、日照量、大气污染物质等。

2) 淡水腐蚀。淡水腐蚀是指不含盐、碱和酸等的水的腐蚀。这种腐蚀的重要影响因素有温度、氧气浓度等。淡水中常溶解有钙、镁等矿物,其含量高时,称为硬水。在硬水中,钢材的腐蚀速度有所减慢,因为碳酸钙等沉积在钢材表面会阻碍氧气的通过,因而使腐蚀速度减慢。

3) 酸腐蚀。这种腐蚀的主要影响因素为氢离子浓度、酸的类型和温度等。

4) 碱腐蚀。这种腐蚀的主要影响因素有温度、压力、pH 值和碱金属种类(一般认为碱金属的原子量越大,腐蚀性越强)等。

5) 盐类腐蚀。这种腐蚀的主要影响因素有盐的种类、浓度、温度等。

6) 海水腐蚀。这种腐蚀的主要影响因素有与海水介质的接触深度、海水流速、海生物、海水温度等。

7) 土壤腐蚀。这种腐蚀的主要影响因素有土壤性质(孔隙率和孔隙结构、含水量、电阻率、酸碱度、含盐量)、杂散电流和微生物等。

除了上述外,还有有机系非水溶剂的腐蚀、高温腐蚀、应力腐蚀和电腐蚀等。

**2. 钢结构锈蚀处理及防腐方法**

(1) 新建钢结构防锈

新建钢结构应根据使用性质、环境介质等制定防锈方法,一般有涂料敷盖法和金属敷盖法。

涂料敷盖法,即在钢材表面敷盖一层涂料,使之与大气隔绝,以防锈蚀。主要施工工艺有:表面除锈、涂底漆、涂面漆。

金属敷盖法,即在钢材表面镀上一层其他金属。所镀金属可使钢材与其他介质隔绝,也可能是镀层金属的电极电位更低于铁,起到牺牲阳极(镀层金属)保护阴极(铁)的作用。

(2)原有钢结构锈蚀处理

1)锈蚀程度的分级和检查。

①锈蚀程度分级。锈蚀损坏程度一般可分为五级:

A级——良好。构件基本没有锈蚀,涂层漆膜还有光泽;个别构件可有少量锈点。

B级——局部锈蚀。构件基本没有锈蚀,面漆有局部脱落,底漆完好;个别构件有少量锈点,或构件边象、死角、缝隙、隐蔽部分有锈蚀。

C级——较严重。构件局部锈蚀,面漆脱落面积达20%左右,底漆也有局部锈透,其基本金属完好,应进行维护准备工作。

D级——严重。构件锈蚀面积达40%左右,面漆大片脱落,但基本金属没有破坏,应立即进行维护工作。

E级——特别严重。基本金属已有锈蚀,应立即测量构件断面削弱程度,计算是否需要更换或采取加固等措施。

②重点检查部位。根据腐蚀理论及实际经验,除一般检查外,下列构件或部位应严格检查:埋入地下的或地面附近部位;可能存积水或遭受水蒸气侵蚀部位;干湿交替构件;易积灰且湿度大的构件;组合截面净空小于12mm,难以涂刷油漆的部位;屋盖结构、柱与屋架节点、吊车梁与柱节点、钢悬索节点部位。

总之,一般室外钢结构比室内易锈蚀;湿度大易积灰部位易锈蚀;焊接节点处易锈蚀;难以涂刷到的部位易锈蚀。这些部位检查时应特别注意。

(3)钢结构涂层腐蚀调查内容

钢结构防腐调查内容一般包括工程概况、腐蚀级别的确定、腐蚀情况分析和钢结构防锈方案设计四个部分。

1)工程概况。内容包括结构形式、厂房环境情况(如腐蚀介质种类、浓度,年平均相对湿度,气温,厂房内热源温度,是否有水蒸气、粉尘等)。

2)腐蚀级别的确定。根据有关评价腐蚀的标准,进行外观、锈蚀率、附着力调查,然后将不同构件或不同部位的钢结构进行评级,为制定防锈方案提供依据。

3)腐蚀情况分析。腐蚀情况分析包括引起不同程度腐蚀的原因、构造的合理性、涂料选择的合理性等的分析。

4)防锈方案设计。根据以上几项内容和相关规范,提出具体的防锈方案,包括构造处理、涂料的选择、涂层厚度的确定及具体施工方案。

3. 事故实例分析

**【例 6.12】** 悬索结构屋顶塌落。

(1) 事故概况

上海市某研究所食堂工程为 17.5m 直径圆形砖墙加扶壁柱承重的单层建筑。檐口总高度为 6.4m,中部内环部分高 4.5m。屋盖采用 17.5m 直径的悬索结构,主要由沿墙钢筋混凝土外环和型钢内环(直径 3m)以及 90 根直径为 7.5mm 的钢绞索组成,将预制钢筋混凝土异形板搭接于钢绞索上,板缝内浇筑配筋混凝土,屋面铺油毡防水层,板底平顶粉刷。屋盖平面与剖面示意见图 6.16。该工程于 1960 年建成交付使用。

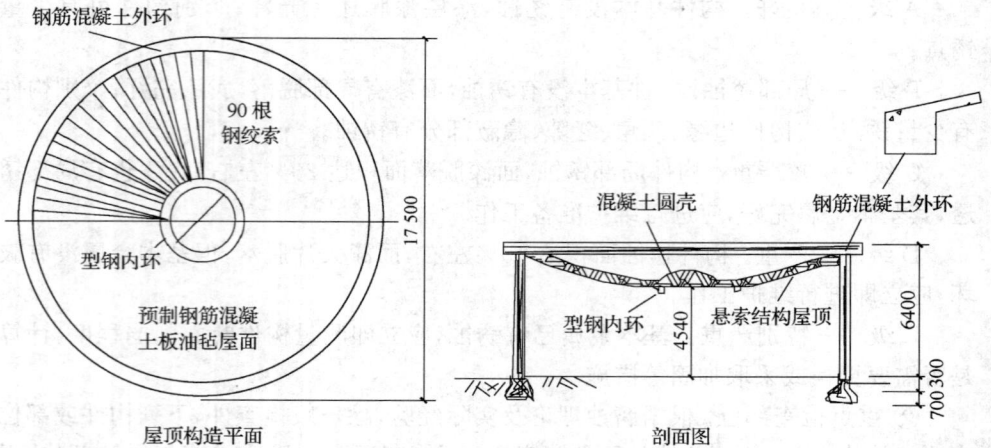

图 6.16 屋盖平面与剖面示意

1983 年 9 月 22 日 20 时 30 分左右,值班人员突然听见一闷声巨响,随之大量尘垢随气流从食堂内涌出,此时屋盖已整体塌落。经检查 90 根钢绞索全部沿周边折断,门窗大部分被振裂,但周围砖墙和圈梁均无塌陷损坏迹象。因倒塌发生在晚上,无人员伤亡,经济损失严重。

(2) 事故原因与分析

该工程是一项实验性建筑,其目的是通过该工程探索大跨度悬索结构屋盖的应用技术,并通过试验获得必要的资料和积累施工经验。1965 年因该院搬迁,停止了专门的观察。20 余年来该建筑物使用情况正常,除曾因油毡屋面局部渗漏,作过一般性修补外,悬索部分因被油毡面层和平顶粉刷所掩蔽,未能发现其锈蚀情况,塌落前也未见任何异常迹象。

屋盖塌落后,上海市建委会同有关部门组织了设计、施工、科研等 12 个单位的工程技术人员进行了现场调查,原施工单位介绍了当时的施工情况。经综合分析认为,屋盖的塌落主要与钢绞索的锈蚀有关,而钢绞索的锈蚀除与屋面渗水有关外,另一主要原因是食堂的水蒸气上升,上部通风不良,因而加剧了钢绞索的大气电化学腐蚀和某些化学腐蚀(如盐类腐蚀)。由于长时间腐蚀,钢索断面减小,承载能力降低,当超过极限承载能力后断裂。

(3) 结论及教训

1) 悬索结构的设计与施工经验不足,尤其是对钢索的保护防锈、夹头处理以及钢索通过钢筋混凝土外环的节点和灌浆等方面的问题,还需进一步研究改进。

2) 对于实验性建筑应指定专门人员作长时间的观察,该工程如能及早发现钢绞索锈蚀的严重情况,就可能防止屋盖倒塌。

### 6.2.7 钢结构的火灾事故

**1. 火灾对钢结构的危害**

火灾是一种失去控制的燃烧过程,火灾可分为"大自然火灾"和"建筑物火灾"两大类。所谓大自然火灾是指在森林、草场等自然区发生的火灾,而建筑物火灾是指发生于各种人为建造的物体之中的火灾。事实证明,建筑火灾发生的次数最多、损失最大,约占全部火灾的80%左右。

耐火性差是钢结构的又一大缺点。因此一旦发生火灾,钢结构很容易遭受破坏而倒塌。最为典型的火灾案例为美国纽约世贸中心大楼在2001年9.11事件中的轰然倒塌,这是历史上火灾给钢结构带来的最大灾难。

**2. 钢结构在火灾中的失效分析**

钢材的力学性能对温度变化很敏感。由图6.17可见,当温度升高时,钢材的屈服强度$f_y$、抗拉强度$f_u$和弹性模量$E$的总趋势是降低的,但在200℃以下时变化不大。当温度在250℃左右时,钢材的抗拉强度$f_u$反而有较大提高,而塑性和冲击韧性下降,此现象称为"蓝脆现象"。当温度超过300℃时,钢材的$f_y$、$f_u$和$E$开始显著下降,而塑性伸长率$\delta$显著增大,钢材产生徐变。当温度超过400℃时,强度和

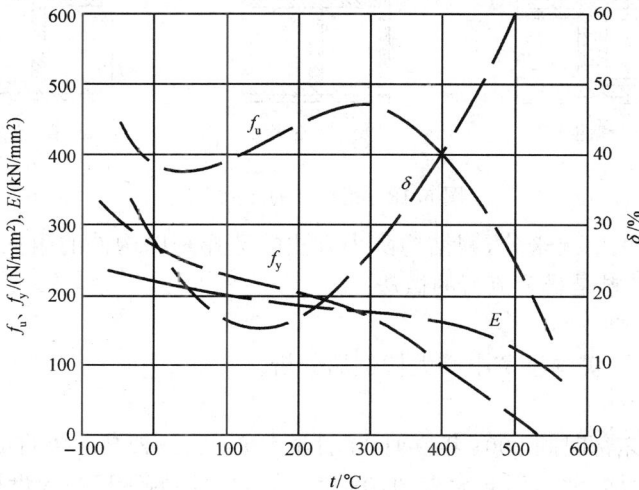

图6.17 温度对钢材力学性能的影响

弹性模量都急剧降低。达 600℃ 时，$f_y$、$f_u$ 和 $E$ 均接近于零，其承载力几乎完全丧失。因此，我们说钢材耐热不耐火。

当发生火灾后，热空气向构件传热主要是辐射、对流，而钢构件内部传热是热传导。随着温度的不断升高，钢材的热物理特性和力学性能发生变化，钢结构的承载能力下降。火灾下钢结构的最终失效是由于构件屈服或屈曲造成的。

钢结构在火灾中失效受到各种因素的影响，例如钢材的种类、规格、荷载水平、温度高低、升温速率、高温蠕变等。对于已建成的承重结构来说，火灾时钢结构的损伤程度还取决于室内温度和火灾持续时间，而火灾温度和作用时间又与此时室内可燃性材料的种类及数量、可燃性材料燃烧的特性、室内的通风情况、墙体及吊顶等的传热特性以及当时气候情况（季节、风的强度、风向等）等因素有关。火灾一般属意外性的突发事件，一旦发生，现场较为混乱，扑救时间的长短也直接影响到钢结构的破坏程度。

3. 钢结构的防火方法

钢结构的防火方法多种多样，通常按照构造形式概括为以下三种：

（1）紧贴包裹法

一般采用防火涂料紧贴钢结构的外露表面，将钢构件包裹起来，如图 6.18(a) 所示。

（2）空心包裹法

一般采用防火板、石膏板、蛭石板、硅酸钙盖板、珍珠岩板将钢构件包裹起来，如图 6.18(b) 所示。

（3）实心包裹法

一般采用混凝土，将钢结构浇注在其中，如图 6.18(c) 所示。

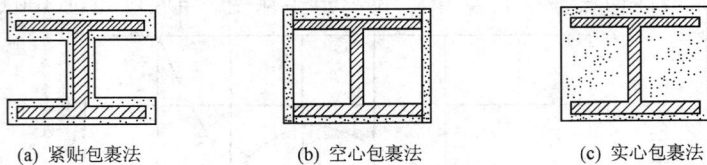

| (a) 紧贴包裹法 | (b) 空心包裹法 | (c) 实心包裹法 |

图 6.18　钢构件的防火方法

就目前应用情况来分，钢结构防火方法的选择是以构件的耐火极限要求为依据，并且防火涂料是最为流行的做法。

4. 事故实例分析

【例 6.13】　美国世贸中心大楼倒塌分析。

（1）引言

美国纽约东部时间 2001 年 9 月 11 日早上 8:45，一架被劫持的飞机撞上纽约世界贸易中心 1# 楼（北），引起大火，9:03 第二架被劫持的飞机撞入世界贸易中心 2# 楼（南楼），发生爆炸。10:05 世界贸易中心南楼轰然倒塌（见图 6.19）。10:28 世界贸易中心北楼坍塌。17:20 世界贸易中心楼群中的 47 层的 7# 楼再次坍塌。

图 6.19　纽约世界贸易中心连续倒塌

（2）工程概况

纽约世界贸易中心是两幢差不多高（1# 北楼 417m，2# 南楼 415m）的 110 层方形塔楼及四幢裙房组成。塔楼地下 6 层，地上 110 层。楼层平面的外轮廓尺寸为 63.5m×63.5m，服务性核心区的平面尺寸为 42m×42m，标准层高为 3.66m。两座塔楼都是采用框筒体系，外圈为密柱深梁框筒，由 240 根钢柱组成，柱距 1.02m；内部核心区为 47 根钢柱形成的框架，用以承担重力荷载。框筒柱采用 450mm×450mm 方管，从上到下，外形尺寸不变，靠改变壁厚来适应不同的受力条件。总用钢量为 192 000t，为了增强框筒的竖向抗剪强度，减少框筒的剪力滞后效应，利用每隔 32 层所布置的设备楼层，沿框筒各设置了一道 7m 高的钢板圈梁。结构动力特性分析表明：其基本周期为 10s，极大风速下结构顶点的侧移值为 1.02m。自

1973年建成的统计分析表明,记录到阵风作用下的结构顶点侧移最大值为0.46m,表明结构顶点侧移角仅为1/890,它足以说明框筒体系抗侧力的高效性能。

（3）倒塌原因分析

纽约世贸中心大楼的完全倒塌,许多人深感困惑。飞机撞击大楼的中上部为何会造成下部倒塌?大楼为何会垂直塌落而不是倾倒?大楼为何在撞击时未立刻倒塌而持续1h左右?北楼先撞为何南楼先塌?大楼的设计或施工是否存在先天性致命缺陷?针对这些问题,通过分折相关资料和电视图像,可得出以下结论。

1) 倒塌过程。就大楼的倒塌过程而言,恰似多米诺骨牌效应,其连续破坏过程可划分为三个阶段:

① 飞机撞击形成的巨大水平冲击力造成部分梁柱断裂,形成薄弱层或薄弱部位。

② 飞机所撞击的楼层起火燃烧,钢材软化,该楼层丧失承载力致使上部楼层坍落。

③ 上部塌落的楼层化为一个巨大的竖向冲击力,致使下面楼层结构难以承受,于是发生整体失稳或断裂,层层垂直垮塌。

2) 倒塌原因。大楼的倒塌原因,是复合型的。因为单一的水平撞击或者大楼发生常规性火灾都不可能造成整个结构垮塌。

① 外因。飞机撞击大楼纯属意外,就形成的水平冲击力而言,属不可抗力。纽约世贸中心大楼历经30年风雨依然完好。本次撞击大楼的波音757飞机起飞重量104t,波音767飞机起飞重量156t,飞行速度约每小时1000km。在如此巨大的冲击下,大楼虽然晃动近1m但未立即倾倒,无论内部还是外部并无严重塌落,充分证明大楼原结构的设计和施工没有问题。

② 内因。钢结构作为一种结构体系,尤其在超高层建筑中有无以伦比的优势。但耐火性能差是自身致命的缺陷。本次撞击北楼的波音767飞机装载51t燃油,撞击南楼的波音757飞机装载35t燃油。尽管世贸中心大楼的钢结构采用了防火涂料等防护物,但在如此罕见的熊熊大火面前也无能为力。在爆炸、断电、消防系统失灵、火势无法及时扑灭的情况下,高温使其软化,最终导致结构塌落。

另外,世贸中心大楼采用外筒结构体系,该体系存在剪力滞后效应,且外柱截面仅为450mm×450mm,厚度仅为7.5～12.5mm,因此,抵抗水平撞击的能力较差。若采用截面及厚度较大的巨型钢柱、钢-混凝土组合柱或采用约翰·考克大厦的巨型外交叉支撑,也许飞机在撞击时会在大楼的外部发生爆炸,不会进入楼内引发火灾,本次灾难也许能够幸免。

3) 几点解释。

前面提出问题的解释如下:

① 飞机撞击大楼中上部,之所以下部倒塌,是由于上部楼层塌落后产生巨大的竖向冲击力。

② 大楼之所以垂直塌落而非倾倒,不是水平冲击力过大导致基础倾覆的问

题,而是竖向冲击力导致结构整体失稳或断裂。

③ 大楼之所以在撞击后持续 1h 左右倒塌,是由于楼层在火灾的作用下钢材软化、防火涂料失效有一个过程。

④ 北楼先撞,南楼先塌。撞击北楼的飞机重量 156t,燃油 51t,持续 1 小时 43 分倒塌;而撞击南楼的飞机重量 104t,燃油 35t,持续 1 小时零 2 分倒塌;南楼先塌的主要原因是南楼被撞击的部位较低,且位于外缘并带有撕裂性质。

⑤ 大楼的设计和施工不存在致命缺陷,当今世界上任何一幢超高层全钢结构建筑遭此袭击,恐怕"无一幸免"。

# 6.3 钢结构的加固方法

## 6.3.1 钢结构加固的基本要求

1. 钢结构加固的一般规定

1) 钢结构的加固应根据可靠性鉴定所评定的可靠性等级和结论进行。经鉴定评定其承载力(包括强度、稳定性、疲劳等)、变形、几何偏差等,不满足或严重不满足现行钢结构设计规范的规定时,则必须进行加固后方可继续使用。

2) 加固后钢结构的安全等级应根据结构破坏后果的严重程度、结构的重要性(等级)和加固后建筑物功能是否改变、结构使用年限确定。

3) 钢结构加固设计应与实际施工方法紧密结合,并应采取有效措施保证新增截面、构件和部件与原结构连接可靠,形成整体共同工作,应避免对未加固部分或构件造成不利影响。

4) 对于高温、腐蚀、冷脆、振动、地基不均匀沉降等原因造成的结构损坏,提出其相应的处理对策后再进行加固。

5) 对于可能出现倾斜、失稳或倒塌等不安全因素的钢结构,在加固之前,应采取相应的临时安全措施,以防止事故的发生。

6) 钢结构在加固施工过程中,若发现原结构或相关工程隐蔽部位有未预及损伤或严重缺陷时,应立即停止施工,会同加固设计者采取有效措施进行处理后方能继续施工。

7) 钢结构的加固设计应综合考虑其经济效益。应不损伤原结构,避免不必要的拆除或更换。

2. 钢结构加固的计算原则

钢结构加固前应对其作用荷载进行实地调查,荷载取值应符合以下规定:

1) 根据使用的实际情况,对符合现行国家标准《建筑结构荷载规范》(GB50009-2001)的荷载,应按规范的规定取值。

2) 对不符合《建筑结构荷载规范》(GB50009-2001)规定或未作规定的永久荷

载,可根据实际情况进行抽样实测确定。抽样数应根据实际情况确定,但不得少于五个,且应以其平均值乘以 1.2 系数作为该永久荷载的标准值;对未作规定的工艺、吊车等使用荷载,应根据使用单位提供的资料和实际情况取值。

加固钢结构可根据下列原则进行承载能力及正常使用极限状态验算:

1)结构的计算简图应根据结构上的实际荷载、构件的支承情况、边界条件、受力状况和传力途径等确定,并应适当考虑结构实际工作中的有利因素,如结构的空间作用、新结构与原结构的共同工作等。

2)结构的截面验算,应考虑结构的损伤、缺陷、裂缝和锈蚀等不利影响,按结构的实际有效截面进行验算。计算中尚应考虑加固部分与原构件协同工作的程度、加固部分可能的应变滞后的情况(即新材料的应变值小于原构件的应变值)等,对其总的承载能力予以适当折减。

3)在对结构承载能力进行验算时,应充分考虑结构实际工作中的荷载偏心、结构变形和局部损伤、施工偏差以及温度作用等不利因素使结构产生的附加内力。

4)如加固后使结构重量增加或改变原结构传力路径时,除应验算上部结构的承载能力外,尚应对建筑物的基础进行验算。

5)对于焊接结构,加固时原有构件或连接的实际名义应力值应小于 $0.55f_y$,且不得考虑加固构件的塑性变形发展;非焊接钢结构加固时,其实际名义应力值应小于 $0.7f_y$。当现有结构的名义应力不满足此规定时,则不得在负荷状态下进行加固。

遇到其他情况时,可根据上述加固计算的基本原则,参照现行钢结构设计规范的有关条件进行计算。

3. 钢结构加固的设计与施工

钢结构加固的基本程序为:分析加固依据和资料→加固方案选择→加固设计→加固施工→加固工程验收。

(1)结构加固设计应具备的基本资料

1)原有结构的竣工图(包括更改图)和验收记录。如无上述资料,应具有结构现状的测绘资料;测绘时应注意并详细记录杆件和节点的偏心情况。

2)原有结构的计算书。

3)结构或构件破损情况检查报告。

4)原有结构的建造历史和使用情况。

5)原有钢材材质报告或现场材质检验报告。若缺乏原始资料,应在原结构上取样检验。

6)原有结构构件制作、安装验收记录。

7)现有实际荷载和加固后新增加荷载的数据等。

(2)加固方案的选择

钢结构加固的主要方法有改变结构的计算图形、加大原结构构件截面、连接的加固、阻止裂纹扩展等。

钢结构加固一般采用焊接连接和高强螺栓连接,有依据时亦可采用焊缝和高强螺栓混合连接。

1) 对铆接结构一般采用摩擦型高强螺栓代替铆钉进行加固。当施工确有困难时,亦可用适宜的 B 级普通螺栓来代替铆钉。在任何情况下不允许用 C 级普通螺栓作为加固时的抗剪紧固件。

2) 焊接结构的加固以采用焊接连接为主,但应尽可能避免仰焊。仅当施焊困难且零件的接触面较紧贴时,才采用摩擦型高强螺栓作为紧固件。

3) 对轻钢结构杆件,因其截面过小,在负荷状态下不得采用电焊加固。

4) 在受拉构件中,加固焊缝的方向应与构件中拉应力的方向一致。

（3）加固的设计

钢结构加固的主要设计方法：

1) 减轻荷载。改用轻质材料及其他减少荷载的方法。

2) 改变结构的静力计算简图。采取措施使结构发生符合设计意图的内力重分布,以调整原有结构中的应力,改善被加固构件的受力情况。这样可以减少加固的工作量。

3) 对原结构的构件截面和连接进行补强。

同时应注意以下事项：

1) 钢结构的加固工作是相当复杂的。它不仅要有在技术上合理的加固方案,而且方案的实施尚需生产、施工、必要时还需要科研单位配合。一个好的加固方案不仅要技术先进、经济合理、加固效果良好,还要尽可能不影响生产,方便施工。尤其是当前加固工作多出现在改扩建工程中,不影响生产往往成为方案中的一个主要因素。

2) 加固设计应遵守《钢结构设计规范》(GB50017-2003),但对具体工程应区分情况灵活处理。如强度足够,仅是构造上没有满足规范的要求,而使用中并未发生问题的,可不必加固。

3) 尽量减少加固工作量,充分发挥原有结构的潜力。尽量不损伤原结构,并保留具有利用价值的结构构件,以避免不必要的拆除或更换。

4) 负荷状态下加固时,首先应尽量减轻施工荷载,减轻或卸掉活荷载,以减小原有结构构件中的应力。

（4）钢结构加固的施工

钢结构加固的施工方法有：

1) 卸荷加固。结构损坏较严重或构件及接头的应力很高,或者补强施工不得不临时削弱杆件及连接时,需要暂时减轻其负荷。对某些主要承受移动荷载的结构（如吊车梁等）,可限制移动荷载。

2) 从原结构上拆下加固或更新部件。当结构损坏严重,或原结构的构件、杆件的承载能力过小，无法用补强来达到加固目的时，需拆下和更新。此时结构的加固工作宜在地面进行，或采取措施使结构、构件完全卸荷，同时应注意当被换的构件、杆件拆下后整个结构的安全。

3）负荷加固。这是加固工作量最小、最方便亦较经济的方法。但是在负荷状态下加固时，对原有结构和连接在加固施工时的应力（或承载能力）应有所要求，以保证加固的安全。对结构构件在负荷状态下的加固，要求原有结构构件的承载力富余20%或以上；在负荷状态下加大角焊缝厚度时，原有焊缝在扣除焊接热影响区长度后的承载能力，应不小于外荷载产生的内力。并且构件应没有严重的损坏（破损、变形、挠曲等）。

加固同时应注意以下事项：

1）加固时，必须保证结构的稳定。应事先检查各连接点是否牢固，必要时可先加固连接点或增设临时支撑。

2）加固时，必须清除原有结构表面的灰尘，刮除油漆、锈迹，以利施工。加固完毕后，应重新涂刷油漆。

3）对结构上的缺陷、损伤（如位移、变形、挠曲等）一般应先予以修复，然后才进行加固。加固时，应先装配好全部加固零件。如用焊接连接，则应先两端后中间以点焊固定。

4）在负荷状态下用焊接连接加固时，应注意：

① 应慎重选择焊接参数（如电流、电压、焊条直径、焊接速度等），尽可能减小焊接时输入的热量，避免由于焊接热量过大，而使结构构件丧失过多的承载能力。

② 确定合理的焊接顺序，以便焊接应力尽可能减小，并能促使构件卸荷。如在实腹梁中宜先加固下翼缘，然后再加固上翼缘；在桁架结构中先加固下弦后加固上弦等。

③ 先加固最薄弱的部位和应力较高的杆件。

④ 凡能立即起到补强作用，并对原构件强度影响较小的部位先施焊，如加固桁架的腹杆时，应先焊好杆件两端节点的焊缝，然后再焊中段焊缝，并且在腹杆的悬出肢（应力较小处）上施焊；如加大角焊缝的厚度时，必须从焊缝受力较低的部位开始施焊；对节点板上腹杆焊缝加固时，应首先加焊端焊缝。

⑤ 采用焊接加固的环境温度应在 0℃ 以上，最好在大于或等于 +10℃ 的环境下施焊。

## 6.3.2 钢结构的加固方法

1. 结构的卸荷方法

结构的卸荷方法要求措施合理、传力明确、确保安全。

（1）梁式结构

例如屋架，可以在屋架下弦节点下增设临时支柱[图 6.20(a)]或组成撑杆式结构[图 6.20(b)]张紧其拉杆对屋架进行改变应力卸荷。由于屋架从两个支点变为多支点，所以需进行验算，特别应注意应力符号改变的杆件。当个别杆件(如中间斜杆)由于临时支点反力的作用，其承载能力不能满足要求时，应在卸荷之前予以加固。验算时可将临时支座的反力作为外力作用在屋架上，然后对屋架进行内力分析。临时支座反力可近似地按支座的负荷面积求得，并在施工时通过千斤顶的读数加以控制，使其符合计算中采用的数值。临时支承节点处的局部受力情况也应进行核算，该处的构造处理应注意不要妨碍加固施工。施工时尚应根据下弦支撑的布置情况，采取临时措施防止支承点在平面外失稳。

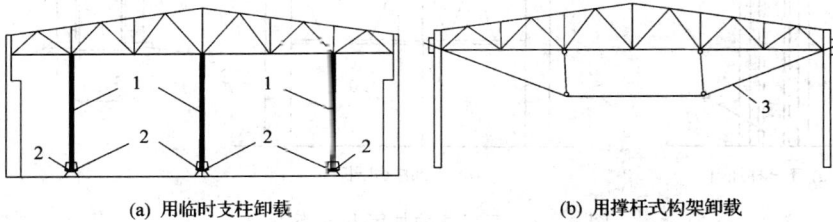

(a) 用临时支柱卸载          (b) 用撑杆式构架卸载

图 6.20　屋架卸荷示意图
1. 临时支柱；2. 千斤顶；3. 拉杆

（2）柱子

一般采用设置临时支柱卸去屋架和吊车梁的荷载如图 6.21(a)所示。临时支柱也可立于厂房外面，这样可以不影响厂房内的生产[图 6.21(b)]，当仅需加固上段柱时，也可利用吊车桥架支托屋架使上段柱卸荷[图 6.21(c)]。

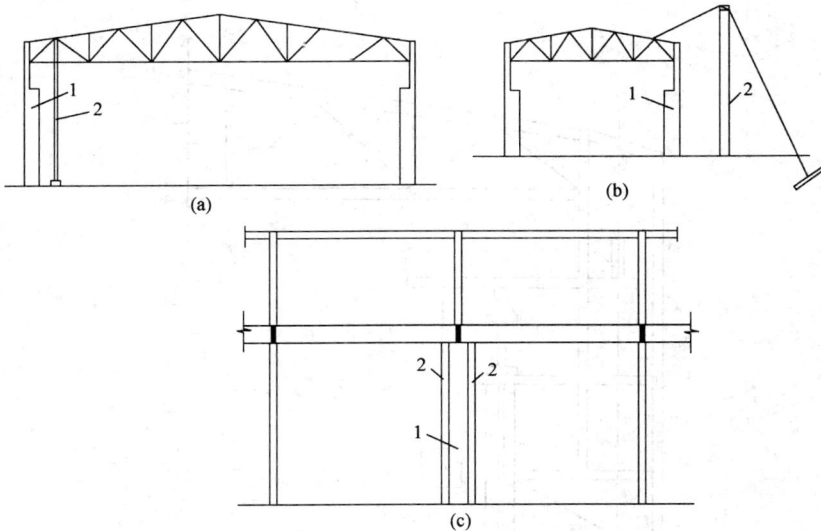

(a)                    (b)

(c)

图 6.21　柱子卸载示意图
1. 被加固柱；2. 临时支柱

当下段柱需要加固甚至截断拆换时,一般采用"托梁换柱"的方法,如图6.22所示,采用"托梁换柱"的方法时应对两侧相邻柱进行承载力验算。当需要加固柱子基础时,可采用"托柱换基"的方法。

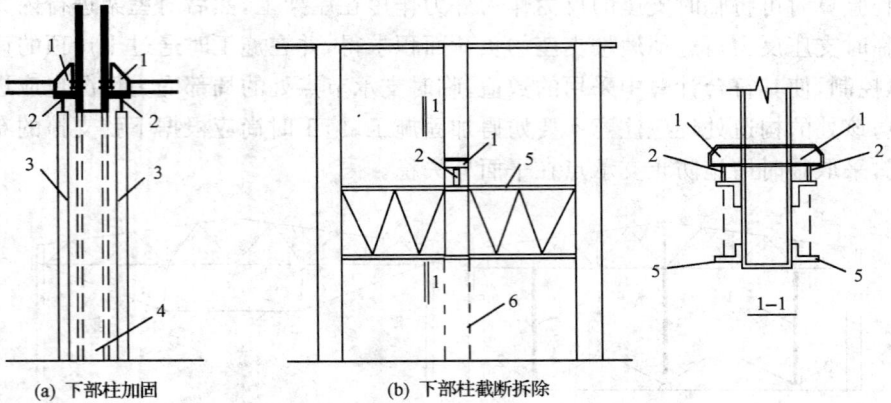

(a) 下部柱加固          (b) 下部柱截断拆除

图 6.22  下部柱的加固及截断拆除

1. 牛腿;2. 千斤顶;3. 临时支柱;4. 柱子被加固部分;
5. 永久性特制桁架;6. 柱子被拆除部分

(3) 托架

托架的卸荷可以采用屋架的卸荷方法,也可利用吊车梁作为支点使托架卸荷。当吊车梁制动系统中辅助桁架的强度较大时,可在其上设临时支座来支托托架。利用杠杆原理,以吊车梁作为支点,外加配重使托架卸荷的方法也是一种可取的方法,如图6.23所示。通过控制吊重 $Q$,可以较精确地计算出托架卸荷的数量。利用

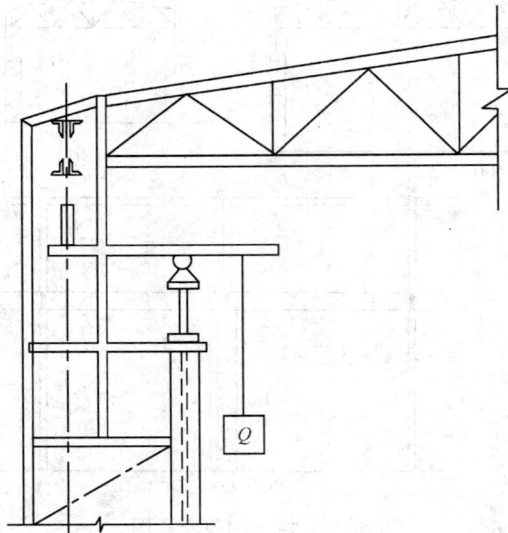

图 6.23  托架卸载示意图

吊车梁和辅助桁架卸荷时，应验算其强度。尤其应注意当利用杠杆原理卸荷时，作为支点的吊车梁所受的荷载除外加吊重 $Q$ 外，尚应叠加上托架被卸掉的荷载。

（4）工作平台

因其高度不大，一般采用临时支柱进行卸荷。

**2. 改变结构计算图形加固法**

改变结构计算图形的加固方法是指采用改变荷载分布状况、传力路径、节点性质和边界条件，增设附加杆件和支撑、施加预应力、考虑空间协同工作等措施对结构进行加固的方法。

采用改变结构计算简图的加固方法时，除应对被直接加固结构进行承载能力和正常使用极限状态的计算外，尚应对相关结构进行必要的补充验算，并采取切实可行的合理的构造措施，保证其安全。同时设计应与施工紧密配合，且未经设计许可，不得擅自修改设计规定的施工方法和程序。另外应在加固设计中规定调整内力（应力）或规定位移（应变）的数值和允许偏差，及其检测位置和检验方法。

改变结构计算简图的加固方法，一般可通过以下几种途径：增加结构或构件的刚度；改变受弯构件截面内力；改变桁架杆件内力；与其他结构共同工作形成混合结构，以改善受力情况。

（1）增加结构或构件的刚度法

1）增加屋盖支撑以加强结构的空间刚度，或考虑维护结构的蒙皮作用，以使结构可以按空间结构进行验算，如图 6.24 所示。

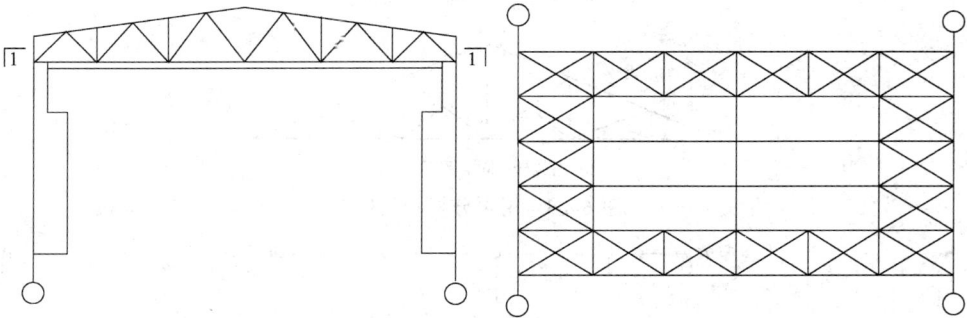

图 6.24　增设屋盖支撑

2）加设支撑增加结构刚度，或调整结构的自振频率等以提高结构承载力和改善结构的动力特性，如图 6.25 所示。

3）增设支撑或辅助杆件使构件的长细比减少以提高其稳定性，如图 6.26 所示。

4）在排架结构中重点加强某一列柱的刚度，使之承受大部分水平力，以减轻其他柱列负荷，如图 6.27 所示。

5）在塔架等结构中设置拉杆或适度张紧的拉索以加强结构的刚度，如图 6.28 所示。

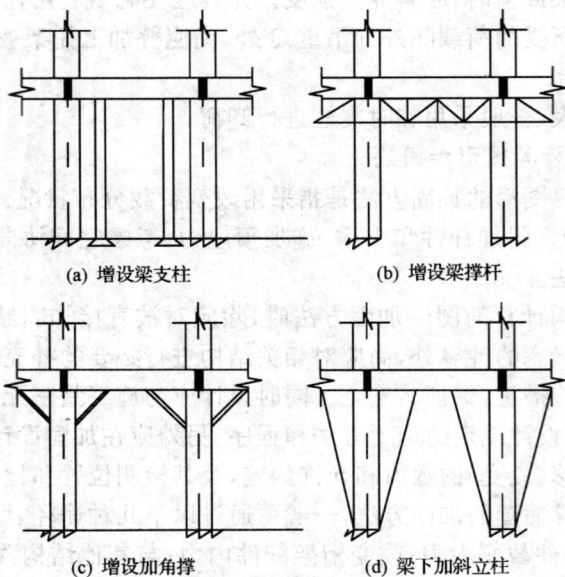

(a) 增设梁支柱

(b) 增设梁撑杆

(c) 增设加角撑

(d) 梁下加斜立柱

图 6.25　增设支撑构件

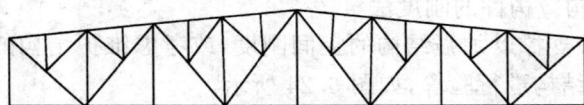

(a) 上弦加固（平面内稳定性）

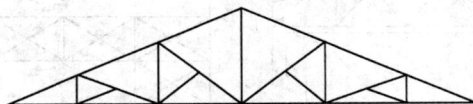

(b) 斜腹杆加固（平面内稳定性）

图 6.26　用再分杆加固桁架

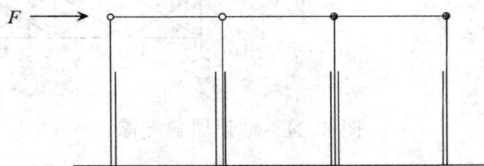

(a) 加固前

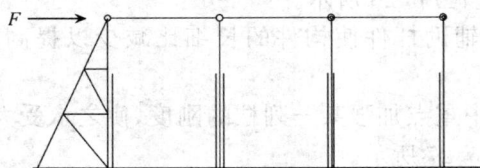

(b) 加固后

图 6.27　集中加强一列柱的刚度

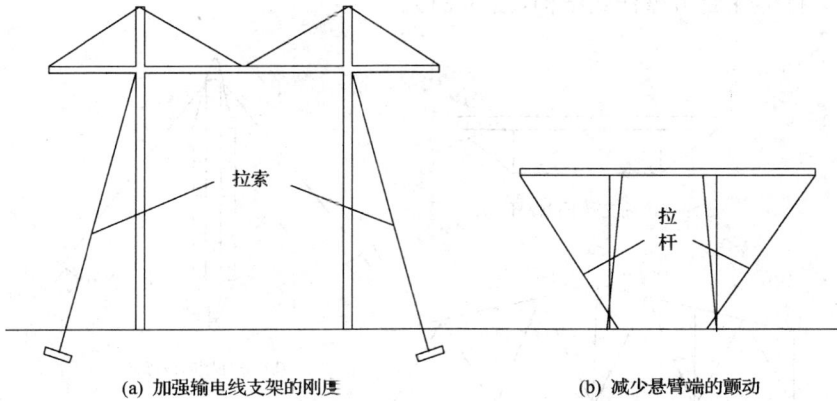

(a) 加强输电线支架的刚度      (b) 减少悬臂端的颤动

图 6.28　设置拉杆加强结构刚度

（2）改变受弯构件截面内力法

1）改变荷载的分布情况，例如将一个集中荷载转化为多个集中荷载。

2）改变端部的支承情况，例如变铰接为刚接（见图 6.29）。

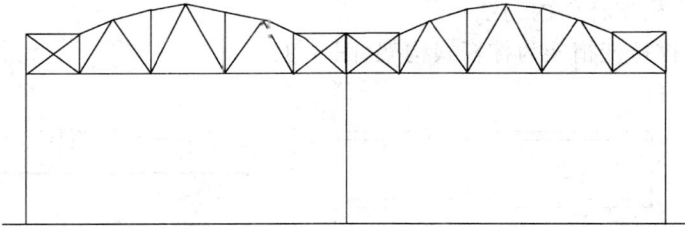

图 6.29　屋架支座处由铰接改为刚接

3）增加中间支座，或将两简支结构的端部连接起来使之成为连续结构（图 6.30）。

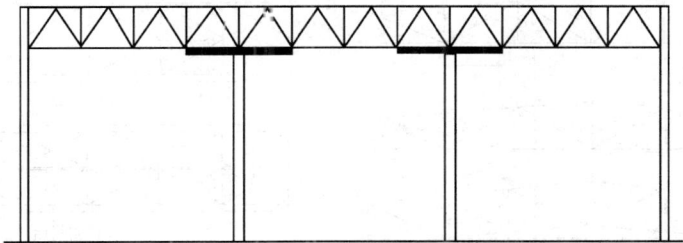

图 6.30　托架支座处由铰接改为刚接

4）调整连续结构的支座位置。

5）将构件变为撑杆式结构（图 6.31）。

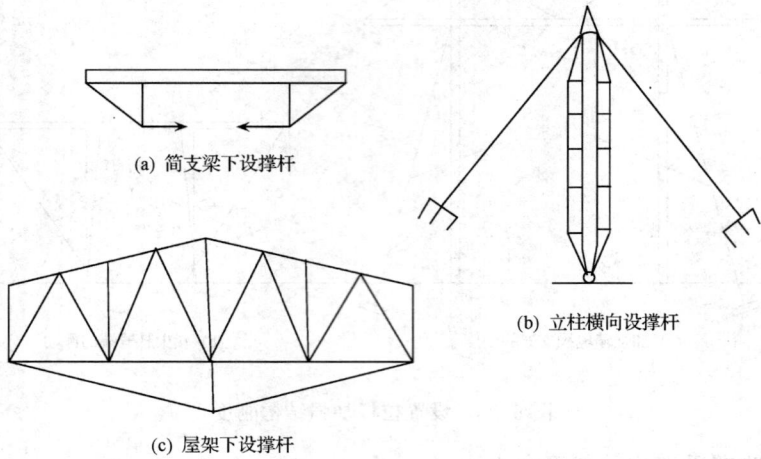

(a) 简支梁下设撑杆

(b) 立柱横向设撑杆

(c) 屋架下设撑杆

图 6.31　构件变为撑杆式结构

6）施加预应力（图 6.32）。

（3）改变桁架杆件内力法

1）增设撑杆变桁架为撑杆式构架（图 6.33）。

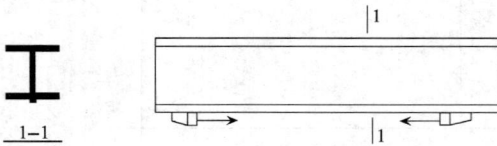

图 6.32　施加预应力

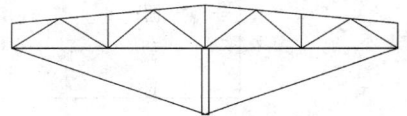

图 6.33　桁架变为撑杆式构架

2）加设预应力拉杆（图 6.34）。

3）将静定桁架变为超静定桁架（图 6.35）。

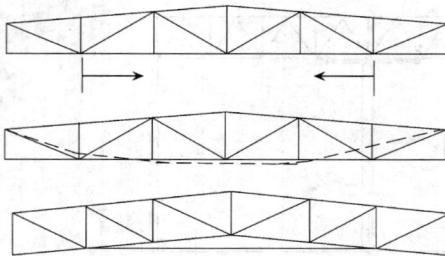

(a) 加固前

(b) 加固后

图 6.34　在桁架中加设预应力拉杆

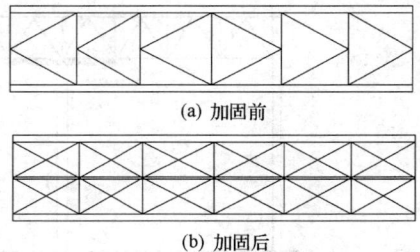

图 6.35　静定桁架变为超静定桁架

（4）与其他结构共同工作形成混合结构，以改善受力情况

1）增加传递剪力的零件，使钢梁和其上的钢筋混凝土平台板共同工作形成组

合梁结构。

2）加强节点和增加支撑，可以使钢屋架与其上的天窗架共同工作，如图 6.36 所示。

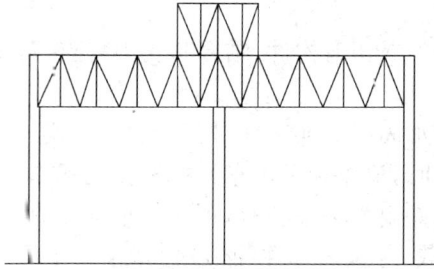

图 6.36　使天窗架与屋架连成整体共同受力

**3. 加大构件截面的加固法**

采用加大构件截面的方法加固钢结构时，会对结构基本单元——构件甚至结构的受力工作性能产生较大的影响，因而应根据构件缺陷、损伤状况、加固要求，考虑施工可能，经过设计比较选择最有利的截面形式。同时加固可能是在负荷、部分卸荷或全部卸荷状况下进行，加固前后结构几何特性和受力状况会有很大不同，因而需要根据结构加固期间及前后，分阶段考虑结构的截面几何特性、损伤状况、支承条件和作用其上的荷载及其不利组合，确定计算简图，进行受力分析，以期找出结构的可能最不利受力，设计截面加固，以确保安全可靠。对于超静定结构尚应考虑因截面加大，构件刚度改变使体系内力重分布的可能。

采用该方法时，应注意如下事项：

1）注意加固时的净空限制，要使补强零件不与其他杆件或者构件相碰。

2）采用的补强方法应能适应原有构件的几何形状或已发生的变形情况，以利于施工。

3）应尽量减少补强施工工作量。不论原有结构是铆接结构或是焊接结构，只要其钢材具有良好的可焊性，根据具体情况尽可能采用焊接方法补强。当采用焊接补强时，应尽量减少焊接工作量和注意合理的焊接顺序，以降低焊接应力，并尽量避免仰焊。对铆接结构应以少动原有铆钉为基本原则。

4）应尽可能使被补强构件的重心轴位置不变，以减少偏心所产生的弯矩。当偏心较大时，应按压弯或拉弯构件复核补强后的截面。

5）补强方法应考虑补强后的构件便于油漆和维护，避免形成易于积聚灰尘的坑槽而引起锈蚀。

6）焊接补强时应采取措施尽量减小焊接变形。

7）受压构件或受弯构件的受压翼缘当破损和变形严重时，为避免矫正变形或拆除受损部分，可在杆件周围包以钢筋混凝土，形成劲性钢筋混凝土的组合结构。

为保证二者共同工作,应在外包钢筋混凝土部位焊接能传递剪力的零件。

### 6.3.3 钢构件的具体加固技术

1. 钢柱加固

钢柱通常为轴压构件或压弯构件,结合其受力特点,可采用以下加固方法:

(1) 柱子卸荷法

必须在卸荷状态下加固或更换新柱时,采取"托梁换柱"方法。

当仅需加固上部柱时,可以利用吊车梁桥架支托起屋盖屋架,使柱子卸荷。当下部柱需要加固或工艺需要截去下柱时,可在吊车梁下面设一永久性托梁,将上部柱荷载(包括吊车梁荷载)分担于邻柱(必须验算邻柱并进行加固,同时验算基础)上。采用此法应考虑到用托梁代替下柱后,托梁将产生一定的挠度,致使原屋架下沉,从而可能损伤与此屋架相连构件的连接节点。为此可预先在托梁上加临时荷载 $P$,使托梁具有向上的预先挠度。采用此法的顺序是:加固邻柱→焊接托梁与邻柱→加临时荷载 $P$→焊接托梁与中柱→卸下临时荷载 $P$→加固或截去下部柱。

(2) 钢柱加固法

1) 补强柱的截面。一般补强柱截面用钢板或型钢,采用焊接或高强螺栓与原柱连接成一个整体。

2) 增设支撑。增设支撑以减小柱自由长度,提高承载能力。在截面尺寸不变的情况下提高柱子稳定性。

3) 改变计算简图,减小柱外荷载或内力。

4) 在钢柱四周外包钢筋混凝土进行加固,可明显提高承载能力。

(3) 柱脚加固法

1) 柱脚底板厚度不足的加固方法:增设柱脚加劲肋,以达到减小底板计算弯矩的目的;在柱脚型钢间浇筑混凝土,使柱脚底板成为刚性块体。为增加粘结力,柱脚表面油漆和锈蚀要清除干净。

2) 柱脚锚固不足的加固方法:①增设附加锚栓。当混凝土基础较宽大时采用。在混凝土基础上钻出孔洞,插入附加锚栓,浇注环氧砂浆或硫磺砂浆(孔洞直径为锚栓直径 $d$ 加 20mm,深度大于 $30d$)。②将整个柱脚包以钢筋混凝土。新配钢筋要伸入基础内,与基础内原钢筋焊牢。

(4) 柱加固承载力的验算

负荷状态下加固计算,重要的问题是加固后应力能否重分配,即加固后原有截面能否将原有应力分配到新补强的构件截面上去,如能重分配,新老荷载之和,可以平均分配到新老截面上,否则原有荷载仍由原截面承担,新增加荷载由新老截面(即加固后总截面)共同分担。到目前为止,加固后应力重分配尚未为实验所完全证实(至少在弹性阶段)。对静载结构来说,当截面一部分进入塑性状态,应力最终会重分配,所以计算中静载结构可以新老截面共同工作原则来计算;在动载结构情况下,塑性区很难形成,不考虑应力重分配,计算时将加固前和加固后的情况分别计算,然后求其总和。在卸荷情况下加固,不存在上述问题。

卸荷状态下,截面验算按加固后总截面,并考虑加固折减系数,按现行规范计算,即按负荷状态下加固截面作用静力荷载的验算公式计算。

负荷状态下,加固截面可按如下公式验算:

1)轴心受压柱强度验算。

静力荷载

$$\frac{N + N'}{k(A_n + A_n')} \leqslant f \tag{6.1}$$

动力荷载

$$\frac{N}{A_n} + \frac{N'}{A_n + A_n'} \leqslant f \tag{6.2}$$

式中:$N$——加固前构件中的轴心压力;

$N'$——加固后构件中附加的轴心压力;

$A_n$——原有构件的净截面面积;

$A_n'$——增加的净截面面积;

$k$——加固的折减系数,取 0.9;

$f$——钢材的设计强度。

2)轴心受压柱整体稳定验算。

① 实腹式柱。

静力荷载

$$\frac{N + N'}{k\varphi^z(A + A')} \leqslant f \tag{6.3}$$

动力荷载

$$\frac{N}{\varphi^z A} + \frac{N'}{\varphi^z(A + A')} \leqslant f \tag{6.4}$$

式中:$A$——原有构件的毛截面面积;

$A'$——增加的毛截面面积;

$\varphi^z$——加固后整个截面的轴心受压整体稳定系数,按现行规范确定。

② 格构式柱。

仍按公式(6.3)和公式(6.4)计算,但对虚轴长细比应取换算长细比。

3)偏心受压(受弯)柱强度验算,计算时不考虑加固柱受弯塑性变形发展。

静力荷载

$$\frac{N + N'}{k(A_n + A_n')} + \frac{M_x^z}{kW_{nx}^z} \leqslant f \tag{6.5}$$

动力荷载

$$\frac{N}{A_n} + \frac{M_x}{W_{nx}} + \frac{N'}{A_n + A'_n} + \frac{M'}{W_{nx}^z} \leqslant f \tag{6.6}$$

式中：$M_x^z$——加固后构件中全部内力对 $x$ 轴的弯矩；

　　　$M_x$——加固前原构件中内力对 $x$ 轴的弯矩；

　　　$M'_x$——加固后构件中附加内力引起的对整个截面 $x$ 轴的弯矩；

　　　$W_{nx}$——加固前原构件对 $x$ 轴的净截面抵抗矩；

　　　$W_{nx}^z$——加固后整个截面对 $x$ 轴的净截面抵抗矩。

4）偏心受压（压弯）实腹柱整体稳定验算。

① 静力荷载。

弯矩作用平面内整体稳定验算：

$$\frac{N + N'}{k\varphi_x^z(A + A')} + \frac{\beta_{mx}M_x^z}{k\gamma_x W_{1x}^z(1 - 0.8\frac{N + N'}{N_{Ex}})} \leqslant f \tag{6.7}$$

弯矩作用平面外整体稳定验算：

$$\frac{N + N'}{k\varphi_y^z(A + A')} + \frac{\beta_{tx}M_x^z}{k\varphi_b^z W_{1x}^z} \leqslant f \tag{6.8}$$

② 动力荷载。

弯矩作用平面内整体稳定验算：

$$\frac{N}{\varphi_x^z A} + \frac{\beta_{mx}M_x}{\gamma_x W_{1x}(1 - 0.8\frac{N}{N_{Ex}})} + \frac{N'}{\varphi_x^z(A + A')} + \frac{\beta_{mx}M'_x}{\gamma_x W_{1x}^z(1 - 0.8\frac{N'}{N_{Ex}^z})} \leqslant f \tag{6.9}$$

弯矩作用平面外整体稳定验算：

$$\frac{N}{\varphi_y^z A} + \frac{\beta_{tx}M_x}{\varphi_b^z W_{1x}} + \frac{N'}{\varphi_y^z(A + A')} + \frac{\beta_{tx}M'_x}{\varphi_b^z W_{1x}^z} \leqslant f \tag{6.10}$$

式中：$\varphi_x^z$、$\varphi_y^z$——加固后整个截面弯矩作用平面内和平面外轴心受压整体稳定系数，按现行规范确定；

　　　$\varphi_b^z$——加固后整个截面受弯整体稳定系数；

　　　$W_{1x}^z$——加固后整个截面弯矩作用平面内最大受压纤维毛截面抵抗矩；

　　　$W_{1x}$——加固前原有截面弯矩作用平面内最大受压纤维毛截面抵抗矩；

　　　$\gamma_x$——截面塑性发展系数；

　　　$\beta_{mx}$、$\beta_{tx}$——等效弯矩系数；

　　　$N_{Ex}^z$——加固后整个截面的欧拉临界力。

5）轴心受压实腹柱局部稳定验算。

工字形截面翼缘板：

$$\frac{b}{t} \leqslant (10 + 0.1\lambda)\sqrt{\frac{235}{f_y}} \tag{6.11}$$

腹板：

$$\frac{h_0}{t_w} \leqslant (25 + 0.5\lambda) \sqrt{\frac{235}{f_y}} \tag{6.12}$$

式中：$b$——翼缘板自由外伸宽度；

$t$——翼缘板厚度；

$h_0$——腹板计算高度；

$t_w$——腹板厚度；

$f_y$——钢材屈服强度；

$\lambda$——构件两主轴方向长细比的较大值，当 $\lambda < 30$ 时，取 $\lambda = 30$；当 $\lambda > 100$ 时，取 $\lambda = 100$。

6）偏心受压实腹柱（压弯构件）局部稳定验算。

翼缘板：

$$\frac{b}{t} \leqslant 15 \sqrt{\frac{235}{f_y}} \tag{6.13}$$

腹板（工字形截面压弯构件）：

当 $0 < \alpha_0 \leqslant 1.6$ 时

$$\frac{h_0}{t_w} \leqslant (25 + 0.5\lambda' + 16\alpha_0) \sqrt{\frac{235}{f_y}} \tag{6.14}$$

当 $1.6 < \alpha_0 \leqslant 2.0$ 时

$$\frac{h_0}{t_w} \leqslant (0.5\lambda' + 48\alpha_0 - 26.2) \sqrt{\frac{235}{f_y}} \tag{6.15}$$

式中：$\alpha_0$——系数，$\alpha_0 = \dfrac{\sigma_{max} - \sigma_{min}}{\sigma_{max}}$；

$\sigma_{max}$——腹板计算高度边缘的最大压应力；

$\sigma_{min}$——腹板计算高度另一边缘相应的应力，以压为正，拉为负；

$\lambda'$——构件在弯矩作用平面内的长细比，当 $\lambda' < 30$ 时，取 $\lambda' = 30$；当 $\lambda' > 100$ 时，取 $\lambda' = 100$。

加固后的实腹式轴心受压柱（轴心受压构件）承载能力验算，由于强度验算往往不起控制作用，截面不严重削弱时可不验算。实腹式偏心受压柱（压弯构件）验算包括：强度验算、弯矩作用平面内整体稳定验算、弯矩作用平面外整体稳定验算和局部稳定验算。

2. 钢梁加固

（1）梁卸荷方法

钢梁及吊车梁加固应尽量在负荷状态下进行，不得已需卸荷或部分卸荷状态下加固时，可以采用类似屋架卸荷的方法，即用临时支柱卸荷；对于实腹式梁设置临时支柱时,应注意临时支柱处实腹梁腹板的强度和稳定,以及翼缘焊缝(或栓钉)的强度;对于吊车梁,限制桥式吊车运行,即相当于大部分已卸荷,因吊车梁自重产生的应力与桥式吊车运行时产生应力相比非常小。

(2) 梁加固方法

钢梁的加固方法有以下几种:

1) 变简支为连续梁的方法。在支座部分的梁上下翼缘焊上钢板,使其变成连续体系,该钢板所传递的力应恰好与支座弯矩相平衡,连续后可使跨中弯矩降低15%～20%。采用这种加固方法会导致柱子荷载增加,应验算柱子。

2) 支撑加固梁方法。支撑加固主要用斜撑加固,分长斜撑和短斜撑两种。长斜撑支在柱基础上,虽用钢量多一点,又较笨重,但能减小柱子的内力。短斜撑通常支在柱子上,将给柱子传来较大水平力,虽用钢量少一点,但只有在柱子承载能力储备足够大时才能采用。一般采用焊接方法连接斜撑和梁,验算时要考虑梁中间部分(斜撑支点之间)会产生压力。用斜撑加固梁时也必须加固梁截面。当梁的荷载增加时,除加固梁还要加固柱子和柱基。

3) 吊杆加固梁方法。在层高较高的房屋内,用固定于上部柱的吊杆加固梁;由于吊杆不沿腹板轴线与梁相连,故梁又受扭;吊杆应施加预应力,吊杆按预应力和计算荷载引起的应力总和确定。

4) 下支撑构件加固梁方法。当允许梁卸荷加固时,可采用下支撑构件加固法,下撑杆使梁变成有刚性的上弦梁桁架。下撑杆一般是非预应力的各种型钢(角钢、槽钢、圆钢等)。也可用预应力高强钢丝束加固吊车梁。

5) 补增梁截面加固法。梁可通过增补截面面积来提高承载能力,焊接组合梁和型钢梁都可用焊在翼缘板上的水平板、垂直板和斜板加固,也可用型钢加焊在翼缘上;当梁腹板抗剪强度不足,可在腹板两边加焊钢板补强,当梁腹板稳定性不能保证时,往往不采用上述方法。

(3) 梁截面加固承载力验算

不考虑截面塑性发展,负荷状态下截面加固后可按下列公式验算。

1) 强度验算。

① 抗弯强度验算。

静力荷载

$$\sigma = \frac{M_x + M'_x}{k W_{nx}^z} \leqslant f \tag{6.16}$$

动力荷载

$$\sigma = \frac{M_x}{W_{nx}} + \frac{M'_x}{W_{nx}^z} \leqslant f \tag{6.17}$$

式中:$\sigma$——截面中应力;

$M_x$——加固前原有构件计算截面处弯矩;

$M'_x$——加固后构件计算截面处的附加弯矩；

$W_{nx}$——加固前原有构件净截面抵抗矩；

$W^z_{nx}$——加固后整个截面净截面抵抗矩。

② 抗剪强度验算。

静力荷载

$$\tau = \frac{(V + V')S^z}{kI^z t^z_w} \leqslant f_v \tag{6.18}$$

动力荷载

$$\tau = \frac{VS}{It_w} + \frac{V'S^z}{It^z_w} \leqslant f_v \tag{6.19}$$

式中：$\tau$——截面中剪应力；

$V$——加固前原有构件计算截面作用的剪力；

$V'$——加固后构件计算截面处的附加剪力；

$S$、$S^z$——加固前、后截面计算剪应力处以外较小截面对中和轴的面积矩；

$I$、$I^z$——加固前、后截面的惯性矩；

$t_w$——加固前原有截面腹板厚度；

$t^z_w$——加固后整个截面腹板厚度；

$f_v$——钢材抗剪设计强度。

③ 局部承压强度验算。

对上翼缘沿腹板平面作用有集中荷载，且该处又未设支撑加劲肋的梁或吊车梁，需要验算腹板计算高度上边缘处的局部承压强度。

静力荷载

$$\sigma_c = \frac{\psi(F + F')}{k t^z_w l_z} \leqslant f \tag{6.20}$$

动力荷载

$$\sigma_c = \frac{\psi F}{t_w l_z} + \frac{\psi F'}{t^z_w l_z} \leqslant f \tag{6.21}$$

式中：$\sigma_c$——截面中承压应力；

$F$——加固前构件上作用的集中荷载；

$F'$——加固后构件上作用的附加集中荷载(对动荷载考虑动力系数)；

$\psi$——集中荷载增大系数，重级工作制吊车梁取 1.35，其他梁及支座处取 1.0；

$l_z$——集中荷载在腹板计算高度边缘的假定分布长度，按现行规范取值。

2）梁整体稳定验算。

静力荷载

$$\frac{M_x + M'}{k\varphi^z_b W^z_x} \leqslant f \tag{6.22}$$

动力荷载

$$\frac{M_x}{\varphi_b{}^z W_x} + \frac{M'}{\varphi_b{}^z W_x{}^z} \leqslant f \tag{6.23}$$

式中：$W_x$——加固前构件毛截面抵抗矩；

$\quad\ \ W_x{}^z$——加固后构件毛截面抵抗矩；

$\quad\ \ \varphi_b{}^z$——加固后整个截面受弯整体稳定系数,按现行规范计算。

3）组合截面梁局部稳定验算。

翼缘

$$\frac{b}{t} \leqslant 15\sqrt{\frac{235}{f_y}} \tag{6.24}$$

式中：$b$——翼缘板自由外伸宽度；

$\quad\ \ t$——翼缘板厚度。

腹板

① 当梁腹板不设横向加劲肋时：

$$\frac{h_0}{t_w} \leqslant 80\sqrt{\frac{235}{f_y}} \tag{6.25}$$

式中：$h_0$——加固后整个截面腹板计算高度。

② 当梁腹板仅设横向加劲肋时：

$$\frac{h_0}{t_w} \leqslant 170\sqrt{\frac{235}{f_y}} \tag{6.26}$$

横向加劲肋间距和加劲肋尺寸应符合规范规定要求。

③ 当梁腹板设有纵向加劲肋和横向加劲助时,加劲肋间距和尺寸应符合规范规定设置要求。

4）挠度验算。

计算方法及挠度限值与新结构同样考虑。

卸荷下加固的截面不需要区分静力荷载和动力荷载两种不同情况,都按负荷下加固截面静力荷载计算公式验算。

3. 钢屋架、托架加固

（1）屋架、托架卸荷方法

屋架或托架加固也应尽量在负荷状态下进行,不得已时可在卸荷或部分卸荷状态下进行加固或者更换。另外,也可利用吊车梁使托架卸荷,即当制动结构中辅助桁架的强度较大时,可在其上设临时支柱对托架进行卸荷。

（2）屋架（托架）加固方法

钢屋架（托架）加固方法较多,应根据原屋架存在的问题、原因、施工条件和经济条件来选择。具体见前面改变结构计算图形的措施对结构进行加固的方法。

（3）屋架（桁架）杆件截面加固承载力验算方法

屋架（桁架）按受力状态可分为轴心受拉杆件、轴心受压杆件、拉弯杆件和压弯杆件四类，后两类杆件一般都是因为节间荷载产生弯矩所致。负荷状态下截面加固按下列公式验算：

1）轴心受拉杆件强度验算。

静力荷载

$$\frac{N + N'}{k(A_n + A'_n)} \leqslant f \tag{6.27}$$

动力荷载

$$\frac{N}{A_n} + \frac{N'}{A_n + A'_n} \leqslant f \tag{6.28}$$

式中：$N$——加固前杆件的内力；

$N'$——加固后杆件的附加内力；

$A_n$——原有构件的净截面面积；

$A'_n$——增加的净截面面积；

$k$——加固的折减系数，取 0.9；

$f$——钢材的抗压、抗拉、抗弯设计强度。

2）轴心受压杆件强度验算。

按实腹式轴心受压柱的公式验算强度和整体稳定。由于杆件均由型钢组成，局部稳定不必验算。

3）拉弯杆件强度验算。

静力荷载

$$\frac{N + N'}{k(A_n + A'_n)} \pm \frac{M_x^z}{kW_{nx}^z} \leqslant f \tag{6.29}$$

动力荷载

$$\frac{N}{A_n} \pm \frac{M_x}{W_{nx}} + \frac{N'}{A_n + A'_n} \pm \frac{M'_x}{W_{nx}^z} \leqslant f \tag{6.30}$$

4）压弯杆件强度验算。

压弯杆件的强度和整体稳定按实腹式压弯柱的计算公式验算，局部稳定不必验算。

卸荷状态下加固截面，其承载力均按负荷状态下作用静力荷载的计算公式验算。

4．连接和节点加固

构件截面的补增或局部构件的替换，都需要适当的连接，补强的杆件必须通过节点加固才能参与原结构工作，破坏了的节点需要加固。因此钢结构加固工作中连接和节点加固占有重要位置。

(1) 钢结构加固的连接方式

与钢结构建造一样,加固连接有铆接、螺栓连接和焊接等方式。加固连接方式选用必须满足既不破坏原结构功能,又能可靠工作的要求。铆接连接的刚度最小(普通螺柱连接除外);焊接连接刚度最大,整体性好;高强螺栓连接介于两者之间。目前铆接已渐淘汰,加固现场施工焊接最为方便;但焊接对钢材材性要求最高,在原结构资料不全、材性不明的情况下,用焊接加固必须取材样复验,以保证可焊性。

1) 铆接连接的加固。铆接连接的节点不宜采用焊接加固,因焊接的热过程,可使附近铆钉松动,工作性能恶化;又由于焊接连接比铆接刚度大,二者受力不协调,而且往往被铆接钢材可焊性较差,易产生微裂缝。

铆接连接仍可用铆钉连接加固或更换铆钉,但铆接施工繁杂,且会导致相邻完好铆钉受力性能变弱(因新加铆钉紧压程度太强,影响到邻近完好铆钉),其削弱的结果,可能不得不将原有铆钉全部换掉。

铆接连接加固的最好方式是采用高强螺栓,它不仅简化施工,且高强螺栓工作性能比铆钉可靠,还能提高连接刚度和疲劳强度。

2) 高强螺栓连接的加固。原高强螺栓连接节点,仍用高强螺栓加固;个别情况可同时使用高强螺栓和焊接来加固。但要注意螺栓的布置位置,使二者变形协调。

3) 焊接连接的加固。焊接连接的加固,仍可用焊接。焊接加固方式有两种:一是加大焊缝高度(堆焊)。为了确保安全,焊条直径不宜大于 4mm,每道焊缝的堆高不宜超过 2mm,如需加高量大,每次以 2mm 为限。后一道堆焊应待前一道堆焊冷却到 100℃ 以下才能施焊,这是为了使施焊过程尽量不影响原有焊缝强度。二是加长焊缝长度。在原有节点能允许增加焊缝长度时,应首先采用加长焊缝的加固连接方式,尤其在负荷条件下加固时,焊条直径宜在 4mm 以下,电流 220A 以下,每一道焊缝高度不超过 8mm,宜逐次分层施焊,后道施焊应在前道焊缝冷却到 100℃ 以下再进行。

4) 钢结构节点连接损伤的加固。焊接加固法是节点加固的主要方法,大体可分为下列几种:

① 补焊短斜板法。当原腹杆的连接强度不足时,可用补焊短斜板进行加固,如图 6.37(a)所示。一般要求短斜板与节点板间的焊缝强度是该短斜板与腹杆连接焊缝强度的 1.5 倍。

② 加长焊缝法。当原节点没有满焊时,可以直接对原焊缝进行加长,如图 6.37(b)所示。

③ 增大节点板法。图 6.37(c)所示为增大节点板加固的情况。新增的节点板应牢靠地焊接在原节点板上。这种方法不仅可用于原杆件节点焊缝的补强,而且还可用于新补加杆件的锚固,便于新补加的杆件与节点板的焊接。

④ 加厚原有焊缝法。当原焊缝较薄且质量较好,焊缝长度大于或等于 100mm(焊缝总长度在 400mm 以上)时,可采用对原焊缝加厚的办法加固。但施焊次序必

须从原焊缝受力较低的部位开始,如图 6.37(d)所示。

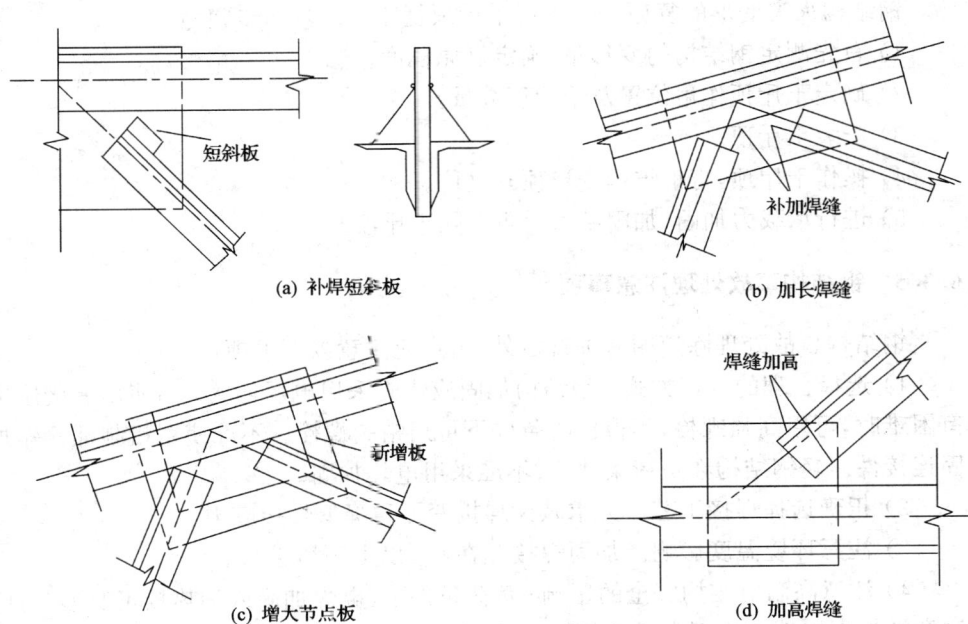

(a) 补焊短斜板

(b) 加长焊缝

(c) 增大节点板

(d) 加高焊缝

图 6.37 节点焊接加固法

## 6.3.4 火灾后的钢结构加固

### 1. 火灾对钢结构的损伤

火灾后钢结构的损伤主要反映在钢结构的变形及材料强度的降低两个方面。

(1) 火灾后钢结构的变形

火灾造成钢结构房屋及构件的变形是相当严重的。

1) 钢屋架及钢梁的高温变形。在火灾温度作用下,钢屋架及钢梁等水平构件将会因材料强度降低、高温软化、承受不了原有荷载而产生过大的挠度,该挠度并不会因火灾后冷却而减小。同时,由于结构的变形也会导致部分钢结构节点的连接损坏。

2) 钢柱及房屋的变形。由于火灾作用的不均匀性,钢结构房屋的各个柱的受火温度有差别。柱的温度变形常常各不相同,这就造成了钢结构房屋的倾斜。并且钢柱的变形形成的房屋倾斜也不会因火灾后冷却而自动恢复。

(2) 火灾后钢结构承载力的降低

试验表明:火灾后钢材的强度将有不同程度的降低。由于钢材强度的降低、结构的变形及节点连接的损伤,将导致钢结构承载力的降低。

### 2. 火灾损伤钢结构的加固

火灾损伤钢结构的修复加固工作首先是进行结构变形的复原,然后是进行承载力不足的加固。

钢结构火灾变形的复原一般采用千斤顶复原法。具体步骤为：

1）首先测定钢结构的变形量，确定复原程度。

2）确定千斤顶作用位置及千斤顶数量。

3）安装千斤顶。

4）操作千斤顶，将钢结构变形顶升复位。

5）进行承载力加固，加固结束后再拆除千斤顶。

### 6.3.5 钢结构事故处理注意事项

钢结构事故处理除遵循有关规定外，重点应注意以下事项：

1）选择合理的连接方式。钢结构加固应优先采用电焊连接。当使用焊接法确有困难时，可用高强螺栓，不得已的条件下可用精制螺栓。不准使用粗制螺栓作加固连接件。轻钢结构在负荷条件下，不准采用电焊加固。

2）正确选择焊接工艺。力求减少焊接变形和降低焊接应力。

3）注意环境温度影响。加固焊接应在 0℃以上环境进行。

4）注意高温对结构安全的影响。负荷条件下，电焊加固或加热校正变形时，应注意被加固构件过热而降低承载能力。

# 6.4 钢结构裂纹的修复

### 6.4.1 裂纹修复的一般原则

结构因荷载反复作用及材料选择、构造、制造、施工安装不当等产生具有扩展性或脆断倾向性裂纹损伤时，应设法修复加固。修复加固一般按照下列步骤进行：

1）分析产生裂纹的原因及其影响的严重性，对不宜采用修复加固的构件，应予拆除更换；对需要进行修复加固的带裂纹的构件，应采用临时性应急措施，以防止裂纹的进一步扩展。

2）对带裂纹的构件进行验算，对疲劳裂纹应按《钢结构设计规范》(GB50017-2003)中的规定验算，必要时应进行剩余疲劳寿命的专门研究；对脆性裂纹的验算需专门研究。

3）进行裂纹的可扩展性评估，评估的方法需专门研究，以了解裂纹的稳定性情况。

4）针对裂纹的稳定性情况进行修复加固设计，并在此基础上拟定裂纹的修复加固具体方案。

5）根据拟定的方案实施裂纹的修复加固。

对带裂纹构件需进行全面验算，验算包括其强度、刚度、稳定性、疲劳、脆性破坏各个方面,并检查实施修复加固的必要性。通过验算如发现某些带裂纹的构件通过一般的裂纹修复加固措施无法使其满足承载能力极限状态或正常使用极限状态的要求,如裂纹过大、原结构材质差、构造复杂、施工条件困难等,则需更换此带裂纹的构件。构件的更换和对原结构的加固的方法要求可参见《钢结构加固技术规范》(CECS77:96)。如发现带裂纹的构件可以通过修复加固使其满足承载能力极限状态或正常使用极限状态要求时,则需进行修复加固。

裂纹修复加固的具体技术措施视裂纹的种类而异,对钢材自身裂纹主要是从冶金的观点出发,论证修复加固的可能性并采取相应的措施;而对钢结构构件中的裂纹则应根据实际情况选择简单合理的修复加固技术措施。

### 6.4.2 钢结构构件中裂纹的修复方法

1. 裂纹的临时止裂措施

当在钢结构构件上发现裂纹时,为防止其进一步扩展,必须采取临时止裂措施,常用的是在裂纹端外顺其可能的扩展方向$(0.5\sim1.0)t$处钻孔($t$为构件的板厚),孔的直径约取$1.0t$(见图6.38)。

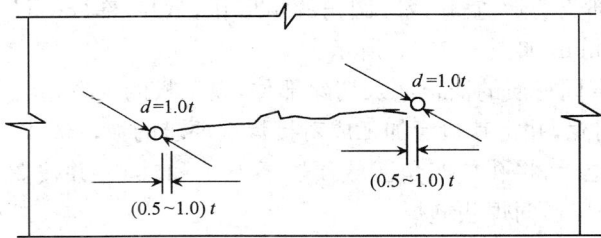

图6.38 裂纹的临时钻孔止裂

这样使裂纹端部的应力集中大为减弱,缓解裂纹继续扩展的趋势。这对于可扩展性裂纹是必不可少的。因为从构件上发现裂纹到实施修复加固需要一段时间,有时甚至需要相当长时间,如不采取临时止裂措施,裂纹有可能在实施修复加固前,已经发展到整个截面,造成较大损失的工程事故。

对裂纹采用临时止裂措施后,再进一步研究和观测其扩展性质,以决定其修复或加固的适宜方案,不宜直接补焊,以免恶化金属的材质、增添附加焊接应力及产生新的有害裂纹。

钢结构中裂纹的修复加固方法大体可分为:焊补法修复、嵌板法修复和附加盖板法修复等。

2. 裂纹的焊补法修复

修复裂纹时应优先采用焊接方法,它一般针对单个裂纹或相距较远互不相交的裂纹群,一般按下列顺序进行:

1) 清洗裂纹两边各80mm以上范围内板面油污至洁净的金属面。

2）用碳弧气刨或风铲将裂纹边缘加工出坡口，直达裂纹端部的临时止裂钻孔。坡口形式根据板厚和施工条件按现行《气焊、手工电弧焊及气体保护焊焊缝坡口的基本形式和尺寸》的要求选用。

3）将裂纹两侧及端部金属预热至100～150℃，并在焊接过程中保持此温度。

4）采用与母材相匹配的低氢型焊条或超低氢型焊条施焊。

5）尽可能用小直径焊条以分层逆向焊施焊，每一焊道焊完后宜立即锤击。

6）按设计和《钢结构工程施工及验收规范》(GB50205-2001)的要求验收焊缝质量。

7）对承受动力荷载的构件，焊补后其表面应磨光，使之与原构件表面齐平，磨削痕迹线应大体与裂纹切线方向垂直。

8）对重要结构或厚板构件，焊补后应立即进行退火处理。

**3. 裂纹的嵌板法修复**

对网状、分叉裂纹区和有破裂、过烧或烧穿等缺陷的梁、柱腹板部位，宜采用嵌板修补，修补顺序为：

1）检查确定缺陷的范围。

2）将缺陷部位切除，宜切成带圆角的矩形孔。切除部分的尺寸均应比缺陷范围的尺寸大100mm，如图6.39(a)所示。

3）用等厚度同材质的嵌板嵌入切除部位，嵌入板的长宽边缘与切除孔间应留有2～4mm的间隙，并将其边缘加工成对接焊缝要求的坡口形式。

4）嵌板定位后，将孔口四角区域预热至100～150℃，并按图6.39(b)所示的顺序采用分段分层逆向焊法施焊。

5）检查焊缝质量，打磨焊缝余高，使之与原构件表面齐平。

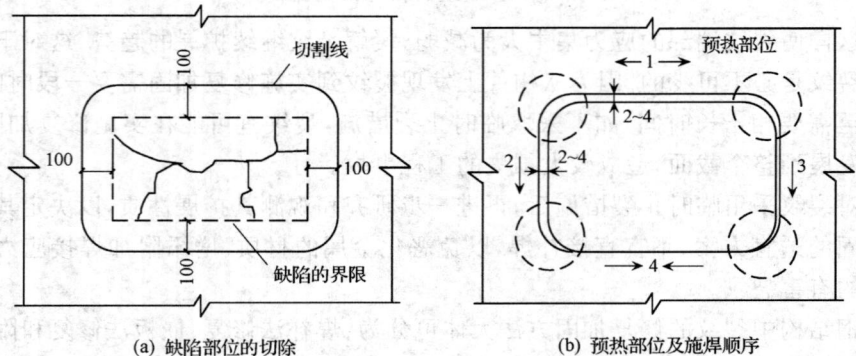

(a) 缺陷部位的切除    (b) 预热部位及施焊顺序

图6.39　裂纹的嵌板法修复示意

**4. 裂纹的附加盖板修补法**

对某些受力关键部分的裂纹和裂纹较为集中但又不宜采用嵌板法修复的部位，可用附加盖板修复。一般宜采用双层盖板，此时裂纹两端仍需钻孔止裂，暂时阻止裂纹扩展。

　　当盖板用焊接连接时,应设法将加固盖板压紧,其厚度与原板等厚,焊脚尺寸等于板厚,盖板的尺寸和焊接顺序可参照图 6.39 执行。

　　当盖板用摩擦型高强螺栓连接时,在裂纹每侧采用双排螺栓,盖板宽度以能布置螺栓为宜,盖板的长度每边应超出裂纹端部 150mm 为宜。

<h1 style="text-align:center">思 考 题</h1>

　6.1　钢结构缺陷的种类和产生的原因。

　6.2　钢结构事故的种类?

　6.3　钢结构的加固方法有哪些?

　6.4　钢柱、钢梁、钢屋架的加固方法及注意事项?

　6.5　钢结构裂纹的处理方法有哪些?

# 第七章 渗漏事故处理

渗漏水是建筑工程中普遍存在的质量问题。本章介绍了工程中用于防渗、堵漏的材料种类、性能及使用方法,屋面、墙面、厨房及卫生间、地下室渗漏事故的原因和处理方法。

## 7.1 密封堵漏材料

目前,用于防渗、堵漏方面的材料品种很多,性能也不相同。按材料的化学成分一般可分为高聚物改性沥青密封材料、合成高分子密封材料和无机防水堵漏材料等类别。在进行渗漏事故处理时,必须严格掌握各种密封、堵漏材料的技术性能、特点、使用范围和施工要求,才能切实达到防渗、堵漏的目的。

### 7.1.1 选择密封、堵漏材料的原则

各种密封、堵漏材料的性能、使用条件各不相同,在选用时,要根据事故所处的部位及环境条件,合理地选择密封、堵漏材料,以确保处理效果。

1. 屋面

屋面是直接受到日晒、雨淋和风吹的部位,渗漏事故较为频繁,大部分渗漏事故出现在屋面板接缝、屋面各种节点等部位。因此,要优先选用弹塑性、粘结性及耐久性能好的材料。

2. 压顶

压顶是建筑物中经受严酷气候条件作用的部位之一,受严寒与烈日循环作用,温度变化幅度可达 100℃ 以上,而且又是温差、结构变形较为敏感的部位。所以,处理压顶渗漏事故的材料,不论是在混凝土上或金属上,均应选用优质弹性的密封材料。

3. 外墙

外墙的防水往往不被人们重视,但许多混凝土大板墙面、砖砌体墙面的渗水,已经成为一个不可忽视的问题。外墙受到风压力、墙体内外压力差、重力和毛细管现象的共同作用,往往造成雨水从墙体上的微小缺陷部位渗入室内,造成渗漏,楼层越高,危害程度越大。由于墙体裂缝的开展是逐渐发生的,不能等待稳定后再行处理,因此最好选低弹性模量、高延伸率的品种。

4. 外墙门窗框

由于种种原因,外墙门窗框周围的渗漏现象也时有发生。由于门窗框凹入墙

内,缝隙在侧面,不直接受雨水冲刷,故一般选用中档密封材料处理。

5.厨房、卫生间

厨房、卫生间中,经常受冷、热水的交替作用,洗浴时接触的水温一般为40~60℃,水位升降与水温变化、浴盆的变形等会引起某些接缝处渗漏;暖气管穿过墙、地板部位,经受管道冷、热变化和胀缩的影响也会引起渗水、漏水。因此厨房、卫生间的渗漏处理应选用弹塑性好且耐水的材料。

6.地下室

地下室受地下水压力的作用,常见的渗漏有阴角裂缝漏水、墙面大面积慢渗、变形缝漏水、各种穿墙管道节点渗漏等,因此应选用能经受水压力作用的快凝堵漏剂进行处理。

7.水池等蓄水构筑物

经常受水浸泡的构筑物,在选择密封堵漏材料时,要考虑能经受水压的冲击,不能因浸水而产生酥松及析出物,致使水质污染;密封材料与基层的结合,不应由于长期浸水而造成粘结老化,使粘结层剥离。故应针对具体情况,选择合适的密封材料。

## 7.1.2 高聚物改性沥青密封材料

1.沥青橡胶防水嵌缝膏

以石油沥青为基料,以废橡胶粉为主要改性材料,加入松焦油、重松节油、30号机油、填料等配制而成。其主要技术性能如表7.1所示。

表 7.1 沥青橡胶防水嵌缝膏技术性能

| 项　次 | 技　术　性　能 | | 指　标 |
|---|---|---|---|
| 1 | 耐热度 | 温度/℃ | 80 |
| | | 下垂值/mm | 1~4 |
| 2 | 粘结性 | 不小于/mm | 30 |
| 3 | 保油性 | 渗油幅度/mm | 0~0.5 |
| | | 渗油张数不多于/张 | 2 |
| 4 | 施工度 | 不小于/mm | 25 |
| 5 | 挥发性 | % | 0~0.5 |
| 6 | 低温柔性 | 温度/℃ | -20 |
| | | 粘结状况 | 合格 |
| 7 | 浸水后粘结性 | 不小于/mm | 20 |

使用范围:预制混凝土屋面板、墙板等构件,以及各种板材的板缝嵌填。

特点:夏季不流淌,冬季不脆裂,粘结力强,延伸性、耐久性、弹塑性较好,便于常温下施工。

施工要求:如施工温度过低,膏体变稠难以操作时,可进行间接加热使用。使用时除配制底涂料外,不得用汽油、煤油等稀释。施工后,桶中的余料应密闭,置于5~25℃室温中保存,保存期为6~12个月。

2.桐油渣、废橡胶沥青防水油膏

以桐油渣、废橡胶粉、石油沥青及滑石粉、石棉绒为主要材料配制而成,主要技术性能如表7.2所示。

表7.2　桐油渣、废橡胶沥青防水油膏技术性能

| 项次 | 技　术　性　能 | | 指标 |
|---|---|---|---|
| 1 | 耐热度 | 温　度/℃ | 90 |
| | | 下垂值/mm | 1~4 |
| 2 | 粘结性 | 不小于/mm | 15~40 |
| 3 | 保油性 | 渗油幅度/mm | 0~5 |
| | | 渗油张数不多于/张 | 2 |
| 4 | 施工度 | 不小于/mm | 15~22 |
| 5 | 挥发性 | % | 0.1 |
| 6 | 低温柔性 | 温　度/℃ | −20 |
| | | 粘结状况 | 合格 |
| 7 | 浸水后粘结性 | 不小于/mm | 15~37 |

使用范围:各种混凝土屋面板、墙板等构件节点的防水密封。

特点:夏季不流淌,寒冬柔软,粘结力强,耐久性、延伸性好,常温冷施工,价格低廉。

施工要求:同沥青橡胶防水嵌缝膏。

3.SBS沥青弹性密封膏

以热塑性弹性体SBS改性沥青,加入软化剂、防老剂等助剂,采用二阶共混工艺,均匀混合而成,主要技术性能如表7.3所示。

表7.3　SBS沥青弹性密封膏技术性能

| 项次 | 技　术　性　能 | | 指标 |
|---|---|---|---|
| 1 | 针入度 | 25℃ 100g 大于/mm | 6 |
| 2 | 软化点 | 环球法 大于/℃ | 95 |
| 3 | 延伸度 | 25℃ 大于/mm | 150 |
| 4 | 回弹率 | 25℃ 大于/% | 80 |
| 5 | 粘结性 | ∞字模 大于/mm | 15 |
| 6 | 低温柔性 | −20℃ 2h 弯曲 | 合格 |
| 7 | 保油性 | 渗油幅度 小于/mm | 5 |
| | | 渗油张数 小于/张 | 4 |

适用范围:建筑物屋面、墙板接缝,地下建筑接缝防水,建筑物裂缝修补。

特点:高弹性,低模量,延伸大,温感小,耐紫外线老化,价格较低,施工方便,不

黏手,不污染环境。

施工要求:采用喷灯或焊炬热熔施工工艺。施工时,将密封膏与基层同时加热,使基层干燥,提高粘结力。

### 7.1.3 合成高分子密封材料

**1. 塑料油膏**

以聚氯乙烯为基料,加以适量的改性材料及其他添加剂配制而成,分为802、703两种,主要技术性能如表7.4所示。

表 7.4 塑料油膏技术性能

| 项次 | 技术性能 | | 指标 | |
| --- | --- | --- | --- | --- |
| | | | 802 | 703 |
| 1 | 耐热性 | 温度/℃ | 80 | 70 |
| | | 下垂值/mm | 0~4 | 0~4 |
| 2 | 低温柔性 | 温度/℃ | −20 | −30 |
| | | 粘结状况 | 合格 | 合格 |
| 3 | 粘结延伸率 | % | 250~600 | 250~600 |
| 4 | 浸水延伸率 | % | 200~400 | 200~400 |
| 5 | 回弹率 | % | 80~96 | 80~96 |
| 6 | 挥发性 | % | 1~3 | 1~3 |
| 7 | 保油性 | 渗油幅度/mm | 1 | 1 |
| | | 渗油张数/张 | 3 | 3 |

适用范围:适用于混凝土屋面板、墙板、楼地面等结构的接缝防水、补漏。

特点:粘结力强,炎热不流淌,严寒不硬化,弹塑性好,耐酸碱,抗老化性好,采用热施工。

施工要求:热施工操作时,应注意防火,防烫伤,有一定的毒性,操作人员应有防护措施,储存期为12个月。

**2. 聚氯乙烯胶泥**

以聚氯乙烯为基料,掺入稳定剂、增塑剂、煤焦油和填充料等配制而成,主要技术性能如表7.5所示。

表 7.5 聚氯乙烯胶泥技术性能

| 项次 | 技术性能 | | 指标 |
| --- | --- | --- | --- |
| 1 | 抗拉强度 | 20±3℃ 大于/MPa | 0.05 |
| 2 | 粘结强度 | 20±3℃ 大于/MPa | 0.1 |
| 3 | 耐热度 | 大于/℃ | 80 |
| 4 | 常温延伸率 | 20±3℃ 大于/% | 200 |
| 5 | 低温延伸率 | −25℃ 大于/% | 10 |

适用范围:各种建筑屋面防水工程,并适用于有硫酸、盐酸、硝酸和氢氧化钠等腐蚀介质的屋面工程。

特点:延伸性好,有较高的防腐蚀性能。

施工要求:聚氯乙烯胶泥有时会有沉淀,使用时把桶倒置 24h 后,再横置滚动数次,或整桶倒入塑化炉搅拌均匀后使用,不影响胶泥质量。

3.SA-101 建筑密封膏

以丙烯酸乳液为胶粘剂,掺入少量表面活性剂、增塑剂、改性剂及填充料,颜料等配制而成,主要技术性能如表 7.6 所示。

表 7.6 SA-101 建筑密封膏技术性能

| 项次 | 技术性能 | | 指标 |
|---|---|---|---|
| 1 | 密度 | g/ml | 1.31 |
| 2 | 垂度 | mm | 0 |
| 3 | 针入度 | 1/10mm | 46~50 |
| 4 | 抗拉强度 | MPa | 1.2 |
| 5 | 断裂伸长率 | % | 360 |
| 6 | 拉伸恢复率 | 100%拉伸/% | 97 |
| 7 | 剥离强度 | MPa | 0.1~0.25 |

适用范围:门窗框与墙的密封,楼板裂缝密封。

特点:无溶剂污染、无毒、不燃,有良好的粘结性、延伸性、施工性、耐低温性、耐热性及抗大气老化性,可在潮湿基层上施工,操作方便,易于清洗。

施工要求:因密封膏为水乳型,要防冻、防雨,施工温度不得低于 4℃,未固化前应有防碰、防污染和防雨措施。

4.YJ-5 型水乳丙烯酸建筑密封膏

以丙烯酸酯乳液为胶粘剂,掺入少量表面活性剂、增塑剂、改性剂及填充料,色料等配制而成,主要技术性能如表 7.7 所示。

表 7.7 YJ-5 型水乳丙烯酸建筑密封膏技术性能

| 项次 | 技术性能 | | 指标 |
|---|---|---|---|
| 1 | 表干时间 | h | 0.5~1 |
| 2 | 施工性 | 40℃ 5h | 合格 |
| 3 | 耐热性 | 养护 14 天 70℃ 5h | 合格 |
| 4 | 延伸性 | 养护 3d/% | 300~400 |
| 5 | 粘结性 | 养护 30d | |
| | 干砂浆 | MPa | 0.45 |
| | 钢板 | MPa | 0.33 |
| | 陶瓷 | MPa | 0.19~0.2 |
| | 塑料板 | MPa | 0.19~0.35 |
| | 铝板 | MPa | 0.25 |
| 6 | 回弹性 | 养护 30d 大于/% | 85 |
| 7 | 收缩性 | 养护 30d /% | 8~10 |
| 8 | 低温柔性 | ℃ | —35 |
| 9 | 老化性能 | 暴晒 1a | 无变化 |

适用范围:钢、铝、混凝土、石膏板、玻璃、陶瓷、塑料等材质的嵌缝防水密封。

特点:有良好的耐老化性、耐水性,无大气污染,力学性能优良,挤出性好,80℃不起泡、不开裂、不剥离,-35℃保持良好柔性。

施工要求:将板缝清洗干净,填入惰性封孔衬垫材料,嵌填密封膏,5℃以下不宜施工,应防止碰撞、污染及雨淋。储存期为8个月。

**5.CB型丙烯酸建筑密封膏**

以丙烯酸、Z-乙基己酯、丙烯腈单体共聚乳为基料,加入适量的表面活性剂、改性剂、增塑剂、触变剂等助剂配制而成,经水分挥发与改性剂的交联反应,形成胶结状弹性体。

适用范围:混凝土内、外墙板缝、屋面板缝、楼板缝,各种管道与墙体、楼板节点的防水密封,各种门窗框与墙体的密封,盥洗间陶瓷器具与墙体的防水密封。

特点:无溶剂污染、无毒、不燃,粘结性、延伸性、耐低温性优良,适应温度-40~80℃,并可在潮湿基层上施工。

施工要求:沿需进行防水处理的缝隙,凿出宽为15mm,深为10mm的凹槽,将基层清洗干净后,将密封膏挤入槽内,进行密封处理。

**6.聚硫密封膏**

以液态聚硫橡胶为主剂,与金属过氧化物等硫化剂反应,在常温下形成弹性体。目前常见的有XM-38,JLC-6等品种,主要技术性能如表7.8所示。

表7.8 聚硫密封膏技术性能

| 项次 | 技术性能 | | 指标 | |
|---|---|---|---|---|
| | | | XM-38 | JLC-6 |
| 1 | 扯断强度 | 不小于/MPa | 1.0 | 0.5 |
| 2 | 低温柔性 | 不断裂/℃ | -55 | -60 |
| 3 | 延伸率 | 大于/% | 150 | 350 |
| 4 | 剥离强度 | 大于/MPa | 0.2 | |

适用范围:混凝土墙板、楼板、钢、铝窗结构,上下水管道等接缝。

特点:有良好的耐候性、耐湿热、耐水和耐低温等性能,抗撕裂强度、粘结性好,无溶剂、无毒、使用安全可靠,适用温度-40~90℃。

施工要求:使用时按规定将基膏(A组分)、硫化剂(B组分)和促进剂(D组分)等充分混合均匀,气温为20~42℃时,A:B = 100:10,气温为10~32℃时,A:B:D = 100:11.5:0.3。操作时密封膏应避免直接接触皮肤。

**7.堵漏密封胶带**

以氯化丁基橡胶为基料,掺入一定的辅助材料复合而成的带状密封材料,外观为不干性均质塑性体,主要技术性能如表7.9所示。

### 表 7.9 堵漏密封胶带技术性能

| 项次 | 技术性能 | | 指标 |
|---|---|---|---|
| 1 | 耐热性 | 130℃ 2h | 保持棱角,不结皮 |
| 2 | 低温柔性 | -40℃急弯180° | 无裂纹 |
| 3 | 粘结剪切强度 | 不小于/MPa | 0.04 |
| 4 | 耐水性 | 23℃水浸泡15d,增重率小于/% | 2,外观不脱粘 |
| 5 | 浸水结合性 | 23℃水浸泡24h | 与水泥混凝土不脱落 |
| 6 | 耐酸性 | 5%盐酸溶液浸泡24h | 粘结剪切强度≥0.04MPa |
| 7 | 耐碱性 | 5%氢氧化钠溶液浸泡24h | 粘结剪切强度≥0.04MPa |

适用范围:内外墙板接缝、刚性屋面伸缩缝、管道与楼地面接缝、门窗框与墙体接缝,管道连接处和卫生间的防水密封。使用温度范围为-45~120℃。

特点:与水泥、混凝土、陶瓷、橡胶、塑料等有较好的粘结力和密封性能,有优异的气密性、水密性和延伸性。

施工要求:将拟处理处清理干净,填铺密封胶带,施工极为方便。

8. 自粘型橡胶密封条

自粘型橡胶密封条是以特种橡胶、防老剂和无机填料等材料经混炼后,压延成条状的密封材料,主要技术性能如表7.10所示。

### 表 7.10 自粘型橡胶密封条技术性能

| 项次 | 技术性能 | | 指标 |
|---|---|---|---|
| 1 | 粘结强度 | 不小于/MPa | 49 |
| 2 | 抗拉强度 | 不小于/MPa | 9.8 |
| 3 | 延伸率 | 不小于/% | 1000 |
| 4 | 体积膨胀率 | | |
| | 耐酸 | 5%盐酸溶液浸泡7d/% | 0 |
| | 耐碱 | 5%烷碱溶液浸泡7d/% | 0.5 |

适用范围:卫生洁具与墙面等接缝的密封防水,各种管道接缝的防水密封,陶瓷、塑料等材料接缝或裂缝处理。

特点:有较强的粘结性,有较高的延伸性,能适应各种复杂缝隙的需要,施工操作方便。

施工要求:将基层清理干净,将密封条嵌填入缝隙中。

9. 遇水膨胀橡胶

遇水膨胀橡胶是20世纪80年代的新型防水材料,有制品型和腻子型两种,都具有遇水膨胀和止水的功能,又具有橡胶的特性。腻子型遇水膨胀橡胶的主要技术性能如表7.11所示。

表 7.11　腻子型遇水膨胀橡胶技术性能

| 项次 | 技术性能 | | 指标 |
|---|---|---|---|
| 1 | 静水中最大膨胀率 | % | ≥550 |
| 2 | 耐高温 | 80℃ | 不流淌,不影响膨胀 |
| 3 | 耐低温 | −10℃ | 不开裂,不影响膨胀 |
| 4 | 与混凝土粘合力 | MPa | >0.1 |
| 5 | 止水能力 | MPa | 0.8 |

适用范围:制品型可用于建筑物变形缝,施工缝,混凝土、金属等各类预制构件接缝防水。腻子型适用于现场现浇混凝土的施工缝,以及混凝土裂缝漏水的处理,可直接嵌入预制构件间任意形状的接缝。

特点:具有一定的弹性和极大的可塑性,遇水膨胀后,塑性进一步增大,堵塞住混凝土的缝隙,达到防水、止水的目的,施工非常方便。

施工要求:对地下室等混凝土裂缝,用腻子型遇水膨胀橡胶处理时,先沿裂缝将混凝土凿成宽 30mm、深 40mm 的凹槽,槽底用腻子型遇水膨胀橡胶堵塞,并用小工具将其压紧在槽底,约占槽深的 1/3,其余 2/3 用 1∶2 快硬高强水泥砂浆将槽嵌填、夯实、封严,抹平即可。注意槽壁不得被腻子污染。

10. 万可涂

万可涂为有机硅乳液型建筑憎水剂,系乳白色水性液体。

适用范围:各类建筑物墙面防渗和防水,可保持饰面颜色,防止污染。

特点:pH 值为 4～5,无腐蚀性,不燃烧,不污染环境,常温下在建筑物表面涂刷 24h 后即可阻断雨水浸入。这种憎水剂不封闭毛细管,可把墙体内水分逐渐排出,且室外雨水又不能浸入,只能形成水珠滚落,保持了建筑饰面的完整和美观。

万可涂固化后,具有防霉、保色、防冻融、裂解剥落和防表面风化、泛碱等作用。

施工要求:使用时,按万可涂∶水＝1∶15 的比例用自来水稀释,用喷雾器直接向墙面喷涂,常温 24h 后自然固化,冬季固化时间稍长。

## 7.1.4　无机防水堵漏材料

1. 确保时

确保时是以国外的确保时母料(CopRox)为主要原料,配以各种辅料,均匀混合而成的水硬性无机防水材料,为白色粉状体。

适用范围:地下室、卫生间、刚性屋面的防水堵漏。

特点:无毒、无味、无收缩,防水、抗冻、耐碱、耐老化,施工方便。

施工要求:基层应坚实、干净,用水饱和湿润,但不要积水和有流水。施工时先装水,再按比例边下料边搅拌至黏糊状,静置 0.5h 后使用。可涂膜,也可掺干净细沙调成防水砂浆抹灰。每层施工完毕 0.5h 左右,及时轻轻洒水养护,保持湿润,避免早期脱水出现粉化。

## 2. 堵漏灵

堵漏灵是由专用原料 HU847 和水泥等辅料,经特殊工艺处理而成的新型水硬性无机粉状高效多功能防水材料。

适用范围:可防水堵漏、抗渗、防潮,用于楼地面、屋顶防水层、室内外墙装饰和厨房、卫生间防水,铸铁管件堵漏,以及粘结面砖、马赛克、大理石等。

特点:耐盐碱、抗高温、耐候性强、耐腐蚀、耐老化、抗压、抗折强度高,粘结力强,能与混凝土、砂浆、砖石整体粘结,可在潮湿面上施工。

施工要求:基层要求坚固,不得酥松、脱皮、空鼓,不得有油漆、浆皮、杂土等。施工前将基层清扫干净,用水冲刷,如有明显漏水点,应用凿子把出水点凿成倒梯形、矩形沟槽或空洞,至出新茬为止。

02 型堵漏灵:适用于大面积涂刷、抗渗防潮。它的施工方法有 3 种。

(1) 涂刷法

涂刷分两层进行。第一层浆料的配比为02 粉料：水＝1：(0.7～0.8),第二层浆料的配比为02 粉料：水＝1：(0.8～1.0)。在容器中放入 02 粉料后,先加入配比总水量的 1/2,充分搅拌成浆,然后在不断搅拌下将剩余的水倒入,搅拌 3～5min,静置 0.5h 后使用。涂刷前,先将基层用水充分湿润后再进行涂刷,每遍表面收水后再涂刷下一遍,层与层间交叉涂刷,第二遍涂刷完过夜后,喷水湿润养护3d。

(2) 刮压法

将堵漏灵配成腻子使用。配比为 02 粉料：水＝1：(0.4～0.5),搅拌 3～5min使用。第一层压完后 6～8h 或过夜后喷水湿润,再刮压第二层,两层横竖交叉刮压,第二层刮压过夜后,喷水湿润养护 3d。

(3) 刮压-涂刷法

第一层按刮压法操作,第二层按涂刷法操作。

03 型堵漏灵的用法如下:配合比为 03 型粉料：水＝1：0.15,在盆内搓成类似中药丸硬度的湿硬料,拍成饼状,静置 15～20min 即可使用。操作时将 03 型湿硬料切成小块,放入已凿好并清刷干净的孔洞或沟槽内,用铁锤锤击垫木,将 03 型湿硬料挤压密实,周边处用小压子挤紧,即能立即止漏。

## 3. 防水宝

防水宝是一种建筑用刚性无机材料,呈固体粉状,又分为 I、II 两种类型和与其配合的速凝剂,主要技术性能如表 7.12 所示。

适用范围:新、旧混凝土和砖石结构的墙体、屋面、厨房、卫生间等工程的防水堵漏。特别适用于地下室防水工程。

特点:强度、粘结力、抗渗性、抗冻性良好,无毒、无味、不污染环境,可带水作业。

表 7. 12 防水宝技术性能

| 项次 | 技术性能 | | 指标 | |
|---|---|---|---|---|
| | | | I 型 | II 型 |
| 1 | 凝结时间 | 初凝大于/min | 40 | 90 |
| | | 终凝小于/h | 6 | 2.5 |
| 2 | 强度 | 抗压 7d/MPa | 18～20.5 | 46.7～54.4 |
| | | 抗折 7d/MPa | 4.2～5.3 | 5.7～7.2 |
| 3 | 粘结强度 | 7d/MPa | 1.8～2.1 | 1.8～2.5 |
| 4 | 抗渗 | 2mm 厚 1h/MPa | 0.5～1 不透水 | 0.5～1.1 不透水 |
| 5 | 抗硫酸盐腐蚀 | | $K=0.81$ | $K=1.11$ |

　　施工要求：I 型为灰色粉末，可掺入各种颜料调成所需要的颜色，涂抹到墙面，既可防止渗漏又可兼为装饰。II 型为灰色粉末，能在大面积渗水的工程上施工，达到快速止水的效果。加入 2%～6% 的速凝剂可调节凝固时间，作为永久型快速堵漏材料。

　　4. 快速堵漏灵

　　快速堵漏灵为灰黑色粉末状，用水迅速拌合为浆体，发生激烈水化反应，并具有微膨胀性能，是一种微膨胀水硬性胶凝材料，主要技术性能如表 7.13 所示。

表 7. 13　快速堵漏剂技术性能

| 项次 | 技术性能 | | 指标 |
|---|---|---|---|
| 1 | 净浆加水量 | /% | 35 |
| 2 | 凝结时间 | 初凝/min | 1～3 |
| | | 终凝/min | 4～5 |
| 3 | 净浆抗压强度 | 15min 大于/MPa | 10 |
| | | 30min 大于/MPa | 13 |
| | | 1d 大于/MPa | 35 |
| | | 28d 大于/MPa | 55 |
| 4 | 净浆线膨胀率 | 1d/% | 0 |
| | | 5d/% | 0.05 |
| | | 28d/% | 0.072 |

　　适用范围：广泛用于房屋地下室、卫生间、地下和水上各种建筑物的堵漏止水、抢修灌注等。

　　特点：快凝快硬，强度高，有微膨胀。

　　施工要求：对于慢渗水，可用快速堵漏灵配成胶泥，放在手上感到胶泥稍发热时，迅速迎漏水处压紧，持续 10min，即可把水堵住。对于涌流孔，先导流后堵漏。对于大面积慢渗,可用 25% 的快速堵漏剂与 75% 的普通水泥拌合成浆体,用抹面方法封住渗漏面,再用掺 U 型膨胀剂(水泥质量的 10%)的水泥砂浆抹面。

5. 无机铝盐防水剂

无机铝盐防水剂是以无机铝为主体,同时加入多种无机盐类混合而成的水溶液,将其掺入水泥砂浆中,即可与水泥中的硅酸三钙在水化过程中生成氢氧化钙,通过化学反应,产生不溶于水的胶体物质和晶体物质,可填充水泥砂浆内部的孔隙,从而堵塞砂浆或混凝土中的毛细孔道,提高了砂浆和混凝土的抗渗能力。

适用范围:修复已渗漏的地下工程和解决水池及厕、浴间等工程的防水堵漏问题。

特点:施工方便,价格低廉,耐久性好,防水性能显著。

施工要求:准确按规定比例掺入砂浆或混凝土中,充分搅拌均匀后即可使用。

主要技术性能:抗渗压力>2MPa;初凝时间 10～60min。

6. 硅酸盐防水剂

硅酸盐防水剂包括常用的二矾防水剂、四矾防水剂、新建牌防水剂、鸡牌水泥快燥精等。这几种防水剂都是以水玻璃为基料,加入适量硫酸铜、重铬酸钾等材料与水配制而成。其配合比见表 7.14 所示。

表 7.14　硅酸盐防水剂配合比

| 材 料 名 称 | 二矾<br>防水剂 | 四矾<br>防水剂 | 新建牌<br>防水剂 | 鸡牌<br>水泥快燥精 |
|---|---|---|---|---|
| 硫酸铜(胆矾、蓝矾) | 0.2 | 0.2 | 0.44 | |
| 重铬酸钾(红矾甲) | 0.2 | 0.2 | 0.09 | |
| 硅酸钠(水玻璃) | 86.6 | 86.4 | 63.3 | 92.6 |
| 硫铝酸钾(白矾、明矾) | | 0.2 | 0.44 | |
| 铬酸矾(紫矾) | | 0.2 | | |
| 硫酸亚铁 | | | 0.2 | |
| 硫酸钠 | | | | 0.93 |
| 荧光粉 | | | | 0.0005 |
| 水 | 13.0 | 13.0 | 35.6 | 6.5 |

适用范围:二矾防水剂,作为水泥促凝剂,用于堵塞局部渗漏,不宜拌入刚性防水层中;四矾防水剂,一般自行配制,掺入水泥砂浆或混凝土中,用于修补缝、洞的渗漏,配制时先将水加热至 100℃,将四矾加入水中继续搅拌至全部溶解后停止加热,自然冷却到 50℃左右,加入水玻璃,搅拌均匀即可;新建牌防水剂,是具有促凝作用的绿色液体,掺入水泥中配成防水胶浆,或用于局部涌水,或涂刷在基层上形成胶膜防水层,在屋面、地下室等工程堵漏中应用;鸡牌水泥快燥精,只能用来配制

成水泥胶浆,用于堵塞渗漏,不能配入刚性防水层中。

特点:现场使用,十分方便,堵漏效果明显。

施工要求:

(1) 促凝剂水泥浆

在水灰比为 0.55~0.6 的水泥浆中,掺入水泥质量 1%的促凝剂拌合均匀而成。

(2) 快凝水泥砂浆

在水泥砂浆中掺入一定量的促凝剂配制而成。水泥:沙子=1:1,干拌沙子灰后,用促凝剂:水=1:2 的混合液,以水灰比 0.45~0.5 拌制而成。因其凝固极快,故应随拌随用。

(3) 快凝水泥胶浆

用水泥和促凝剂直接拌合而成。根据使用条件及要求不同,配合比为水泥:促凝剂=1:(0.5~0.6)或1:(0.8~0.9)。这种胶浆在水中同样可凝固。施工操作时,应随拌随用,从开始拌合到操作使用,以 1~2min 为宜。

# 7.2　屋面渗漏事故处理

## 7.2.1　屋面渗漏的原因

屋面渗漏,不仅影响建筑物的正常使用,而且使屋面板钢筋锈蚀,缩短房屋的使用寿命。

屋面渗漏现象是十分普遍的。据江苏省建筑科学研究院统计,全省大约有 60%的平屋面渗漏;上海对 248 幢民用住宅的调查中,发现有 168 幢屋面渗漏,占 67%;北京地区对 1438 幢楼房的调查结果表明,屋面渗漏的有 660 幢,占 44.4%;北京某建筑公司的回访工程中,渗漏问题占一半以上。许多统计资料说明,用于房屋渗漏维修的费用约占全部维修费用的 50%左右。

造成屋面渗漏的主要原因有 6 条,介绍如下:

(1) 材料质量差

材料质量差是渗漏的主要原因之一。屋面防水大多采用沥青油毡柔性防水。由于沥青没有改性,存在低温脆裂、高温流淌、抗拉强度低、易龟裂、老化等缺点,因此普通沥青卷材防水屋面存在很多问题。据有关部门的调查,沥青油毡防水屋面从竣工到开始出现漏水的年限在逐年缩短,甚至有不少房屋,竣工不到一年就发生渗漏。

(2) 与基层结合不良

粘结不良使防水层起鼓,被包围在鼓泡内的气体受到温度的影响发生热胀冷缩,最终导致防水层破裂,引起漏水。另外,基层随温度的变化发生伸缩,使防水层的局部应力增加,也会导致防水层破裂。

(3) 局部未处理好

搭接部位和施工较困难部位未处理好而引起局部漏水较为常见。如屋面的阴阳角、排水沟的作法过于简单,卷材收口处开裂、龟裂;女儿墙及突出屋面部位(如水箱、排气孔、烟囱等)的垂直面与屋面交接处未分层搭接好。

(4) 施工质量低劣

施工质量低劣。如基层凹凸不平处未加平整就做防水层,遇雨积水,长期潮湿,引起材料霉烂;又如,施工机械的不正确使用或不注意防水卷材保护,引起防水层破损而导致漏水。

(5) 设计不周

设计不周。如屋面坡度过小造成排水不畅;天沟长度过大,纵向坡度小,雨水口少,导致屋面积水;檐口、伸缩缝、排水口、出水口、管根、板缝等部位的防水构造设计不当。

(6) 人为的冲击

施工期或使用期,人经常在非上人屋面上活动,造成防水层的损坏而引起漏水。

有资料表明,屋面防水在大面积范围发生破坏而渗漏的情况约占 21%,而在特殊部位发生破坏而渗漏的约占 76%。这说明大部分的破坏出现在屋面的特殊部位。

屋面防水层的维修包括修补和改造两个方面。所谓修补是指对屋面局部出现的渗漏进行修补;改造则是指屋面经过长期使用后(一般 10 年以上),因材料老化或多处渗漏而进行大面积维修乃至整个屋面防水层的更新。

### 7.2.2 卷材防水屋面渗漏事故处理

1. 卷材防水层鼓泡

事故特征:卷材防水层鼓泡,一般在施工后不久产生,尤其在高温季节施工更容易发生。鼓泡一般由小到大,逐渐发展。鼓泡的直径由数毫米至数百毫米不等,大小鼓泡还可能串连成片。将鼓泡割开后,可见鼓泡内呈蜂窝状,玛琋脂被拉成薄壁,鼓泡越大,蜂窝壁越高。

卷材防水层鼓泡,虽不会致使屋面立即发生渗漏,但鼓泡会使防水层过度拉伸疲劳,保护层脱落,加速防水层老化,有可能导致防水层破裂而造成屋面渗漏。

原因分析:产生鼓泡的原因主要是基层(找平层、保温层)含水率过高而引起的。另外,沥青胶结材料熬制时脱水不充分、卷材受潮、铺贴卷材时与基层粘结不实,裹入空气等,也是引起卷材防水层鼓泡的原因。

处理方法:应根据鼓泡的大小以及严重程度,采用不同的方法进行处理(见表 7.15)。

表 7.15　卷材防水层鼓泡处理方法及图示

| 处理方法 | 适用范围 | 具体作法 | 图示 |
|---|---|---|---|
| 抽气灌油法 | 直径 100mm 以下的中、小鼓泡 | 在鼓泡的两边钻小孔,一孔用针筒抽出泡内空气,另一孔用针筒注入粘结剂,然后用力滚压,与基层粘牢,针孔处用密封材料封严 | |
| 切开粘结法 | 直径 100～300mm 的鼓泡 | 先铲除鼓泡处绿豆砂,然后用刀将鼓泡十字形切开,擦干水汽,清除鼓泡内旧玛琋脂,用喷灯烘干内部,按图中1～3的顺序,将切开的旧油毡分片重新用玛琋脂粘贴好,然后在开刀处新粘贴一方形油毡4,压入油毡5下,最后粘贴好油毡5。四边搭接处用铁烫斗加热压密平整后,重做绿豆砂保护层 | |

2.卷材防水层开裂

事故特征:卷材防水层开裂的形式可分为轴裂和无规则裂缝两种。轴裂是指发生于装配式结构沿轴线方向的开裂,横向裂开的位置往往是正对屋面板支座的上部,这类裂缝一般在屋面完工后1～4年内的冬季出现,开始出现时如发丝,以后逐渐加大,甚至达数十毫米宽,卷材被拉断后,造成屋面渗漏。无规则裂缝的位置、形状、长度各不相同,出现时间也无规律。

原因分析:

(1) 产生轴裂的原因有5种

1) 温度冷热变化,使屋面板发生胀缩变形。

2) 屋面板在结构允许范围内的挠曲变形,引起板端的角变位。

3) 混凝土屋面板本身的干缩。

4) 结构下沉引起屋面变形。

5) 吊车等设备振动引起的屋面变形。

(2) 产生无规则裂缝的原因有5种

1) 找平层强度低,质量差。

2) 屋面面积较大,分格缝设置不合理。

3) 水泥砂浆找平层干缩开裂。

4) 女儿墙与屋面交接处、穿过防水层管道的周围等部位,因温度变化影响和混凝土、砂浆干缩变形,产生通缝或环向裂缝。

5）防水层老化、脆裂。

处理方法：防水层开裂的处理方法，应根据裂缝的性质、部位参考表7.16所示进行。

表 7.16 卷材防水层开裂处理方法

| 处理方法 | 适用范围 | 具 体 作 法 | 图 示 |
|---|---|---|---|
| 盖缝条补缝法 | 垂直于屋脊的横向轴裂，但不适于积灰严重扫灰频繁的屋面 | 沿裂缝宽 350mm 范围内清理屋面，在裂缝中灌入玛琋脂或嵌入密封材料，然后用玛琋脂粘贴 Ω 形卷材盖缝条，并将粘贴部位粘牢、压平、封边，盖缝条上做绿豆砂保护层 | |
| 干铺卷材条法 | 垂直或平行屋脊的轴裂 | 沿裂缝宽 450～500mm 范围内清理屋面，在裂缝内灌入热玛琋脂或嵌入密封材料，再在裂缝上单边点贴一层 250～300mm 宽的卷材干铺条，条上用热玛琋脂铺贴 450mm 宽的一毡一油一沙 | |

**3. 卷材防水层流淌**

事故特征：屋面石油沥青卷材防水层发生流淌，一般出现在表层油毡，并在屋面完工后第一个高温季节出现。按油毡流淌的面积和长度不同，分为严重流淌、中等流淌、轻度流淌 3 种。

轻度流淌指流淌面积约占屋面面积的 20% 以下，流淌长度约为 20～30mm，在屋面坡脚有轻微皱褶现象；中等流淌指流淌面积占屋面面积的 20%～50%，大部分流淌长度在油毡搭接长度之内，屋面有轻微皱褶，天沟油毡脱空；严重流淌指流淌面积占屋面面积的 50% 以上，大部分流淌长度超过油毡搭接长度，屋面油毡大多皱褶成团，垂直面油毡已拉开、脱空，已出现渗漏现象。

原因分析：

1）玛琋脂的耐热度偏低。

2）使用了未加脱蜡处理的高蜡沥青。

3）屋面坡度大，而采用了平行屋脊的铺贴方法。

4）粘结层过厚，厚度超过了 2mm。

处理方法：对于屋面油毡防水层轻微流淌可不予以处理，如为严重流淌，应拆除重做。中等流淌可按表 7.17 中的方法处理。

**表 7.17 卷材屋面中等流淌处理方法及图示**

| 处理方法 | 适用范围 | 具体作法 | 图示 |
|---|---|---|---|
| 切割修理法 | 用于天沟油毡耸肩脱空,以及转角油毡拉开脱空 | 清除绿豆砂,将脱空油毡切开,刮除下部旧玛琋脂,待内部冷凝水汽晒干后,将下部已脱开的油毡用玛琋脂粘牢,加铺一层油毡后再将上部油毡封严压平,上面做绿豆砂保护层 | |
| 切割重铺法 | 天沟处油毡皱褶成团,需切除重铺 | 切除皱褶成团的表层油毡,并与原有油毡顺水流方向搭接并做绿豆砂保护层 | |
| 栽钉法 | 用于油毡防水层施工后不久,油毡有下滑趋势时 | 在下滑油毡二部,距屋脊 300~450mm 范围内,栽钉三排 50mm 圆钉,钉距 200mm,行距 150mm,钉眼上灌玛琋脂封闭 | |

4.卷材防水层剥离

事故特征:大面积的防水层与基层脱开、剥离,虽不影响防水功能,但对坡度较大的屋面及立面部位、屋面四周及檐口收头等部位,会影响防水质量。

原因分析:引起卷材防水层剥离的原因如下。

1)找平层质量低,酥松、起皮、起砂。

2)施工时找平层不干燥。

3)基层表面未清扫干净,有尘土等杂物形成隔离层。

4)基层表面有较大的凹凸不平,防水层粘结不实而剥离。

5)玛琋脂使用时温度过低,导致卷材粘结不牢。

6)卷材较厚,质地较硬,在复杂基层上粘贴不平服,也会使防水层剥离。

7)卷材铺贴质量不好,铺贴方法不当,周边粘贴不实而出现剥离。

处理方法:防水层出现剥离,可按表 7.18 中的方法进行处理。

## 表 7.18 防水层剥离处理方法

| 处理方法 | 适 用 范 围 | 作 法 |
|---|---|---|
| 切开处理法 | 在较小的屋面范围内 | 切开防水层,清扫找平层并使其干燥,涂刷粘结剂重新黏铺,并在切口缝上覆盖宽 300mm 的卷材条,粘贴牢固 |
| 机械固定法 | 在大坡面或立面上,切开掀起防水层有困难时采用 | 用带垫圈的钉子或压条钉压,钉距不大于 900mm,钉子上端用热玛瑞脂封严 |
| 接茬处理法 | 适用于屋面与主墙交接处 | 把防水层切开后,将立面卷材翻起,清扫找平层,满粘法铺贴一层卷材并与平面防水卷材压茬粘结,再将立面防水层翻下重新粘贴,卷材的搭接宽度不应小于 150mm |

5. 卷材防水层脱缝

事故特征:在卷材与卷材的搭接缝处,出现开胶脱缝情况较为普遍。屋面雨水沿搭接缝处浸入找平层,导致屋面渗漏。

原因分析:

1) 胶粘剂选用不当,粘结力差。

2) 施工操作不认真,胶粘剂涂刷不均匀或漏涂。

3) 卷材搭接面处理不干净。

4) 卷材间空气排除不彻底,滚压不实。

5) 涂刷胶粘剂后,粘结间隔时间掌握不好。

6) 所用胶粘剂耐水浸泡性差,当屋面有积水浸泡防水层时,使粘结强度降低而开裂。

7) 一些高分子卷材在高温状态下变形较大,如果接缝粘合不牢,也会将搭接缝拉开。

处理方法:翻开脱胶开口的卷材,将卷材的结合面用溶剂清洗干净,选用与卷材配套的胶粘剂重新粘合,粘合后及时滚压密实,并在接口处用密封材料封边(见图 7.1)。

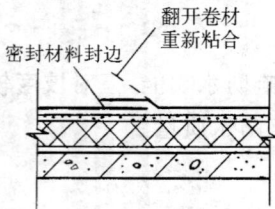

图 7.1 搭接缝粘合

6. 山墙、女儿墙部位漏水

事故特征:在山墙、女儿墙等部位的卷材收头开口或脱落、压顶板或挑眉砖抹面开裂和剥落、立墙与屋面连接处防水层开裂,致使雨水沿裂缝部位抄防水层后路进入室内,造成渗漏(见图 7.2)。

原因分析:

1) 卷材收头未钉牢、封严,风吹日晒而开口、剥落。

2) 女儿墙压顶、挑眉砖砂浆抹面因温度变化、砂浆收缩、冻融交替循环,砂浆开裂,雨水沿裂缝渗入墙本。

3) 干湿交替使预埋的木砖腐烂,铁钉锈蚀,形成渗水通路,雨水流经灰缝中砂浆不饱满的砌体进入室内,造成渗漏。

4) 屋面与立墙交接处因结构变形、温度影响而使转角开裂,将防水层拉断。

处理方法:建筑物的山墙、女儿墙部位渗漏比较普遍,造成渗漏的原因各不相同,因此,应针对造成渗漏的具体原因,确定处理方案,方可取得好的结果。常见的处理方法如表 7.19 所示。

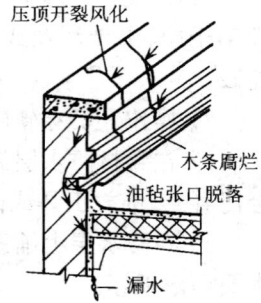

图 7.2 压顶、挑眉砖开裂

**表 7.19 山墙、女儿墙部位渗漏处理方法**

| 处理方法 | 适用范围 | 具体作法 | 图示 |
|---|---|---|---|
| 加固处理法 | 卷材收头局部开口脱落 | 清除卷材开口脱落处的旧玛琋脂,烘干基层,重新钉上防腐木条,将旧卷材粘贴钉牢,再在立面覆盖一层新卷材,收口处用密封材料封严 | |
| 密封墙体法 | 较低女儿墙的压顶、挑眉砖的砂浆抹面开裂、剥落 | 将压顶除去,凿平已开裂剥落的挑眉砖,用水泥砂浆将立面及顶面抹平,铺贴立面卷材至墙顶 1/3 宽处,密封墙体,再放上预制压顶,压顶上进行防水处理 | |
| 增铺附加层法 | 泛水处卷材开裂或局部损坏 | 将转角处开裂的卷材割开,烘烤后将旧卷材分层剥离,清除旧玛琋脂,将转角抹成圆弧形,然后干铺一层卷材附加层,再用搭茬法将新旧卷材咬口搭接 | |

7. 防水层破损

事故特征:在卷材防水层施工中或施工完后,以及在使用过程中,由于一些人为的因素,使防水层局部遭到破坏,从而导致屋面渗漏。

原因分析:

1）在进行卷材防水层施工时，对于厚度较薄的合成高分子卷材，常因基层清理不干净，夹带沙粒或石屑，铺贴防水卷材后，在滚压或操作人员行走时，将卷材扎破。

2）操作人员穿硬底鞋，在铺好的卷材屋面上行走、作业，易将卷材刺穿。

3）在卷材防水层施工完后，在上面行走运输车辆、搭设脚手架、搅拌砂浆和拌合混凝土、堆放工具或砖等材料，使防水层损坏。

4）在防水层上铺设刚性保护层、施工架空隔热层，以及工具不慎掉落等，将防水层局部损坏。

处理方法：发现卷材防水层被刺穿、扎破，应立即修补，以免在扎破处出现渗漏。修补工作应视破损情况和损坏面积而定，一般采用同样材料在上部覆盖粘贴。如果破坏面积较大，则应铲除破损部分，重新补做防水层。

8．天沟排水不畅或积水

事故特征：对于有组织排水的屋面，有的天沟排水不畅，甚至严重积水。沟底卷材长期受水浸泡，对合成高分子卷材，会降低接缝胶粘剂的粘结强度，出现开胶张口，导致天沟渗漏；石油沥青卷材长期受水浸泡，也容易使卷材腐烂，造成天沟渗漏。

原因分析：

1）天沟纵坡小于5‰，甚至出现倒坡。

2）施工操作马虎，出水口高于沟底，无法将沟中水排净。

3）管理不善，天沟落水管被堵塞。

处理方法：

1）天沟倒坡，应在天沟内拉线找出坡度，在沟底铺抹聚合物砂浆或热沥青砂浆，并按坡度线抹出纵坡。

2）出水口过高，应将出水口凿开，将落水口杯的标高降低至沟底最低标高以下约20mm，四周用密封材料嵌填封严后，增铺一层附加层，再将上部防水层做好，防水层伸入杯内不应小于50mm（见图7.3）。

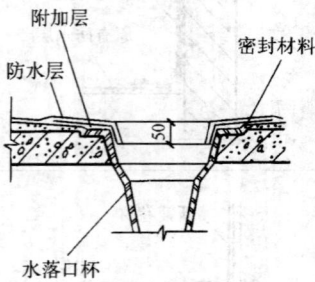

图 7.3　直式水落口

3）如系天沟或落水管堵塞，应清理杂物，进行疏通，保证排水通畅。

### 7.2.3　涂膜防水屋面渗漏处理

涂膜防水是指用高聚物改性沥青涂料或合成高分子防水涂料经涂刷而成的防水层。防水涂料是近几年发展起来的新型防水材料。它多以石油沥青为主要原料，以橡胶、塑料等为改性剂配制而成。防水涂料的稠度较小，所形成的涂膜层厚度不大，强度及延性也不很高。因此，它需要与玻璃丝布结合使用，才能满足有些防水工程的要求。

防水涂料具有如下特点：

1）对基底形状适应性强，特别对拐角、阴阳角、管根等部位出现渗漏的修补，十分方便。

2）操作简便，施工速度快，防水涂料采用冷施工法，可以涂刷，也可喷涂，基层也不必十分干燥。

3）对温度适应性强，能满足高温厂房和特殊工程的施工需要。

由于构造、施工等方面的原因，涂膜防水层也常出现渗漏事故。对于涂膜防水出现的渗漏事故，应根据具体原因及时加以处理。

1. 涂膜防水层气泡

事故特征：涂膜防水层施工完后，在一些薄质防水层上出现气泡。防水涂膜在干燥过程中，气泡在表面自行破裂，使涂膜层上形成一些孔眼，从而影响涂膜的封闭和完整性，导致渗漏。

原因分析：一些水乳型防水涂料在倾倒、搅拌及涂刷过程中，常常会裹入一些微小气泡，这些气泡随涂料涂布后，在干燥过程中会自行破裂，形成孔眼，严重时就会出现屋面渗漏。

处理方法：应根据所用涂料的品种，提前做好涂料搅拌准备，待涂料中气泡消除后，在已有气泡的防水层上再涂刷一次涂料，要按单方向涂刷，不要来回涂刷，避免产生气泡，总厚度要控制在 2mm 以上。

2. 涂膜防水层开裂

事故特征：涂膜防水层施工完后，在屋面板的支座上部开始出现沿轴线方向的细小裂缝，随着时间的延长，裂缝逐渐加大，涂膜防水层断裂，雨水沿裂缝渗入保温层而使屋面漏水。

原因分析：当屋面基层变形较大，特别是在软土地基地区，由于不均匀沉降，引起屋面变形，防水层开裂。另外，涂膜防水层厚度较薄，所选用的防水涂料延伸率和抗裂性较差，也会因为气温变化、构件胀缩、找平层开裂而将涂料防水层拉裂。

处理方法：对于在涂膜防水层上出现的轴向裂缝，可先用密封材料嵌填缝隙，再将裂缝两侧的涂膜表面清洗干净，干铺一层宽为 200mm 的胎体增强材料，在胎体增强材料上涂刷同类型的涂料两遍，然后再按原来涂膜防水层的作法进行涂刷（或加筋涂刷），宽度以 300mm 为宜。在新加的这层涂膜条两侧搭接缝处，用涂料进行多次涂刷，将缝口封严（见图 7.4）。

3. 涂膜防水层鼓泡

事故特征：因基层或施工中滞留在涂膜防水层下的水分，在温度作用下蒸发膨胀，造成涂膜

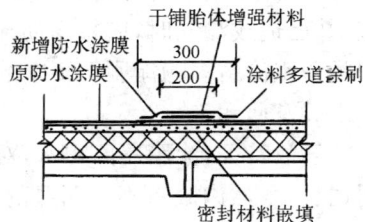

图 7.4 轴向裂缝处理

防水层鼓泡,小的鼓泡直径仅有十几毫米,大的可达几百毫米,鼓泡可随气温的降低而消失,由于鼓泡的反复变化,涂膜防水层被拉伸变薄,容易使涂膜老化,并使其破坏而造成屋面渗漏。

原因分析:

1)找平层含水率过高,尤其在夏季高温条件下施工时,涂层表面干燥结膜快,找平层中的水分受热蒸发,当涂膜与基层还没有粘结牢固时即造成鼓泡。

2)冬季低温施工,涂膜表干但没有实干就涂刷下一遍涂料,在高温季节就容易出现鼓泡。

3)每道涂料涂刷太厚,表层干燥结膜,而内部水分不能逸出,也容易产生鼓泡。

处理方法:当涂膜防水层上的鼓泡较小,且数量很少,不会影响防水层质量时,可以不进行处理。对于一些中、大型鼓泡,可用针刺法将鼓泡内的气体放出,再用防水涂料将针孔封严。如果鼓泡直径很大,则应将其切开,在找平层上重新涂刷涂料,新旧涂膜搭接处应增铺胎体增强材料,并用涂料多道涂刷封严(见图 7.5)。

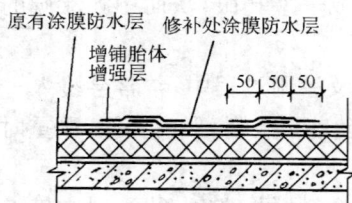

图 7.5　新旧涂膜搭接处处理

4.涂膜防水层露筋

事故特征:涂膜屋面露筋,多发生在用玻璃丝布做胎体增强材料的涂膜防水层。露筋处涂膜中的玻璃丝布呈条带状突棱,露出白茬和网眼,雨水由网眼进入屋面保温层,使屋面出现渗漏。

原因分析:原因有 3 条,介绍如下。

1)用玻璃丝布做屋面的胎体增强材料,虽然抗拉强度高,但柔韧性较差,对温度的影响较敏感,不能适应季节和昼夜剧烈温差变化所引起基层的变形。温度稍有变化,如暴晒后突然下雨,温度骤降,就可看到明显的突棱,这些突棱部分,经常受拉伸、压缩的反复作用,使防水涂膜老化、变脆、脱落而露出玻璃丝布的网眼。

2)涂膜屋面施工时,玻璃丝布未铺贴平整。

3)涂膜层厚度过薄。

处理方法:对于露筋不严重,尚未造成渗漏的涂膜屋面,可在露筋部位多遍涂刷同类防水材料,将外露的孔眼全部封闭,并形成一定的厚度即可。如露筋比较严重,并已造成渗漏时,应将露筋部分沿突棱剪开,重新铺贴聚酯类的增强材料,再用同类防水涂料多遍涂刷至要求的厚度。

5.屋面积水

事故特征:涂膜屋面积水,对水溶型的防水涂料有"乳化"的作用。涂膜浸水时间过长,虽然肉眼看不出明显的再乳化现象,但会导致涂膜层原有的结构变松,空隙增大,当屋面承受外荷载或略有变形时,涂膜极易产生微裂,尤其是排水沟长期受水冲刷,易使涂膜再乳化,增大吸水率,影响了防水涂料与玻璃丝布的粘结性,造成涂料部分剥落,而使屋面渗漏。

原因分析:

1) 平屋面坡度过小。

2) 找平层不平,局部低凹。

3) 天沟排水纵坡过小,甚至出现反坡。

4) 出水口过高,屋面雨水不能顺利流入出水口。

5) 落水管、水漏斗堵塞,排水系统不通畅。

处理方法:首先要找出屋面积水的主要原因,如系天沟、落水管等排水系统堵塞,只需及时疏通排水系统即可,如系天沟纵坡过小或倒坡,可在天沟内拉线找好坡度,然后用沥青砂浆或聚合物砂浆铺填找坡,上面再做一道防水层。如系找平层局部低凹不平,可用聚合物砂浆找平后,在上面增做一道防水层。

**6. 屋面节点渗漏**

事故特征:用密封材料嵌填结构层缝隙,是涂膜防水屋面的一道重要工序,可视为屋面的一道防水设防。有一些涂膜防水屋面,大面积的涂膜没有出现质量问题,而往往由于屋面节点的各种接缝质量不好,雨水沿接缝处渗入室内,造成渗漏。

原因分析:屋面的节点部位,是涂膜防水屋面的薄弱环节,是渗漏比较敏感的部位,必须用密封材料嵌填密封。而接缝密封失败的主要原因是:

1) 接缝基层酥松,强度过低,粘结不牢。

2) 缝壁处理不干净,未涂刷基层处理剂,或涂刷基层处理剂后较长时间未嵌填密封材料,致使风沙尘土将缝壁基层污染,影响了密封材料与基层的粘结,容易剥离开缝漏水。

3) 密封材料的下部缝中未填背衬材料,上部未做保护层。

4) 分次嵌填时,在真缝的密封材料中裹入空气,出现孔隙。

5) 密封材料品种选用不当,质量不合格。

处理方法:节点渗漏,可采取如下两种方法处理。

1) 涂盖法。如节点接缝完好,仅个别地方有渗漏时,可在接缝上部铺设一条100~150mm 宽的胎体增强材料,用与屋面涂膜相同的防水涂料涂刷数遍即可。

2) 更换法。如节点渗漏严重,接缝密封防水处理已失败,就应仔细将节点部位的涂膜防水层切开,将原来嵌缝的密封材料取出,将缝内残留物清洗干净,干燥后,再按规程要求,在缝中填入背衬材料后,重新嵌填密封材料。

**7. 涂膜收头脱开**

事故特征:无组织排水屋面的檐口部位,涂膜防水层张口脱开,雨水沿张口处进入檐口下部,造成渗漏(见图 7.6)。在泛水立墙部分,涂膜张口,甚至脱落,尤其是加筋的高聚物改性沥青防水涂膜,更容易出现此问题,雨水沿开口处的女儿墙进入室内,造成渗漏(见图 7.7)。

原因分析:

1）使用了质量不合格的涂料，粘结力过低。

2）收头部位的基层处理不干净或未涂刷基层处理剂。

3）基层含水率过大。

4）基层质量不好，酥松、起皮、起砂。

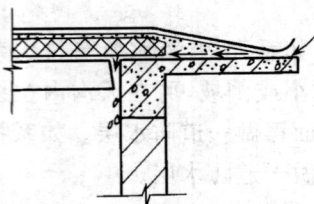

图 7.6　涂膜防水层张口脱开　　　　图 7.7　立墙与涂膜收头张口

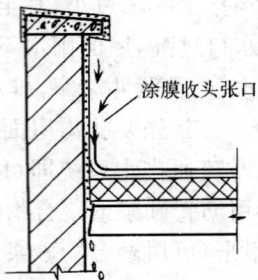

由于以上原因，涂膜防水层的收头与基层的粘结强度降低，在长期风吹日晒下，就会出现翘边、张口。

处理方法：将翘边、张口部分的涂膜揭开，将基层清理干净，涂刷基层处理剂，然后用同类材料将翘边部位涂膜粘上，用压条和钉子固定，然后再在压条上铺贴 150～200mm 宽的胎体增强材料，多遍涂刷防水材料，将收头部分封严（见图 7.8）。

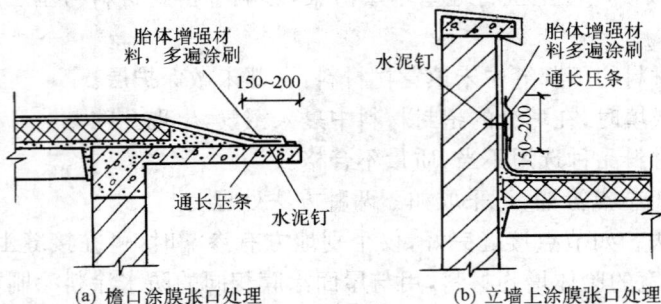

(a) 檐口涂膜张口处理　　　　(b) 立墙上涂膜张口处理

图 7.8　涂膜张口处理

# 7.3　墙面渗漏事故处理

墙面渗漏是指雨水通过外墙裂缝、孔眼等途径渗入室内。外墙渗漏会造成室内墙面变色、粉刷脱落等问题，影响房间使用及室内美观，应采取措施加以处理。

1. 墙面凹凸线槽爬水渗漏

事故特征：在许多房屋（有装饰要求）的墙面上有凹凸的线槽，如遇较长时间的连续降雨,雨水沿墙面上的凸线或凹槽渗入墙体,出现渗漏。

原因分析有以下 3 条。

1) 凸出墙面的装饰线条积水,横向装饰线条抹面砂浆开裂,雨水沿裂缝处渗入室内(见图 7.9)。

2) 墙面分格缝渗漏。外墙饰面施工时,在分格缝部位镶入木分格条,在墙面上留出了凹槽,这些凹槽未考虑防水要求,设计上也未采取防水措施,而饰面本身的胀缩裂缝,大量集中在这些槽内,雨水沿凹槽的缝隙渗入墙体,造成室内渗漏(见图 7.10)。

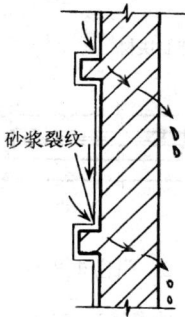

图 7.9 凸出墙面线条渗漏

图 7.10 墙面分格缝渗漏

处理方法:对墙面凹凸线槽的渗漏处理方法如表 7.20 所示。

**表 7.20 墙面凹凸线槽的渗漏处理方法及图示**

| 处 理 方 法 | 适 用 范 围 | 具 体 作 法 | 图 示 |
|---|---|---|---|
| 铺抹斜坡法 | 墙面上凸出的抹灰线条 | 可用聚合物砂浆在线条上沿抹出向外的斜坡,排除线条上的积水 |  |
| 涂膜防水法 | 凹进墙面的沟槽 | 可在墙面的凹槽内涂刷合成高分子防水涂膜,将凹槽中的缝隙封严,阻止雨水浸入墙体 |  |

**2. 外墙门、窗框渗漏**

事故特征:在建筑物的外门、外窗框与墙体接触的周围,由于密封处理不好,下大雨时,雨水沿门窗框与墙体间不严的缝隙渗入墙体和室内。门、窗框周围的墙体上出现大片湿痕,严重时可沿墙面滴水,影响使用。

原因分析:

1) 窗框四周嵌填不严密,尤其是窗口的上部窗眉和下部窗台部分,未嵌填封闭严密,雨水由窗框上下部的缝隙中渗入墙体,流入室内(见图7.11)。

2) 门、窗框边的立梃部分与两侧墙体的缝隙,由于施工操作马虎,未用沥青麻刀和水泥砂浆嵌填,尤其是有装饰贴面的外墙,雨水可沿饰面的缝隙渗入内部,再沿门窗侧面与墙体接触部分的缝隙渗入室内,造成渗漏(见图7.12)。

图 7.11　窗框四周渗水　　　　　　　　图 7.12　门窗框安装不好

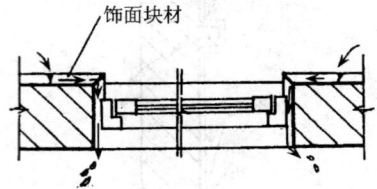

3) 当采用钢门、窗时,由于墙体上的洞口留设过大,或钢门、窗不规格,尺寸偏小,造成钢门、窗与洞口侧面的间隙过大,使用砂浆填塞过厚,因振动或砂浆收缩而出现裂缝,雨水沿裂缝渗入室内,造成渗漏。

处理方法有 3 种,介绍如下。

1) 嵌填密封法。适用于门、窗框周围与洞口侧壁嵌填不密实的情况。处理时应先将门、窗框四周与砌体间酥松或不密实的砂浆凿去,在缝中填塞沥青麻丝等材料,再用水泥砂浆填实,勾缝抹严。

如为钢门、窗,可在缝中嵌填不会产生永久变形、不吸水、不会因受热而隆起的材料,如聚胺酯泡沫或聚乙烯发泡材料等作为背衬材料,再在外面用弹性密封剂封严。

2) 防水涂膜法。适用于外墙有饰面块材的门、窗框渗漏。处理时可在外墙门、窗两侧装饰块材开裂的接缝处,涂刷合成高分子防水涂膜,防止雨水由缝内渗入门、窗与墙体间的缝隙中。

3) 有机硅处理法。适用于门、窗与洞口间的缝隙过大、嵌填的水泥砂浆已开裂的情况。应先将门、窗开裂部位的砂浆清洗干净,用掺防水粉的水泥砂浆将裂缝抹平,表面涂刷有机硅等憎水性材料处理。

3. 檐口、女儿墙渗漏

事故特征:在一些多层建筑的顶层,由于构造不当,在气温变化影响下,在墙体上沿屋面板的部位出现水平裂缝,或因女儿墙开裂造成竖向裂缝,雨水沿砌体中的这些裂缝渗入室内,使室内四周顶部出现明显的渗漏痕迹。

原因分析:有两种,介绍如下。

1) 墙体上沿屋面板部位的水平裂缝。钢筋混凝土与砌体的热胀变形不一致,圈梁在外界温度影响下会产生纵向和横向变形,在圈梁与砌体的结合面上形成水平推力,而产生剪应力和拉应力。当剪应力超过粘结面的抗剪强度时,圈梁与砌体间就出现水平裂缝(见图 7.13),雨水沿水平裂缝进入室内而渗漏。

2) 女儿墙顶部开裂。主要是女儿墙顶的水泥砂浆粉刷层,由于风吹日晒、温度变化影响、砂浆干缩等原因,使压顶上的砂浆开裂,雨水沿裂缝渗入墙体的竖缝中(一般砖砌体的竖缝灰浆不饱满),再经冻融循环,墙体上也产生了竖向裂缝,成为渗水通道,造成房屋渗漏(见图 7.14)。

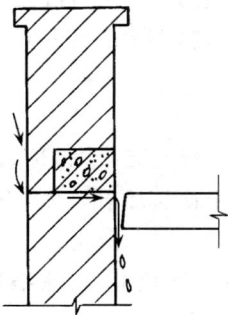

图 7.13　圈梁与砌体间水平裂缝　　图 7.14　女儿墙顶部开裂

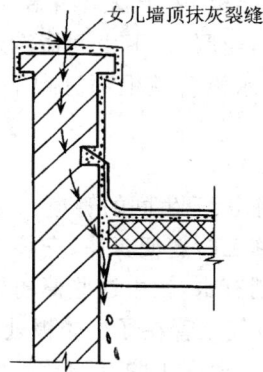

处理方法:有 3 种,介绍如下。

1) 拆除重砌法。适用于墙体上的水平裂缝十分严重,且裂缝宽度较大,不仅造成墙体严重渗漏,而且危及使用安全的情况。将裂缝上部的女儿墙全部拆除,清洗干净后,重新砌筑女儿墙。

2) 涂刷防水层法。适用于墙体上的水平裂缝较小,无明显的错动痕迹,且不影响正常使用的情况。用压力灌浆的方法将缝隙用膨胀水泥浆灌填密实,外部涂刷"万可涂"等憎水材料。

3) 压顶处理法。适用于女儿墙压顶砂浆面层开裂的情况。可在压顶上部铺贴高弹性卷材或者涂刷防水涂料,将裂缝部位封闭,阻止雨水由顶部裂缝浸入墙体内。

4. 施工孔洞、管线处渗漏

事故特征:在外墙内侧局部出现渗漏,渗漏的面积大小不等,位置也无规律,或成条状,或联成片状。

原因分析:建筑施工时,龙门架等垂直运输设备要留设外墙进出口、起重设备的缆风绳和脚手架附墙件的穿墙孔、脚手眼,各种水电及电话线、天线等安装时要留管洞等。由于最后修补时,不重视这些孔洞的处理,或马虎从事,内部嵌填不密实,形成漏水通道。因此,雨水常沿这些通道进入室内,造成渗漏。

处理方法:渗漏严重时,将后补的砖块拆下,重新补砌严实。如系外墙上的穿墙管道、孔眼渗漏,可根据具体情况,用密封材料嵌填封严。

## 7.4 厨房、卫生间渗漏事故处理

**1. 穿楼板管道渗漏**

事故特征:在厨房、卫生间等室内,由于上下水管、暖气管、地漏等管道较多,大都要穿过楼板,由于管道因温度变化、振动等影响,在管道与楼板的接触面上就会产生裂缝,当厨房、卫生间清洗地面、地面积水或水管跑水,以及盥洗用水时,均会使地面的水沿管道根部流到下层房间中,尤其是安装淋浴器的卫生间,渗漏更为严重。

原因分析:

1) 厨房、卫生间的管道,一般都是土建完工后方进行安装,常因预留孔洞不合适,安装施工时随便开凿,安装完管道后,没有用混凝土认真填补密实,形成渗水通道,地面稍有水,就由这些薄弱处发生渗漏。

2) 暖气立管在通过楼板处不设置套管,当管子发生冷热变化、胀缩变形时,管壁就与楼板混凝土脱开、开裂,形成渗水通道。

3) 穿过楼板的管道受到振动影响,也会使管壁与混凝土脱开,出现裂缝。

处理方法:有两种,介绍如下。

1) "堵漏灵"嵌填法。先在渗漏的管道根部周围混凝土楼板上,用凿子剔凿一道深 20~30mm,宽 10~20mm 的凹槽,清除槽内浮渣,并用水清洗干净,在潮湿条件下,用 03 型堵漏灵块料填入槽内砸实,再用砂浆抹平(见图 7.15)。

2) 涂膜堵漏法。将渗漏的管道根部楼板面清理干净,涂刷合成高分子防水材料,并粘贴胎体增强材料(见图 7.16)。

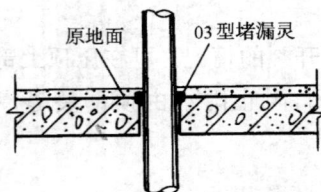

图 7.15　堵漏灵嵌填法　　　　图 7.16　涂膜堵漏法

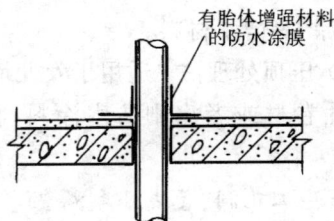

**2. 墙根部渗漏**

事故特征:厨房、卫生间的四周与地面交接处,是防水的薄弱环节,最易在此处出现渗漏,上层室内的地面积水由墙根裂缝渗入下层厨房、卫生间,而在下层顶板及四周墙体上出现渗漏。

原因分析:

1) 一些采用预制空心板做楼板结构的房间,在长期荷载作用下,楼板出现挠曲变形,使板侧与立墙交接处出现裂缝,室内积水沿裂缝流入下层室内造成渗漏[见图 7.17(a)]。

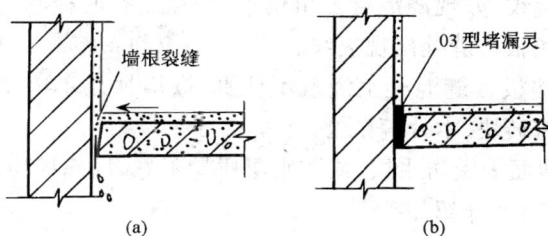

图 7.17　墙根部渗漏及处理

2)地面坡度不合适,或者地漏高出地面,使室内地面上的水排不出去,致使墙根部位经常积水,在毛细管作用下,水由踢脚板、墙裙上的微小裂纹流入墙体,墙体逐渐吸水饱和,造成渗漏。

处理方法:有 3 种,介绍如下:

1) 堵漏灵嵌填法。沿渗水部位的楼板和墙面交接处,用凿子凿出一条截面为倒梯形或矩形的沟槽,深 20mm 左右,宽 10~20mm,清除槽内浮渣,并用水清洗干净后,将 03 堵漏灵块料砸入槽内,再用浆料抹平[见图 7.17(b)]。

2) 贴缝法。如墙根部裂缝较小,渗水不严重时,可采用贴缝法进行处理。具体处理方法是在裂缝部位涂刷防水涂料,并加贴胎体增强材料将缝隙密封(见图 7.18)。

3) 地面填补法。用于厨房、卫生间地面向地漏方向倒坡,或地漏边沿高出地面,积水不能沿地面流入地漏的情况。处理时,最好将原地面面层拆除,并找好坡度重新铺抹。如倒坡轻微,地漏高出地面较小,可在原地面上找好坡度,加铺砂浆和铺贴地面材料,使地面水能流入地漏中(见图 7.19)。

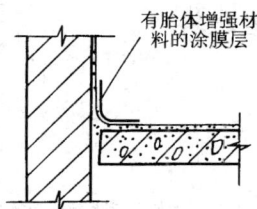

图 7.18　墙根部渗漏用贴缝法处理　　　　图 7.19　地面填补法

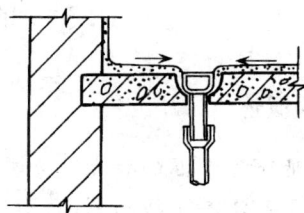

### 3. 楼、地面渗漏

事故特征:清洗楼板或楼板上有积水时,水渗到楼板下面,尤其是在安装有淋浴设备的卫生间,因地面水较多,积水沿楼板面上的缝隙渗入下层室内,造成渗漏。

原因分析:

1) 混凝土、砂浆面层质量不好,内部不密实,有微孔,成为渗水通道,水在自重压力下顺这些通道渗入楼板,造成渗漏。

2) 楼板板面裂纹,如现浇混凝土出现干缩,预制空心板在长期荷载作用下发生挠曲变形,在两块板拼缝处出现裂纹。

3) 预制空心楼板板缝混凝土浇筑不认真,嵌填振捣不密实、不饱满、强度过低,以及混凝土中有砖块、木片等杂物。

4) 卫生间楼地面未做防水层,或防水层质量不好,局部损坏。

处理方法:有3种,介绍如下。

1) 填缝处理法。对于楼板面上有显著的裂缝情况,宜用填缝处理法。处理时先沿裂缝位置进行扩缝,凿出 15mm×15mm 的凹槽,清除浮渣,用水冲洗干净,刮填"确保时"防水材料或其他无机防水堵漏材料(见图 7.20)。

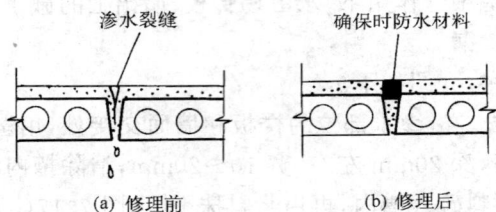

图 7.20　地面渗漏填缝处理法

2) 厨房、卫生间大面积地面渗漏,可先拆除地面的面砖,暴露漏水部位,然后重新涂刷防水涂料,除涂刷"确保时"涂料及聚氨酯防水涂料外,通常都要加铺胎体增强材料,防水层全部做完试水不渗漏后,再在上面铺贴饰面材料。

3) 表面处理。厨房卫生间渗漏,也可不拆除饰面材料,直接在其表面刮涂透明或彩色聚氨酯防水涂料,进行表面处理。

# 7.5　地下室渗漏事故处理

## 7.5.1　概述

### 1. 地下室渗漏的特点及分类

地下室渗漏事故与屋面、卫生间渗漏情况又有不同,后者一般是在无压情况下的渗漏,而地下室渗漏,绝大多数是在一定水压力作用下发生的,其渗漏情况的严重程度,不仅与地下室围护结构本身的质量好坏有关,而且与地下水压力的大小有关。

根据漏水量的大小,地下室渗漏可分为慢渗、快渗、急流和高压急流等 4 种情况。

慢渗指漏水现象不明显,擦干漏水处,需经 3～5min 才能看出湿痕,隔一段时间才又出现一小片水,逐渐汇集成流;快渗指漏水比慢渗明显,擦干漏水处立即出现水痕,集成一片顺墙流下;急流指漏水明显,形成一股水流,由漏水孔、缝顺墙急流而下;高压急流则指漏水严重,水压较大,常常形成水柱由漏水处喷射而出。

按漏水形式分,地下室工程的渗漏又可分为点的渗漏、缝的渗漏和面的渗漏 3 种情况。在进行地下室渗漏处理时,要根据具体情况,进行各种检查,通过具体分析,找出渗漏位置和渗漏原因,才能确定针对性的处理方案。

渗漏部位的确定可按以下 3 种方法进行。

1) 观察法。对于漏水量大,出现急流和高压急流的现象,可以直接观察到渗漏部位。

2) 撒干水泥法。对于慢渗或不明显的渗漏,可将渗漏部位擦干,立即在漏水处薄薄地撒上一层干水泥,表面出现湿点或湿线的地方,即是漏水的孔眼或缝隙,然后在渗漏部位做上标志。

3) 综合法。如果出现湿一片的现象,仅用撒干水泥法不易发现渗漏的具体位置,则可用综合法进行检查。其作法是用水泥胶浆(水泥∶水玻璃＝1∶1)在漏水处均匀涂刷一薄层,并立即在表面均匀撒上一层干水泥,当干水泥表面出现湿点或湿线时,则该处即为渗水部位。

2. 地下室渗漏处理的原则

地下室渗漏的处理比较复杂,难度也大。因此处理时,应遵循以下原则

1) 找准渗漏部位,并从设计、材料、施工、各种自然条件变化等方面,找出造成地下室渗漏的原因。

2) 要切断水源,尽量使堵漏工作在无水状态下进行(有的堵漏材料可以带水作业)。

3) 在渗漏水状况下进行修堵时,必须尽量减小渗漏水面积,使漏水集中于一点或几点,以减小其他部位的渗水压力,确保修堵工作顺利进行。

4) 要做好渗漏水的疏导工作,疏导的原则是把大漏变小漏,线漏变点漏,片漏变孔漏,最后用灌浆材料封孔。

5) 地下室渗漏大都是在有水压力情况下出现的,因此修堵时应采取有效措施,防止水压力将刚刚施工的材料冲坏。

6) 根据具体情况,选择适合的防水堵漏材料,做好最后漏水点的封堵工作。

3. 确定修补堵漏方案

地下室工程渗漏的修补,应根据渗漏的原因、结构状况及地下水等情况,进行综合分析,制定一个合理、有效和可靠的方案。

（1）查清地下工程渗漏水的来源

首先要摸清地下室周围的水源、水质等情况，掌握地下水变化的规律及地表水的影响，以确定工程所承受的大致水压；了解生产用水、生活用水排放情况、上下水道完好情况，查明引起渗漏水的原因，为制定修补堵漏方案提供依据。

（2）了解结构情况

要了解建筑物结构的强度、刚度是否满足要求，地基是否存在不均匀沉降，目前是否已经稳定。一般修补堵漏工作应在结构变形已稳定，裂缝不再发展的情况下进行。

（3）了解施工情况

要对施工时的季节情况，混凝土搅拌、浇筑、振捣、养护情况，施工缝、变形缝的留设位置、处理方法等情况进行了解，以判断工程渗漏水的原因。

（4）检查混凝土施工缺陷

如在混凝土工程中是否有蜂窝、麻面、孔洞等内部不密实的状况，以及对工程渗漏的影响。

（5）检查材料质量

对工程所用的防水材料进行检验，以判断工程渗漏是否由于材料质量不良或选材不当而引起。

在按上述几方面进行分析的基础上，按照处理止水与防水相结合的原则来制定修补堵漏方案。明确采用何种堵漏密封材料，使用何种工艺进行止水，以及如何设置永久性防水层。

## 7.5.2 地下室渗漏处理

**1.混凝土孔眼渗漏处理**

事故特征：在地下室的墙壁或底板上，有明显的渗漏水孔眼，其孔眼有大有小，还有呈蜂窝状的，地下水由这些孔眼中渗出或流出。

原因分析：

1）在混凝土中有密集的钢筋或有大量预埋件处，混凝土振捣不密实，出现孔洞。

2）混凝土浇灌时下料过高，产生离析，石子成堆，中间无水泥砂浆，出现成片的蜂窝，有的甚至贯通墙壁。

3）混凝土浇筑时漏振，或一次下料过多，振捣器的作用范围达不到，而使混凝土出现蜂窝、空洞。

4）施工操作不认真，在混凝土中掺入了泥块、木块等较大的杂物。

处理方法：常用的孔眼堵漏方法见表 7.21 所示。

渗漏处理常用的快硬水泥胶浆及其配制和使用情况见表 7.22 所示。

### 表 7.21 混凝土孔眼堵漏方法及图示

| 处理方法 | 适 用 范 围 | 具 体 作 法 | 图 示 |
|---|---|---|---|
| 直接快速堵漏法 | 水压不大,一般在水位 2m 以下,漏水孔眼较小时采用 | 在混凝土上以漏点为圆心,剔成直径 10～30mm,深 20～50mm 的圆孔,孔壁必须垂直基面,用水将圆孔冲洗干净,随即用快硬水泥胶浆(水泥:促凝剂=1:0.6)捻成与孔直径接近的圆锥体,待胶浆开始凝固时,迅速用拇指将其堵塞入孔内,并向孔壁四周挤压严密,使胶浆与孔壁紧密结合,持续挤压 1min 即可,检查无渗漏后,再做防水面层 | |
| 下管堵漏法 | 水压较大,水位为 2～4m,且渗漏水孔较大时采用 | 根据渗漏水处的具体情况,决定剔凿孔洞的大小和深度。可在孔底铺碎石一层,上面盖一层油毡或铁片,并用一根胶管穿透油毡至碎石层,然后用快硬水泥胶浆将孔洞四周填实、封严,表面低于基面 10～20mm,经检查无漏后,拔出胶管,用快硬水泥胶浆将孔洞堵塞。如系地面孔洞漏水,在漏水处四周砌挡水墙,将漏水引出墙外 | |
| 木楔堵漏法 | 当水压很大,水位在 5m 以上,漏水孔不大时采用 | 用水泥胶浆将一根直径适当的铁管稳固于漏水处剔好的孔洞内,铁管外端应比基面低 2～3mm,管口四周用砂浆抹好,待有强度后,将浸泡过沥青的木楔打入管内,并填入干硬性砂浆表面再抹砂浆一道 | |

### 表 7.22 几种快硬水泥胶浆的配制和使用

| 名称 | 适 用 范 围 | 配 合 比 | 操 作 要 点 |
|---|---|---|---|
| 水玻璃水泥胶浆 | 用于直接快速堵漏混凝土的漏水孔洞 | 水玻璃:水泥<br>1:(0.5～0.6)<br>或 1:(0.8～0.9) | 从拌制到操作完毕以 1～2min 为宜,故操作时应特别迅速,以免凝固结硬 |
| 水泥快燥精胶浆 | 可以调整凝固时间,用于不同渗漏孔洞的直接堵漏 | 水泥:快燥精<br>1:0.5<br>凝固时间<1min<br>1:(0.2～0.3)<br>凝固时间<5min | 将水泥和已配制好的快燥精按配合比拌合均匀后,立即使用 |

| 名称 | 适 用 范 围 | 配 合 比 | 操 作 要 点 |
|---|---|---|---|
| 801 堵漏剂 | 直接堵塞混凝土的漏水孔洞 | 801 堵漏剂：水泥<br>1：(2～3) | 用 525 号普通硅酸盐水泥与 801 堵漏剂拌合均匀后的水泥胶浆可在 1min 内凝固,堵漏效果较好 |
| M131 快速止水剂 | 按需要时间确定配合比 | M131：水泥：水<br>1：适量：2 1min 10s<br>1：适量：4 1min 30s<br>1：适量：6 11min 10s | 根据孔眼大小,将拌合物揉成相应大小的料球待用,待手感发热时,迅速将料球填于已凿好并冲洗干净的孔中 |
| 硅酸钠五矾防水胶泥 | 用于直接快速堵塞混凝土的漏水孔洞 | 水泥：五矾防水剂<br>1：(0.5～0.6)<br>或 1：(0.8～0.9) | 五矾防水胶泥的初凝时间为 1min 30s,终凝时间为 2min,凝结时间与配合比、用水量、气温、水玻璃模数等有关,故应经试验确定配合比。堵漏时应在胶泥即将凝固的瞬间进行,使堵完后的胶泥正好凝固 |

**2. 混凝土裂缝渗漏处理**

事故特征:在混凝土表面的裂缝,开始出现时极细小,以后逐渐扩大,裂缝的形状不规则,有竖向裂缝、水平裂缝、斜向裂缝等,地下水沿这些裂缝渗入室内,造成渗漏。

原因分析:混凝土裂缝既有收缩裂缝,也有结构裂缝,主要原因有 4 条。

1) 施工时混凝土拌合不均匀或水泥品种混用,因其收缩不一而产生裂缝。

2) 采用的水泥安定性不合格。

3) 设计考虑不周,建筑物发生不均匀沉降,使混凝土墙、板断裂,出现裂缝。

4) 混凝土结构缺乏足够的刚度,在土的侧压力及水压力作用下发生变形,出现裂缝。

处理方法:地下室混凝土结构裂缝的处理方法见表 7.23 所示。

**3. 地下室混凝土施工缝漏水**

事故特征:地下室工程的底板、墙体以及底板和墙体交接处,不是连续浇筑而成的,在新旧混凝土接头处留设了施工缝,地下水沿这些缝隙渗入室内,造成渗漏。

原因分析:

1) 留设施工缝的位置不当,如将施工缝留设在底板上,或在混凝土墙上留设垂直施工缝。

2) 在支模、绑扎钢筋过程中,锯屑、铁钉、砖块等掉入接头部位,浇筑新混凝土时未将杂物清除,而在接头处形成夹心层。

表 7.23　地下室混凝土结构裂缝处理方法及图示

| 处理方法 | 适用范围 | 具体作法 | 图示 |
|---|---|---|---|
| 裂缝直接堵漏法 | 水压较小的混凝土裂缝 | 沿裂缝剔出八字形边坡沟槽,用水冲洗干净,将快硬水泥胶浆搓成条形,待胶浆开始凝固时,迅速填入沟槽中,并向两侧用力挤压密实,使水泥胶浆与槽壁紧密结合,如果裂缝较长,可分段堵塞,经检查无渗漏后,用素灰和水泥砂浆将沟槽表面抹平,待有一定强度后,随其他部位一起做防水层 | |
| 下线堵漏法 | 水压较大,但裂缝长度较短时的裂缝漏水处理 | 沿裂缝剔凿凹槽,在槽底沿裂缝放置一根小绳,绳径视漏水量确定,长 200～300mm,按裂缝直接堵漏法在缝槽中填塞快硬水泥胶浆,堵塞后立即将小绳抽出,使漏水沿绳孔流出,最后堵塞绳孔 | |
| 下半圆铁片法 | 水压较大的裂缝急流 | 沿裂缝剔凿凹槽和边坡,尺寸视漏水大小而定。在沟槽底部每隔 500～1000mm,扣上一带有圆孔的半圆铁片,并把软管插入铁片上的圆孔内,然后按裂缝直接堵漏法分段堵塞,漏水由软管流出,检查裂缝无渗漏后,沿沟槽抹素灰,水泥砂浆各一道,再拔管堵孔 | |

3）新浇筑混凝土时,未在接头处先铺一层水泥砂浆,造成新旧混凝土不能紧密结合,或者在接头处出现蜂窝。

4）钢筋过密,内外模板间距狭窄,混凝土未按要求振捣,尤其是新旧混凝土接头处不易振捣密实。

5）下料方法不当,骨料集中于施工缝处。

6）新旧混凝土接头部位产生收缩,使施工缝开裂。

处理方法:有 3 种,介绍如下。

1）V 形槽处理。适于尚未渗漏的施工缝。在混凝土上沿裂缝剔成 V 形槽,遇有松散部位时应将石子剔除,清洗干净后用水泥砂浆打底,用 1∶2.5 水泥沙浆分层抹平压实(见图 7.21)。

2）快硬水泥胶浆堵漏法。地下室混凝土施工缝已出现渗漏,如水的压力较小时,可参照前面所述的"直接堵漏法"封堵;水的压力较大时,可用下半圆铁片法进

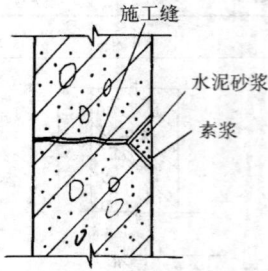

图 7.21　V 形槽处理

行封堵。

3）灌浆堵漏法。当混凝土内部结构不密实，新旧混凝土结合不严，出现较大裂缝时，可用灌浆堵漏法修堵。灌浆的方法同前面所述混凝土结构裂缝的灌浆修补方法。

**4.地下室穿墙管道渗漏处理**

事故特征：在地下室工程中，穿墙管道渗漏水的事故比较常见，尤其是在地下水位较高，在一定水压作用下，地下水沿穿墙管道与地下室混凝土墙的接触部位渗入室内，严重影响地下室的使用。

原因分析：在地下室墙壁上，穿墙管道一般均为钢管或铸铁管，外壁比较光滑，与混凝土、砖砌体很难牢固紧密地结合，管道与地下室墙壁的接缝部位，就成为渗水的主要通道，导致渗水的主要原因有 5 条。

1）地下室墙壁上穿墙管道的位置，在土建施工时没有留出，安装管道时才在地下室墙上凿孔打洞，破坏了墙体的整体防水性能，埋设管道后，填缝的细石混凝土、水泥砂浆等嵌填不密实，成为渗水的主要通道。

2）进行地下室混凝土墙体施工时，预先埋入的套管直径较大时，管底部的墙体混凝土振捣操作较为困难，不易振捣密实，容易出现蜂窝、孔洞，成为渗水的通道。

3）穿墙管道的安装位置，未设置止水法兰盘。

4）将止水法兰盘直接焊在穿墙管道上，混凝土墙体与穿墙管道固结于一体，一旦发生不均匀沉降，容易在此处损坏而出现渗漏。

5）穿墙的热力管道由于处理不当，或只按常温穿墙管道处理，在温差作用下管道发生胀缩变形，在墙体内反复变化，造成管道周边防水层破坏，产生裂缝而漏水。

处理方法：穿墙管道由于穿过完整的混凝土、卷材防水层，出现渗漏水后处理较为困难，只有方法得当，操作认真，才能达到防止渗漏的效果，常用的处理方法有 2 种，介绍如下。

1）快硬水泥胶浆堵漏法。这是一种传统的堵漏方法，先在地下室混凝土外墙的外侧，沿管道四周凿一条宽 30～40mm，深 40mm 的凹槽，用清水清洗干净至无渣、无尘为止。若穿墙管道外部有锈蚀，需用砂纸打磨，除去锈斑浮皮，然后用溶剂清洗干净。在集中漏水点的位置处继续凿深至 70mm 左右，用一根直径 10mm 的塑料管对准漏水点，用快硬水泥胶浆将其固结，观察漏水是否从塑料管中流出。若不能，则需重做，直至漏水能由塑料管中流出为止。用快硬水泥胶浆对漏水部位逐点进行封堵，直至全部堵完，再在胶浆表面涂抹水泥素浆和水泥砂浆各一道，厚约 6～7mm，待砂浆具有一定强度后，在上面涂刷两道聚氨酯防水涂料或其他柔性材料,厚约 2mm,再用无机防水砂浆做保护层,分两道进行,厚度约为 15～20mm,并抹平压光,湿润养护 7d。在确认除引水软管外,穿墙管四周已无渗漏水时,将管拔出,然后在孔中注入丙烯酰胺浆材,进行堵水,注浆压力为 0.32MPa,漏点封住后,用快硬水泥封孔(见图 7.22)。

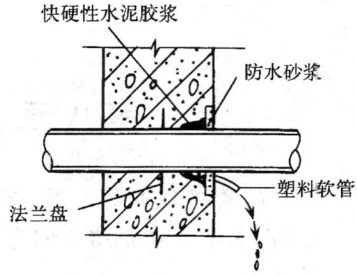

图 7.22　快硬水泥堵漏法

2) 遇水膨胀橡胶堵漏法。先沿穿墙管道的周围混凝土墙上凿出宽 30～40mm,深约 40mm 左右的凹槽,清洗缝隙,除去杂物,然后剪一条宽 30mm、厚 30mm 的遇水膨胀橡胶条,长度以绕管一周为准,在接头处插入一根直径为 10mm 的引水管,并使其对准漏水点,经过一昼夜后,橡胶充分膨胀,主要的渗水点已被封住,然后咀涂水玻璃浆液,厚度为 1～1.5mm。沿橡胶条与穿墙管道混凝土的接缝涂刷两遍聚氨酯或硅橡胶防水涂料 3～5mm,随即洒上热干沙。然后用阳离子氯丁乳胶水泥沙浆涂抹 15mm(配合比为水泥∶中砂∶乳胶∶水＝1∶2∶0.4∶0.2)的刚性防水层,待防水层达到强度后,拔出引水胶管,用堵漏浆液注浆堵水。

## 思　考　题

7.1　处理防渗堵漏事故的材料有哪几类?

7.2　高聚物改性沥青密封材料、合成高分子密封材料、无机防水堵漏材料各有哪些品种? 其特点和使用方法如何?

7.3　屋面渗漏的原因有哪些? 施工时如何防止屋面渗漏?

7.4　卷材防水屋面、涂膜防水屋面常见的渗漏有哪几种? 怎样处理?

7.5　墙面渗漏、厨房卫生间渗漏如何处理?

7.6　简述地下室渗漏表现及处理方法。

# 第八章 旧房的增层和改造

随着建筑业的发展,旧房的增层和改造将成为城市建设的一个重要方面。本章主要介绍了旧房增层、改造的程序,设计方法,注意事项及构造措施等。

## 8.1 概 述

我国人口众多,人均占有土地量相对较少。改革开放以来,随着城市建设规模的进一步扩大,节约用地的问题日益被人们重视。房屋建成投入使用后,其寿命、功能将逐步下降。一些低层(1~3 层)房屋,占地面积大,土地利用率低;早期建成的住宅,条件简陋、设施不全;工业厂房不适应现代工业生产工艺和设备的要求。旧房增层可以增加建筑物使用面积,如在 3 层的房屋上增加 2 层,面积约增加 60%。通过对工业和民用建筑的改造,使其完善功能,满足使用要求。因此,不论现在还是将来,旧房的增层与改造是建筑业所面临的现实问题。

### 8.1.1 旧房增层、改造的确定

对旧建筑物是否增层或改造,应根据其建造年代、破损程度、结构情况、建筑物重要程度及使用要求等情况作出判断。通常,对于建造年限不长、结构现状良好的房屋增加二三层是较合理经济的,通过外加框架多增几层也是可行的。相反,对于一些临时性、半永久性或严重破损、无利用价值的房屋,不应增层或改造而应拆除重建。对于某些增层或改造后会影响城市规划的建筑物,更不应轻易增层或改造。

增层、改造的确定,不能仅从扩大使用面积、节约用地和投资方面出发,而应对旧房的增层、改造作可行性研究,分析其经济效益、社会效益,然后作出决定。

有必要增层、改造的旧房,在设计、施工前,要对其各种情况作较全面的调查了解。主要的勘测、调查研究内容有以下 4 项:

1)上部结构调查,包括结构体系、荷载分析、受力状况、安全鉴定和使用及损坏情况。

2)基础调查,包括基础类型、材料,基础实际尺寸、埋深以及基础破损情况。

3)场地勘测,包括工程地质、水文地质、邻近建筑物状况的勘测。

4)了解旧建筑物的设计、施工单位,设计、施工、竣工日期,竣工验收资料等。

### 8.1.2 增层、改造工作程序

旧房增层、改造工程的工作程序大致如下:工程情况调查(上部结构状况、地

基、基础、临近建筑物、使用情况等)→鉴定单位提出增层、改造可行性报告→增层改造设计→选择优化施工方案→施工→竣工验收。

增层改造工程程序中，设计的前期工作十分重要。只有对基础和上部结构各部位现状进行调查和技术鉴定，加上必要的结构计算，才能得出旧房是否可增层改造的综合性意见及可行性报告。技术鉴定应注意以下 6 个方面：

1）地基基础方面。地基土层分布及土质类别情况；原设计地基承载力及承载力可能增长的情况；基础类型、尺寸、埋深、材料及现状；地下水位变化情况等。

2）建筑物的平面、剖面及结构布置的描述与评述，并对使用情况及现状作出评价。

3）墙、梁、柱等有无明显损坏或裂缝，主体结构的尺寸、材料、砌体、砂浆强度，结构构件连接情况等。

4）女儿墙、山墙、风墙、隔墙、楼梯等其他部件的现状及评价。

5）邻近建筑物的情况（建筑物高度、基础埋深等）。

6）根据作用的实际荷载及构造的实际情况，进行内力分析，并对上部结构及构件以及地基基础进行验算。

技术鉴定后就可进行增层、改造设计。设计的重点是处理好地基和基础及结构设计，并注意新旧建筑物各部位的连接。

# 8.2　旧房增层方法及设计

## 8.2.1　旧房增层的方法

增层应在旧房主体结构良好、地基基础有一定潜力或具备加固处理的前提条件下进行。增层的方法有两种，一是在旧房上直接增层，二是采用外套框架结构增层。

### 1.直接增层法

直接增层法是指对旧房进行适当处理后，在其上部直接增层的方法。直接增层法适用于地基、基础和墙体的承载力均有潜力可挖，并有允许增层的安全储备的情况。这种方法增加的层数一般为 1～3 层。

旧房的地基由于长期地压实，承载力有较大的提高。如沙性土、黏性土，一般情况下，建造时间为 5～10 年的可提高 5%～20%；建造时间为 15～25 年的可提高 15%～30%；建造时间为 25～35 年的可提高 30%～45%；建造时间为 35～50 年的可提高 40%～50%。因此，在某些情况下，采用直接加层法时，可不对地基进行处理。

对于住宅、宿舍、办公楼等类砖混结构房屋，若增层层数不多，应首先考虑采用直接增层法，且不论平屋顶或坡屋顶房屋，都可以采用。对平屋顶房屋，利用原有基础、墙体,拆除屋面防水层,加砌墙体,铺筑楼面、屋面,进行内外装修和水电安装;对坡屋顶房屋,拆除屋顶更换成楼面,加砌墙体,再做楼面或屋面,进行装修和水电安装。

2. 外套框架增层法

当房屋的基础或墙体的承载力不大,或要求加高的层数在 3 层或 3 层以上时,由于增加的荷载较大,一般不宜用直接增层法,而应采用外套框架结构增层法。

外套框架结构增层是一种与旧房联系较少,"另搞一套"的增层方法。这种方法对增加层数限制较少,只要原结构有相应的使用价值即可增层。增层时,在旧房外围及上部另加外套框架梁柱,以承受新增层的荷载。基础是另设的,由桩基础承受外套框架梁、柱、墙等全部荷载。

## 8.2.2 旧房增层设计

1. 设计原则

增层设计是增层工程的关键,不能无证设计、盲目增层。设计时,应遵循下列原则:

1) 充分发挥原有结构(包括地基、基础)的承载力,考虑旧房及新加房屋结构的各种不利因素,确保增层后的结构安全。

2) 增层与改造结构应有明确的计算简图,处理好新旧结构的受力、连接的协调工作。

3) 增层(改造)应与抗震加固结合,协调好新旧结构的抗震能力及关系,保证地震时的结构安全。

4) 增层与改造相结合,完善旧房的使用功能和设施,提高使用标准(如增设厕所、阳台等),改善建筑立面,力求协调、新颖和美观。

5) 尽可能做到增层施工时旧房不间断使用,增层施工期尽量短。

2. 直接增层法的设计

直接增层法设计中,应重视以下 4 个方面,具体介绍如下。

(1) 地基方面

在旧房上增层,首先应检查原有地基能否满足增层的需要。不仅要验算增层荷载作用下地基的容许承载力,还要考虑地基的沉降变形。这在软弱地基中是不可忽视的。

地基在长期荷载作用下,容许承载力的提高可粗略地按前面所述的方法估计。也可按应力比方法确定,即地基土在预压后的容许承载力等于地基土预压前的容许承载力与提高系数 $K$ 的乘积。提高系数 $K$ 可根据加层前后基底应力之比($p_1/p_2$)参照表 8.1 选用。

根据上部结构与地基基础共同作用的原理,由于增层减少了房屋的长高比,相对增加了它的空间刚度,增强了上部结构抵抗不均匀沉降的能力,因而也提高了地基承载力。这可用空间刚度系数 $K_1$ 来考虑。对于一般砖混结构和框架结构的民用建筑，$K_1$ 可参照表 8.2 选用。

表 8.1 压密后地基承载力提高系数

| 应力比 | 1.0 | 0.9 | 0.8 | 0.7 | 0.6 | 0.5 | 0.4 | 0.3 | 0.2 | 0.1 | 0 |
|---|---|---|---|---|---|---|---|---|---|---|---|
| 提高系数 $K$ | 1.50 | 1.45 | 1.40 | 1.35 | 1.30 | 1.25 | 1.20 | 1.15 | 1.10 | 1.05 | 1.0 |

表 8.2 上部结构刚度对地基承载力的影响系数

| 建筑物长高比($L/H$) | ≤2 | 3 | ≥4 |
|---|---|---|---|
| 影响系数 $K_1$ | 1.2 | 1.1 | 1.0 |

（2）基础方面

当设计时利用了地基允许承载力的提高值时，应对基础自身的承载力和刚度进行验算。若旧房基础为砖基础，砖的强度等级不应低于 MU7.5，砂浆不应低于 M2.5，宽高比不小于 1：1.5。若为混凝土基础，除宽高比应符合规范限值外，还应注意作抗剪强度验算。若为钢筋混凝土条形基础，则应验算底板及基础梁的配筋，并进行抗冲切和抗剪强度验算。

（3）上部结构方面

1）调整结构受力体系及承重方式。如旧房为横墙承重，增层部分可改作纵墙承重；旧房为纵墙承重，增层部分应增设横墙承重；或者旧房为纵横墙承重，增层部分仅由横墙或纵墙承重。

2）减轻上部结构自重。应尽量减轻增层部分结构的自重，如承重墙可采用多孔空心砖，非承重墙可采用石膏板、加气混凝土砌块等轻质材料；屋面结构可采用木屋架或轻钢屋架承重体系；楼面结构可采用陶粒混凝土结构或加气混凝土板。

3）验算墙体的承载力和稳定性。由于旧房使用年代久，砌体强度下降，如建造年代在 30 年以上，增层验算时上部结构的砌体强度应降低 10%～20%，作为增层房屋的安全储备；当砌体强度不足时，应采用墙两面加钢筋网水泥砂浆等办法加固。

（4）增层房屋的构造措施

1）增层房屋应层层设置钢筋混凝土圈梁，以提高其整体性和空间刚度，使增层部分新增荷载均匀传到原建筑物上，防止增层后产生不均匀沉降。圈梁应沿内外墙设置，必要时，结合抗震要求增设构造柱。

2）提高砌体的砂浆标号，以保证砌体牢固连接。增层部分砌体砂浆标号应不低于 M5；砌体转角处宜设拉结钢筋。

3）承重墙上的门窗洞口，应上下对齐，以利于结构受力明确和建筑立面的协调统一。

直接增层法主要应用于砖混结构，也可应用于框架结构。当在框架结构上直接增层时，梁柱截面是否增大，应由承载力计算和刚度要求确定。同时，还要在新旧柱子接头处和框架梁柱交接处增加附加纵筋和加密箍筋。在顶层框架梁中，梁的上部和下部至少各有 2 根钢筋贯通。钢筋搭接长度应满足规范要求，以防止梁柱拉裂。

### 3. 外套框架结构增层法的设计

外套框架结构与旧房关系不大，其基础也不与旧房基础发生关系，因此外套框架结构增层法的设计基本不受旧房的牵制。外套框架结构增层设计有两种方案：一种是底层较高的多层框架，各层框架梁只承受本层的荷载；另一种是单层单跨的门式刚架，在上面砌多层砖房，这种方案的外套框架梁截面较高大。如在地震区作外套框架结构增层设计，一定要进行抗震计算，还需有可靠的构造措施，以保证建筑物的整体性。为此，可在底层增加钢筋混凝土剪力墙，或改底层纯框架结构为框剪结构，外套框架的第一层楼板必须现浇，基础也必须采用桩基础。

### 4. 增层设计中的问题及其对策

增层不能盲目进行，必须认真设计，保证安全合理，否则易造成工程事故，轻者房屋开裂、倾斜，重者发生倒塌，造成生命财产的重大损失。

增层设计中，如考虑不周可能发生以下 6 项问题：

1) 横墙间距过大。当旧房为弹性方案多层砖房时，如未增加抗震横墙，会造成横墙间距过大；纵墙承重的砖房，增层后若不加横墙，也会造成横墙间距过大；在顶层设置大会议室等空旷房间，会出现同样的问题。

2) 增层后房屋的高宽比过大。特别是一些单外廊式办公、教学楼等，加层后高宽比增大，可能超过规范的规定。

3) 增设的构造柱无可靠锚固。增层时，仅将构造柱与旧房顶层圈梁相连，造成加而不固。

4) 增层结构方案传力不明确。

5) 增层设计时对地基承载力评价不确切。有些旧房在使用过程中，因场地排水不畅，土壤软化，承载力不仅没有提高反而降低，若错误地按承载力提高进行处理，势必造成房屋开裂、甚至倒塌。

6) 外套框架与旧房之间联系处理不当。外套框架与旧房之间的处理，一种是有可靠的连接，使其成为整体；另一种是使它们完全脱开，留出抗震缝。如果增层工程的外套框架与旧房似连非连，则在地震时由于两者自振频率相差较大而造成碰撞，导致旧房损坏或倒塌。

综上所述，建筑物的增层工程应选择正确的增层结构方案，认真搞好结构计算，采取合理的构造措施，重视对地基的补充勘察、评价和基础的加固，杜绝无证设计和盲目增层改造，保证增层、改造工程的顺利实施。

## 8.2.3　增层工程实例

【例 8.1】　南京某中学一教学楼为 3 层砖混结构，预制空心板平屋顶，现决定将原楼直接增加 1 层。

经调查,原建筑墙体结构和基础完好。为减轻增层的重量,采用钢筋混凝土柱承重,空心砖墙体,柱子与三层顶的圈梁浇筑成一体,且注意加强圈梁与下层墙体的连接。屋顶采用木屋架和平瓦坡屋面结构。增层平面和剖面分别如图 8.1 和图 8.2 所示。

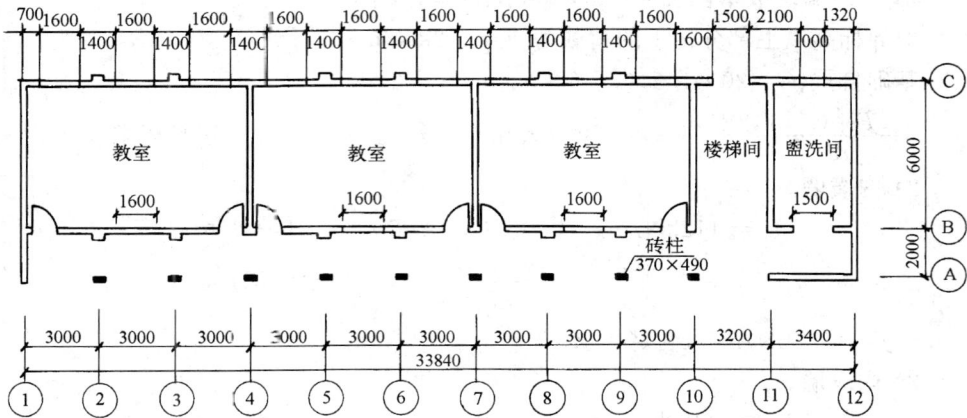

图 8.1 教学楼增层建筑平面

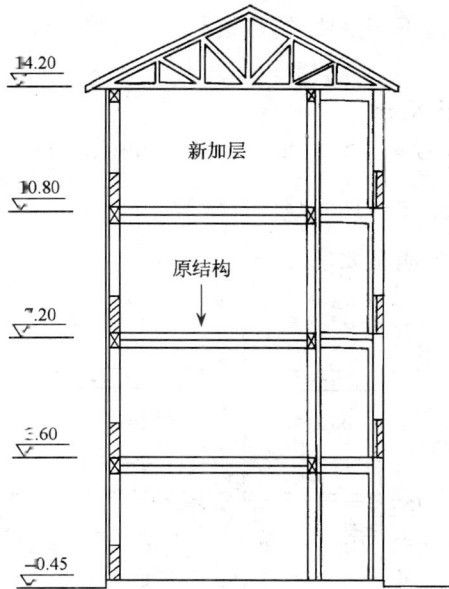

图 8.2 增层剖面图

对于增层工程,不仅要对新增的结构进行验算,还需对原结构作必要的复核。若不满足要求,必须进行加固。该工程增层前,对原结构的地基、墙体、砖柱、屋面板等进行了验算。

**解** （1）地基

考虑埋深修正后，地基承载力为 $f=115\text{kN/m}^2$。该工程偏心荷载很小，原基础底平均压应力小于修正后的地基土容许承载力，且当考虑偏心影响后，$p_{max}<1.2f$，所以以下计算中以 $p<f$ 作为控制条件。

1）外纵墙。取单位长度（1m）墙段进行验算（下同）。

地坪标高以上部分传下的荷载为 $F=112\text{kN/m}$，

基础自重：$G=20\times1.5\times2=60\text{kN/m}$

$$p=\frac{F+G}{A}=\frac{112+60}{1.5}=114.67(\text{kN/m}^2)<f=115(\text{kN/m}^2)，满足要求。$$

2）内横墙。

$$F=112\text{kN/m}，\quad G=20\times1.7\times2=68\text{kN/m}$$

$$p=\frac{F+G}{A}=\frac{112+68}{1.7}=105.8(\text{kN/m}^2)$$

$<f=115(\text{kN/m}^2)$，满足要求。

3）内纵墙。

$$F=136.2\text{kN/m}，\quad G=20\times1.5\times2=60\text{kN/m}$$

$$p=\frac{F+G}{A}=\frac{136.2+60}{1.5}=130.8(\text{kN/m}^2)$$

$>f=115(\text{kN/m}^2)$，不满足要求，应进行加固。经研究，采用抬梁法加固，构造及作法见图 8.3 所示。

加固后，$F=136.2\text{kN/m}$，

$$G=20\times2.05\times2=82(\text{kN/m})$$

所以有 $p=\dfrac{136.2+82}{2.05}=106.44(\text{kN/m}^2)$

$<f=115(\text{kN/m}^2)$，满足要求。

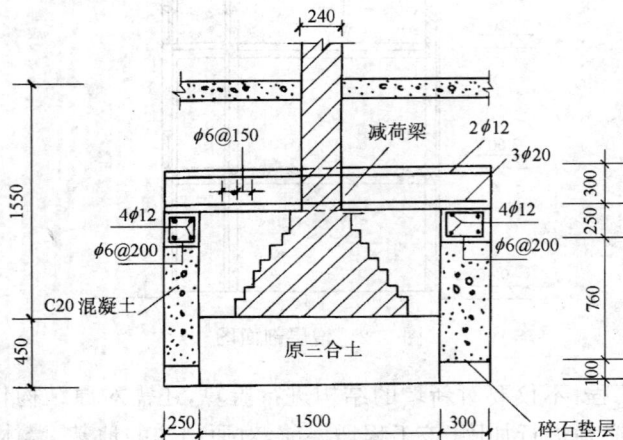

图 8.3　内纵墙基础加固构造

取抬梁的间距为 1500mm,其内力为

$$M = 106. 4 \times 0.3 \times 1.5 \times \frac{1.5 + 0.3}{2} = 43.1(kN \cdot m)$$

$$V = 106 \times 0.3 \times 1.5 = 47.7(kN)$$

经计算配置纵筋 $3 \Phi 20$,箍筋 $\phi 6@150$。

4) 走道柱。

$$F = 173.2kN/m, G = 20 \times 2 \times 1.4 \times 1.4 = 78.4(kN/m)$$

$p = \dfrac{F+G}{A} = \dfrac{173.2+78.4}{1.4 \times 1.4} = 128.4(kN/m^2) > f = 115(kN/m^2)$,不满足要求,需要加固。因走道柱下为独立砖基础,采用柱周围外包混凝土加固方法,每边加宽 200mm(见图 8.4)。

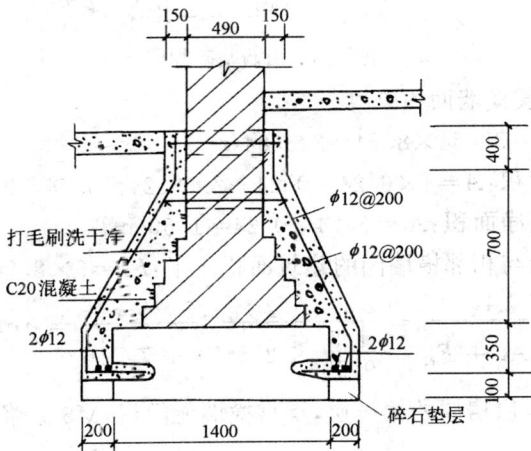

图 8.4　走道柱基础加固

加固后,$G = 20 \times 2 \times 1.8 \times 1.8 = 129.6(kN/m)$

$p = \dfrac{173.2+129.6}{1.8 \times 1.8} = 93.46(kN/m^2) < f = 115(kN/m^2)$,满足要求。

5) 外山墙。

$$F = 108.6kN/m, G = 20 \times 2 \times 1.4 = 56(kN/m)$$

$p = \dfrac{F+G}{A} = \dfrac{108.6+56}{1.4} = 117.6(kN/m^2) > f = 115(kN/m^2)$,不满足要求,需要加固。基底应力超过地基承载力不多,且为了不破坏室内平地,采用单面加固(见图 8.5)。加固后,$G = 20 \times 2 \times 1.6 = 64kN/m$,于是

$p = \dfrac{F+G}{A} = \dfrac{108.6+64}{1.6} = 107.9(kN/m^2) < f = 115(kN/m^2)$,满足要求。

(2) 墙体和柱承载力验算

1) 底层横墙(⑦号轴线)抗震面积率验算。按《工业与民用建筑抗震鉴定标准》

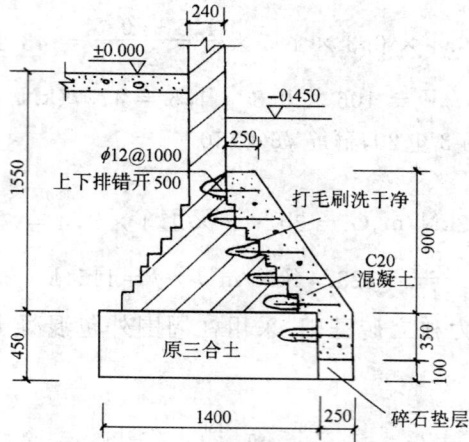

图 8.5　山墙基础加固

(TJ23-77)进行抗震横墙面积验算。

建筑面积：$A_F = 33.84 \times 8.24 = 278.84 (\text{m}^2)$

抗震横墙截面积：$A = 4 \times 6.24 \times 0.24 + 2 \times 8.24 \times 0.24 = 9.95 (\text{m}^2)$

⑦号轴线横墙净面积：$A_k = 6.24 \times 0.24 = 1.50 (\text{m}^2)$

⑦号轴线横墙与相邻横墙间的建筑面积之半：$F_K = 9 \times 8.24 = 74.16 (\text{m}^2)$

$$\frac{2A_K}{\dfrac{A_K}{A}A_F + F_K} = \frac{2 \times 1.5}{\dfrac{1.5}{9.95} \times 278.84 + 74.16} = 0.0258$$

由规范查得(4 层房屋的第一层,承重横墙无门窗,M5 砂浆)

$\left[\dfrac{A}{F}\right]_{\min} \cdot \alpha = 0.0253 \times 1.0 = 0.0253 < 0.0258$ 符合要求。

2)底层纵墙抗震面积率验算。

$$A = (2 \times 33.84 - 12 \times 1.6 - 1.0 - 2 \times 1.5 - 6 \times 1.0 - 2.96) \times 0.24 = 8.52 (\text{m}^2)$$

$$A_F = 278.84 (\text{m}^2)$$

$$A/A_F = 8.52/278.84 = 0.0306$$

由规范查得(4 层房屋的第一层,承重纵墙,每开间有 1 个窗,M5 砂浆)

$\left[\dfrac{A}{F}\right]_{\min} \cdot \alpha = 0.0219 \times 1.0 = 0.0219 < 0.0306$ 符合要求。

3) 窗间墙截面强度验算。窗间墙(见图 8.6)用 MU7.5 砖、M5 砂浆砌筑。

荷载产生的轴力：$N = 456\text{kN}$

横墙间距：$S = 9\text{m}$

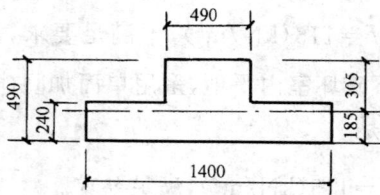

图 8.6　窗间墙截面

横墙高度：$H=3.6+0.45+0.5=4.55(\text{m})$

$$S/H=9/4.55=1.98<2$$

因此，墙体计算高度：$H_0=0.4S+0.2H=0.4\times9.0+0.2\times4.55=4.51(\text{m})$

截面积为 $A=4585\text{cm}^2$，回转半径 $i=\sqrt{\dfrac{I}{A}}=12.9\text{cm}$，折算厚度 $h_T=3.5i=3.5\times12.9=45.2(\text{cm})$

高厚比 $\beta=H_0/h_T=4.51/0.452=10$，由规范查得 $\varphi=0.87$，根据 MU7.5 和 M5，查得砌体抗压强度设计值 $f=1.37\text{MPa}$。

$\varphi fA=0.87\times1.37\times458500=546486(\text{N})=546.5\text{kN}>N=456\text{kN}$（强度满足要求）。

4）走道独立砖柱强度验算。

① 底层：

$N=228\text{kN}$，截面为 $49\text{cm}\times49\text{cm}$，MU7.5 砖，M5 砂浆，$A=2401\text{cm}^2$，$H_0=1.0H=4.55\text{m}$，$h=49\text{cm}$。

$\beta=H_0/h=455/49=9.29$，则 $\varphi=0.88$，查表得 $f=1.37\text{MPa}$。

$\varphi fA=0.88\times1.37\times240100=289464(\text{N})=289.5\text{kN}>228\text{kN}$，符合要求。

② 二层：

$N=180\text{kN}$，截面为 $49\text{cm}\times37\text{cm}$，MU7.5 砖，M5 砂浆，$A=1813\text{cm}^2$，$H_0=3.6\text{m}$，$h=37\text{cm}$。

$\beta=H_0/h=360/37=9.7$，则 $\varphi=0.87$，$f=1.37\text{MPa}$。

$\varphi fA=0.87\times1.37\times181300=216091(\text{N})=216.1\text{kN}>180\text{kN}$，符合要求。

（3）屋面板

原屋面为预制空心板结构，增层后成为楼面，荷载发生变化，经验算满足要求。

# 8.3 旧房改造

不同时期的建筑物，有其不同的功能要求，而同一时期的建筑物，受物质条件的限制又有不同的建造标准。因此，环境的改变、时代的进步，使得原有建筑物必然不适应人们的生活或生产的需要。如厂房生产工艺的改变，旧住宅增建厨房、阳台等。一般来说，在一定的条件下，改造旧房要比新建房屋经济、省时。通过对旧房的合理改造，提高或完善其使用功能，可使其为提高居住质量、发展生产发挥作用。

## 8.3.1 旧房改造的荷载变化

旧房的改造一般都要引起结构上荷载的变化。包括荷载的增加、减少、作用位置和方向的变化等。其中，荷载增加、荷载作用位置和方向的变化应特别注意，必须进行认真的调查、计算，采取相应的对策，以保证改造工程的安全、可靠。

**1. 荷载的增加**

引起荷载增加的情况有以下 5 种：

1）房屋的加层。

2）加大厨房、厕所、客厅等房间面积或增加隔墙和设备。

3）增加高度和宽度。

4）工业建筑增加吊车荷载。

5）内外装修改造。

**2. 位置和方向的变化**

改变建筑物平面布置、扩大或缩小户型,移动房间隔墙,改变房屋屋面、墙壁、楼梯等建筑构造,增建相邻工程,改变抗震等级等,除都会引起各种荷载的增加外,还会带来荷载位置和方向的变化,从而使房屋地基和基础承受的荷载发生变化。在进行旧房的改造时,要予以重视。

### 8.3.2 旧房改造的技术措施

**1. 深基坑的支护**

旧房改造工程多是在建筑物稠密地区或靠近已有建筑物或构筑物施工。施工现场往往狭窄,无法采用放坡方法开挖新基础基坑土方。为了防止开挖基坑时边坡过大对附近已有建筑物或构筑物、道路、管线等产生下沉或变形的不良影响和发生事故,避免坑壁倾斜、位移和坍塌,在开挖基坑前,应对坑壁上下左右的各种荷载进行检查、分析和判断。一般临时性挖方,可采用 45°应力扩散角估算法(见图 8.7)进行判断,基坑斜坡边线不得超过应力扩散角 $\alpha$。

靠近已有建筑物开挖基坑,若新挖基坑不低于邻近建筑物基础底面时,可视为安全,采取一般支护措施即可;若新挖基坑深于邻近建筑物基础时,新旧基础应保持一定距离 $B$ 及基底高差 $H$(见图 8.8),且应满足 $H/B \geqslant 0.5 \sim 1.0$。如果不能满足,应研究制定安全支护方案,或选择无影响的基础设计方案。深基础的设计要考虑建(构)筑物地下部分的尺寸、深度、相互间的距离、荷载大小、施工现场条件以及基础施工中的支护、开挖方法,不可脱离施工的可能性进行设计。

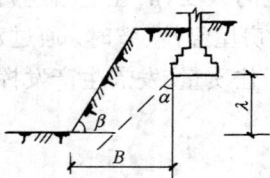

图 8.7 放坡扩散角图　　　　　图 8.8 最小 B 值法

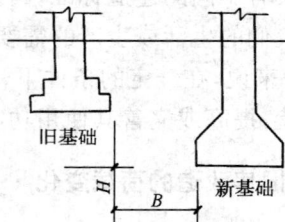

## 2. 基础托换

改造工程中需要加固的基础,有的是影响建筑物安全和使用的病弱基础,有的是为了预防破坏而加固的完好的基础。一般在下列 5 种情况下应对基础进行加固和托换。

1) 房屋结构和基础基本完好,而承载力不足的。

2) 改变使用性质,致使建筑物荷载增大的。

3) 需增强已有建筑物抗震能力的。

4) 在已有建筑物下方或邻近新建地下结构的。

5) 重要结构需要移动或抬高的。

基础托换的方法很多,因原有房屋承重结构形式、荷载大小、地基承载力和现有安全储备等情况的不同,可选择不同的托换方法。托换方法一般有:增设新基础、原基础加宽、局部拆改或更新基础等作法。具体托换方法见有关章节。

## 3. 拆除技术

在旧房改造中,有相当数量的建(构)筑物需要拆除、搬迁和新建。在城市稠密地区和工厂区,对拆除技术要求的精度和安全度都很高,这就需要选择科学的拆除方法。目前常用的拆除方法有机械拆除法、控制爆破法、静态破碎法及综合拆除法等。

## 4. 托梁拔柱、换柱

在建筑物改造工程中,常常涉及柱子的改造,如加柱、拔柱、换柱和接柱等。工业厂房中,生产工艺的改变、生产能力的发展等都会要求改变柱子的布局。住宅加层时,有时也需要增加柱子的承载力和增设附加柱。托梁换柱的目的,是在不拆除或少拆除上部梁、架和屋面的情况下改造柱子。

托梁拔柱前要做好如下工作:

1) 对原有屋盖结构构件的状况及连接进行全面检查,如有缺损或不良处,应予以加固补强。

2) 核算由于拔柱而引起各柱子和基础的应力变化,如有不满足要求的,均要进行加固。

3) 新增托梁的设计、制作工作。

拔柱的关键是顶住屋架或大梁。屋架或大梁的顶升一般是在屋架或大梁附近安装井字架,以支撑其重量,然后拔掉柱子。

## 5. 位移技术

建筑物的改造中,经常要变更建筑物的位置。建(构)筑物位移技术近几年发展很快,目前已有多起建筑物成功位移的实例。如南京的江南大酒店,为适应城市规划改造的要求,将七层的框架结构整体移动十余米。

建筑物的位移方法有水平位移、旋转位移、垂直位移及综合位移(见图 8.9)。

建筑物的整体移动,要求自身结构状况和整体性良好。技术措施要可行、可靠,

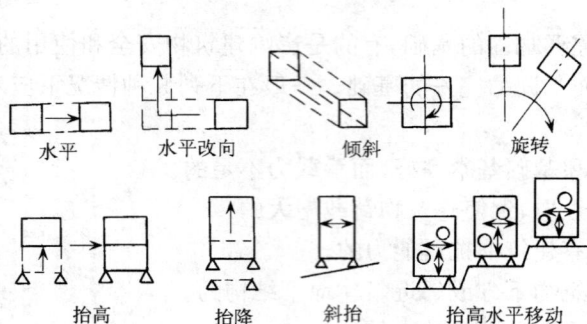

水平　　　水平改向　　　倾斜　　　　旋转

抬高　　　抬降　　　斜抬　　　抬高水平移动

图 8.9　建筑物位移方式

安全要有保障。是否对建筑物实施移动,应从技术、安全、经济等方面综合考虑决定。

建筑物位移所需的机具设备有:支承和抬高机具(如垫木、棍杠、千斤顶等);移动设备(如滑车、卷扬机等);加强、固定原结构用的支撑、螺栓等。

6.纠偏技术

对于发生倾斜,但整体性很好的房屋,对其进行纠偏,并稳定其沉降,是一种经济、合理的方法。由于房屋的重量很大,所以纠偏的难度很大,并具有一定风险。因此,纠偏扶正工程要周密设计,认真组织,精心施工。

纠偏,就是人为地调整基础的差异沉降,以达到纠偏目的。纠偏方法一般分为迫降法、顶升法和综合法。

(1)迫降纠偏

迫降纠偏是对建筑物沉降小的一侧地基施加强制性下沉措施,使其在短期内产生局部下沉,以达到扶正的方法。常用的迫降纠偏方法有掏土(抽沙)法、加压法和浸水法等。

(2)顶升纠偏

顶升纠偏是用千斤顶将倾斜建筑物顶起扶正或用锚杆静压桩将建筑物提起扶正的方法,具有不降低原建筑物标高、对地基扰动少及纠偏速度快等优点,但要求原结构整体性好。

(3)综合纠偏

为了加快纠偏速度或提高纠偏效应,可将顶升和迫降结合应用,即在沉降大的一侧用锚杆静压桩进行提升,以减小沉降差和基底压力,在沉降较小的一侧用掏土、抽沙、抽水、浸水、加压等方法迫降,直至建筑物被扶正为止。

### 8.3.3　旧房平面改造的方法

旧房改造主要包括平面改造和立面改造两个方面,立面改造一般与平面改造结合进行。平面的改造方法主要有以下几种:

1）调整建筑平面组合,部分改变结构传力。

2）维持原建筑平面和水电管线布置,扩建住房面积并增设阳台,提高使用标准。

3）既扩大面积,又调整建筑平面组合。

旧房的改造主要要解决好如下几个问题:

1）加大的面积宜与原有面积较好地融合,使改造达到事半功倍的效果。

2）改造后的立面效果要适应现代城市规划和环境的要求。

3）处理好增加部分与原有部分的联系。

4）改造施工要确保安全,各工种施工要满足房屋功能要求。

### 8.3.4 旧房改造实例

（1）原住宅状况

某住宅建于 20 世纪 70 年代,为 3 层砖混结构。单元平面布局为一梯 3 户（见图 8.10）,每户两室一过厅,独立厕所。建筑面积为中间户 51.14m²,边户 54.69m²。

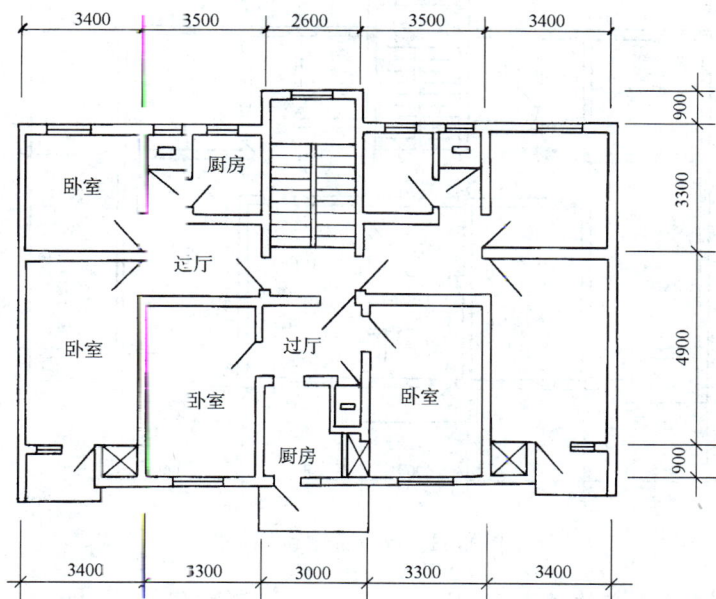

图 8.10 改造前的住宅平面图

（2）存在的问题

从平面图可见,该住宅在功能和使用方面有以下不足:

1）建筑面积偏小,同类型的住宅,新建住宅面积指标为 60～65m²,户均小约为 10m²。

2）厅较小,无法满足客厅应具备的功能。实际使用中,仅起过厅作用,且采光通风效果不好,有幽暗、憋闷之感。

3) 厕所面积太小,卫生设备只有一个蹲式便器,日常的洗漱活动多在厨房中进行,与炊事活动相互干扰。

4) 中间户虽朝向好,但卧室通风条件极差。

综上所述,此住宅存在的主要问题是面积小、功能差、设备缺。但其结构状况良好。对类似的住宅,用起来不方便,拆除重建又受资金的制约。比较切实可行的办法是对其进行改造。通过对平面布局的改变,设备的更换,层数的增加,使其质量得到改善,满足人们现代生活的要求。

(3) 改造方案

经过对比和选择,确定采用图 8.11 所示的改造方案,即把原来的一梯 3 户变为一梯两户,在原来 3 层的基础上增加一层,居住户数略有减少,但居住条件得到很大改善,表现在以下 5 个方面。

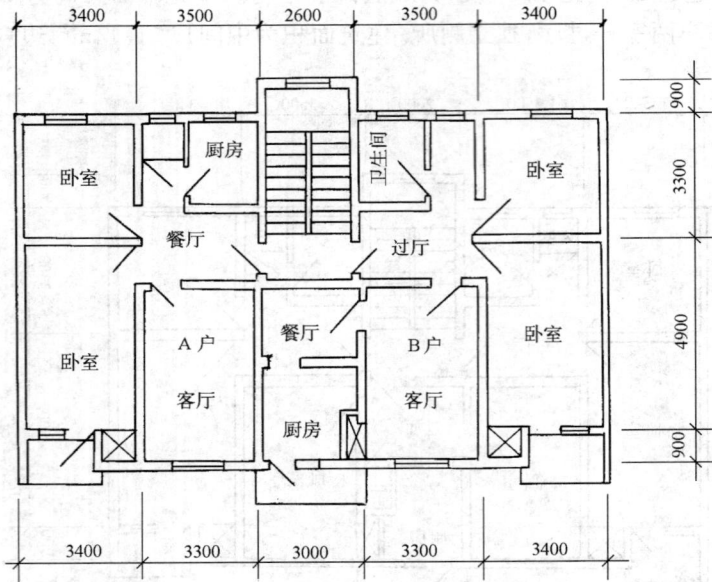

图 8.11　改造后住宅平面图

1) 在结构不变的情况下,增大了每户的建筑面积。A 户由 54.14m² 增至 67m²,B 户由 54.69m² 增至 86m²,满足了现代家庭的需要。各户的通风条件明显改善,形成了明厅、明厨、明卫的优良居住环境。

2) A 户保持卧室、厨房、厕所不变,增加一个客厅,面积为 15m²,与其他居室相对独立,适于会客、娱乐等家庭活动。原来的过厅兼当餐厅,餐、居分离,减少了起居与进餐活动的相互干扰。

3) B 户增加一个 15m² 的客厅,将原来中间户的厕所拆除,过厅作为独立餐厅;厨房面积加大,在之间的隔墙上设玻璃隔断以增加餐厅采光量。

4)B户的厨房和厕所改造成分离式卫生间,分别设置浴缸、便器和洗面盆,有利于便溺与洗漱的分开进行,避免相互干扰和拥挤。

5)达到了动静、洁污分区,餐居、寝居分离的功能要求,为家庭生活创造了更舒适的居住环境。

（4）结构情况

该楼已使用 20 年,地基变形已经稳定,承载力按提高 10％考虑,经验算加层后地基强度能满足要求。墙体原设计为 240mm 厚砖墙,M2.5 混合砂浆砌 MU7.5 机制砖,设计强度 1.19MPa,经验算,加层后墙体能满足强度要求。改造工程未涉及其他结构变动,故不会影响结构安全和稳定性。

（5）施工情况

增层墙体仍采用 240mm 厚普通黏土砖墙,M5 混合砂浆砌 MU7.5 机制砖,为提高加层的整体性和抗震性,檐口处设圈梁一道。

原屋面板改为楼面后,能满足承载要求,不需更换。施工时,将原女儿墙拆除至原檐口圈梁处,清洗干净后,便可砌筑新砌体。

室内需封闭的门洞,墙体自第一层开始砌筑,墙底砌筑 400mm 宽的毛石 1 皮,墙顶 5 皮砖用膨胀砂浆砌斜砖挤紧。新门洞开设,先铲除粉刷层,在底部小心地剔出一二块砖,然后逐步扩大至所需大小,不得用力在墙上乱砸,避免发生事故或影响其他构件安全。

## 思　考　题

8.1　简述旧房增层改造的意义及确定的依据。

8.2　简述增层改造的程序及内容。

8.3　简述增层改造的方法及设计中应注意的问题和构造措施。

8.4　改造工程中的技术措施有哪些?

# 第九章 建筑工程事故实例

本章介绍实际工程中发生的几例重大工程质量事故,并分析其发生的各种原因。通过事故责任的认定,提醒参与建设市场的各方人员,要严格把好建设质量关,防止质量事故的发生。

工程质量问题是社会普遍关注的热点问题。随着国家有关法律法规的完善和实施,全国建筑工程质量逐年提高,重大工程质量事故发生的频率也在逐步下降。但是,由于各方面的原因,工程质量事故仍时有发生,甚至发生恶性倒塌事故,给国家经济建设带来不应有的损失。本章介绍几例重大质量事故,并从技术及管理的角度,分析事故的原因,总结事故发生的规律性,从而使工程管理、设计、施工等人员引以为戒,自觉地遵守国家的有关标准、规程和规范,提高工程管理水平和技术水平,达到减少或消除质量事故、杜绝重大事故发生的目的。

## 9.1 地基、基础事故

### 9.1.1 某厂宿舍楼不均匀沉降事故

珠江三角洲地区某童车厂一幢宿舍楼,建筑面积 $2700m^2$,平面尺寸 $8.8m×57.9m$,6 层砖混结构,灌注桩支承条形基础。该工程于 1993 年 11 月开工,1996 年 5 月完工。1995 年 8 月尚未住人就出现裂缝,建筑物中部沿纵向长度的一半范围呈锅底式不均匀沉降,其中北墙 2/H 轴部位最大沉降达 48mm(1997 年 3 月测得相对沉降达 83mm)。1996 年 12 月,该部位墙体最大裂缝达 10mm(见图 9.1),楼板开裂,严重影响结构安全,致使几年不能交工使用。

1.工程情况调查

(1)地质勘探方面

1)该宿舍楼,自南向北依次为一、二、三、四幢,共有 12 个钻孔。其土层分布情况依次为:素填土厚 3.0~3.6m,流塑淤泥层厚 5.1~10.5m,沙层厚 1.7~8m(部分夹有黏土薄层),残积层厚 10.5~25.2m。勘察报告已提供打入式灌注桩,桩周土的摩擦力标准值 $q_s$ 和桩端土的承载力标准值 $q_p$。但注明"建议进行试桩校核"。

2)残积层上部,可塑,中偏高压缩性;中下部硬塑~坚硬,中等压缩性;地质柱状图未注明各层标高。沉降中心附近的 C30 钻孔无标贯数据(见图 9.2)。

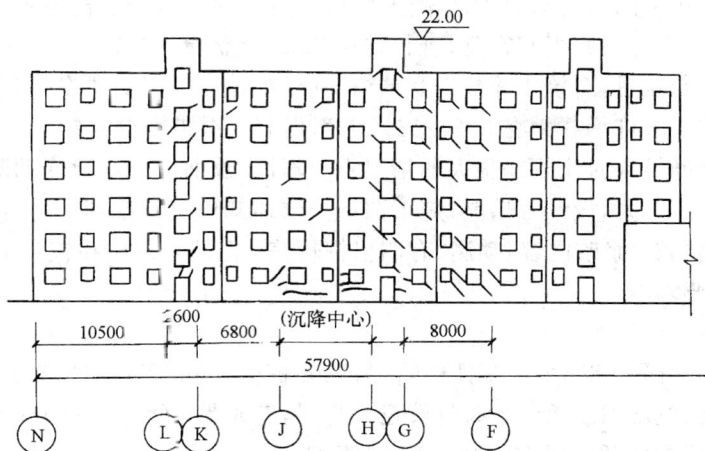

图 9.1 北立面墙体裂缝图

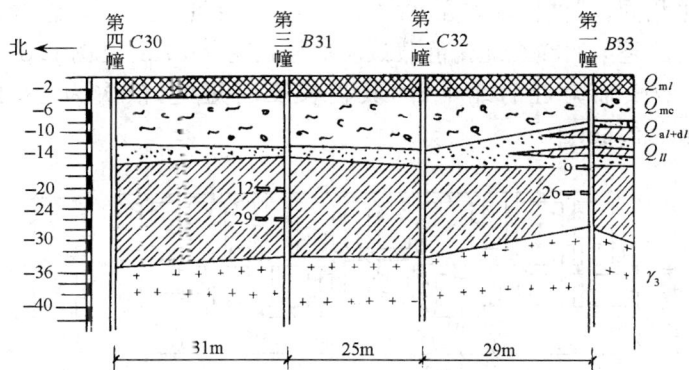

图 9.2 一～四幢楼房中段地质剖面图

（2）设计方面

1）该桩基设计依据为《建筑地基基础设计规范》（GBJ7-89）。采用锤击沉管灌注桩，桩径 480mm，设计文件中要求"有效桩长（承台底算起）21m，单桩承载力 $P_a$ ＝550kN，最后 10 击贯入度≤30mm"，"试桩数≥1％，且不少于 3 根，安全系数 $K$ ＝2"。根据该工程地质勘查报告提供的 $q_s$ 和 $q_p$ 值，按公式验算单桩竖向承载力标准值 $R_k$ 可达到 550kN。

2）起初，童车厂曾试打桩 3 根，其中 1 根在宿舍区的第一幢范围。据称，当时打尽桩管，仍无法按≤30mm 停锤。由现场决定最后贯入度 60mm/10 击（打桩队说是 70mm）为停锤标准。但宿舍区试打桩，未进行静载试桩。停锤标准是否满足单桩设计承载力，无从验证。

3）1994 年 1 月，该 4 幢宿舍共进行 6 根静载试桩。报告为：第一幢 2 根，单桩竖向承载力 $R_k$ ＝539kN；第二幢 1 根，$R_k$ ＝452kN；第三幢 2 根，$R_k$ 分别为 539kN、400kN（应为 378kN）；第四幢 1 根，$R_k$ ＝400kN（应为 378kN）。从试桩结果看到，该

宿舍区中部、东部的单桩承载力从南向北逐渐下降,也符合地质剖面图显示的地质情况。但设计没有因此引起警觉,查找地质原因,调整设计方案。

4) 1994 年 4 月,对该 4 幢楼桩基抽取 20 根桩进行小应变动测。结果,"所测的桩,其单桩轴向容许承载力在 502～560 kN",但有 4 根桩因桩身缺陷需"浅部开挖处理"。在动静结果对比相差很大的情况下,设计方反而相信小应变动测结果。

5) 1994 年 5 月,设计方出具"施工图纸修改通知单"。修改理由为:桩基施工未能达到设计要求。修改内容:动测"有四根桩较差。但缺陷部位在桩头 1m 范围,处理后能达到要求"。

(3) 打桩施工方面

1) 桩机。1996 年 12 月 5 日桩队称,28m 桩架、25m 管;1997 年 1 月 23 日又称,30m 桩架、28m 管。承认当时桩管已经打尽,有时贯入度达 100mm 左右仍不能停锤。桩队明知地质情况有问题,竟隐瞒真相。

2) 宿舍楼场地从南到北,地质情况虽然变化较大,但是,第一、二、三、四幢打桩纪录却几乎相同,其桩长基本在 23.5m 上下,最后贯入度基本是 70、60、50mm,尤其不可相信的是第四幢东北角静载试验的桩长为 23.7m(见图 9.3)。其最大沉降部位(H～2/H 轴附近的北半部)其桩长反而短些,依次为 23.4m、23.0m、23.1m、23.0m、22.6m。

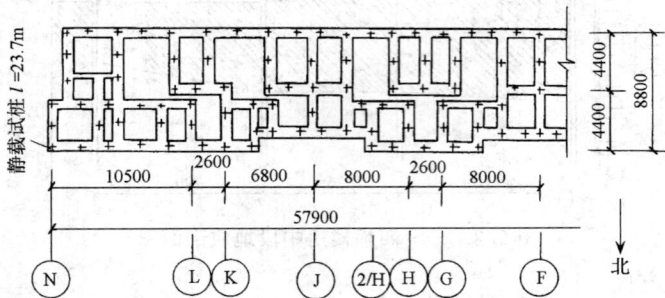

图 9.3　基础平面图

2.事故原因

第四幢宿舍楼共有 3 个钻孔,其地质情况最差的是沉降中心附近的 C30 孔。静载试桩仅 1 根,偏偏抽取地质情况较好的东北角桩,其就近钻孔为 B23,其 21m 深处,标贯 $N=17$ 击,试桩结果,单桩竖向承载力标准值为 378kN,小于设计要求的 550kN。根据地质勘查报告,从理论上计算,378kN 的单桩承载力仅发挥了桩周摩擦作用,桩端土的承载力尚未发挥,即该批桩相当一部分打在可塑土层上,B31 孔 21m 深处,标贯 $N=12$ 击(即可塑)。C30 孔的地质情况还要差,却未进行静载试验,推理其单桩承载力应小于 378kN。按静载分项系数 1.2,活载分项系数 1.4 验算,最大沉降部位 H～2/H 轴的南半部每桩的实际承载力已达 470kN,北半部为

390kN,对比 378kN,单桩承载力已满(或接近)负荷,如果群桩打在硬塑层上,活载又未加上,楼房不应出问题。由于群桩打在可塑层上,加上约 3m 厚新填土、10m 厚淤泥层的负摩擦阻力作用(按理论计算,单桩下拉荷载可达 150kN),则该批桩已经超载。

3. 责任分析

(1) 勘察粗略、深度不够

该场地残积层的硬塑层,对桩长、停锤标准、基桩承载能力设计至关重要。但是,地质柱状图中,并未标注其层面示高。C30 钻孔(在该宿舍楼沉降中心)无标贯数据。说明该工程地质勘查报告不详尽,对设计和施工缺乏指导意义。

(2) 设计有误

1) 设计依据不足。在沙层、残积层厚度变化较大,地质资料不详尽的情况下,设计定出有效桩长 21m,已不妥当。在试打桩时,贯入度与初定 30mm/10 击相差太大,在现场决定改为 60mm/10 击,又没有进行静载"试桩校核"。

2) 事故处理有误。该楼集中于一个局部范围内呈锅底形沉降,是群桩打在可塑层上,加上负摩擦阻力作用,使群桩沉降量过大,并不是个别桩的问题。宿舍楼静载试桩之后,整个场地的东北部单桩承载力普遍较差,第四幢的单桩承载力明显达不到设计要求,而动测结果,桩身质量未见严重缺陷。设计没有分析是桩没有打到可靠的持力层、还是桩身缺陷,是个别桩问题、还是群桩有问题,反而相信小应变动测得出的单桩竖向承载力,并且出具通知单,认为处理部分桩头、局部加强地梁后,"能达到设计要求",而不去验算单桩承载力试验结果远小于设计要求后基桩还能否承受楼房荷载,也不看该宿舍楼 3 个钻孔土质相差大,对摩擦桩应按规范要求进行沉降差验算,终于酿成事故。

3) 构造设计有缺点。内墙条形基础和各层内墙大部分不能纵横联系贯通;各层仅有现浇楼板,未设置圈梁,致使楼房抵抗部均匀沉降的能力降低。

(3) 桩队作假

桩队明知打尽桩管仍无法停锤,不但不反映实际情况,而是搞假桩长、假贯入度。致部分桩未打到硬塑持力层,基本上还是摩擦桩,造成群桩承载力低,沉降量大。打桩记录作假,掩盖了地质实际情况,对事故处理起了误导作用。

(4) 测桩失准

查阅静载试桩记录,当加荷至 800kN 时,桩累计沉降已超过 40mm,但试桩报告仍取 $R_k=400$kN(应为 378kN)。1989 年以来,广东省建委和省检测中心曾多次发文,明确规定"暂定各种小应变动测法不用于单桩承载力检验",但是该小应变动测单位依然做出承载力报告,起着误导作用。

(5) 甲方失察

甲方在建设过程中,对上述勘察、设计、施工等问题未觉察,应负管理责任。

（6）责任认定

宿舍楼不均匀下沉事故是桩基造成的。桩队应负主要责任，设计单位应负重要责任，勘察单位、动测单位和建设单位负有一定的责任。

**4. 事故教训**

1）地质勘察的深度应满足工程建设的需要。发现不详或不相符的情况时，应搞清楚后再施工。否则，设计和施工都可能陷入盲目性。

2）强调职业道德，反对弄虚作假。桩队应如实反映地质情况，假桩长、假贯入度是工程事故的一大隐患。

3）应重视开工前的试打桩。以便验证地质情况是否相符，桩机和成桩工艺是否合适，发现异常情况应及时调整设计方案或打桩工艺。

4）在新开发区，地质情况复杂或异常场地，无可参照地质条件相同的试验资料时，更应重视基桩的成桩质量检查和单桩承载力检测，尤其是地质情况较差或可塑层太厚，不能停锤的桩。静载试桩应选择硬塑层深、贯入度大的桩，以免误导，造成假象。

5）基桩出现质量问题后，应弄清问题出在何处。是桩身缺陷还是桩端持力层有问题，有问题的是个别桩还是群桩，坏桩的分布情况等。切忌无根据的事故处理。

6）珠江三角洲地区，地层起伏较大，通常都把锤击灌注桩打在硬塑持力层上。因硬塑层太深或桩管不够长，桩端支承在可塑层上，即使承载力计算能满足负荷要求，房屋仍可能发生不均匀下沉事故；设计应按规范进行沉降计算，并考虑新填土及淤泥层的负摩擦阻力作用（厚填土、厚淤泥层场地，下拉荷载不可小看）。

## 9.1.2 某市 9201 号商住楼基础不均匀沉降事故

某市须江镇房地产开发公司 9201 号商住楼位于某市解放南路西侧，于 1993 年 12 月竣工交付使用。在交付使用半年后，出现了较大的不均匀沉降，最大沉降量达 200mm，致使房屋从基础到屋面产生多处裂缝，造成重大质量事故。1996 年 3 月经有关专家小组论证采取地基加固、主体加固补强的处理方案。处理后，沉降基本稳定，上部结构得以恢复。

**1. 工程概况**

9201 号商住楼由该市须江镇房地产开发公司开发，核工业部 268 工程勘察公司进行工程地质勘察，某市建筑设计所设计，某市第二建筑工程公司施工。该楼位于市区解放南路，建筑物长 64.24m，宽 11.94m，层数为 6 层，局部 7 层。房屋总高度 22m，底层为商店，二层以上为住宅，共 4 个单元，总建筑面积 4359m²。建筑平面、立面和剖面图如图 9.4～图 9.6 所示。基础形式根据荷载不同分为钢筋混凝土独立基础和刚性条形基础，刚性条形基础处设置地圈梁。基础埋深 3.8m。主体为砖混结构，底层局部设置框架，楼盖和屋盖均为 120mm 厚多孔板。该楼于 1992 年 12 月动工，1993 年 12 月竣工并验收。

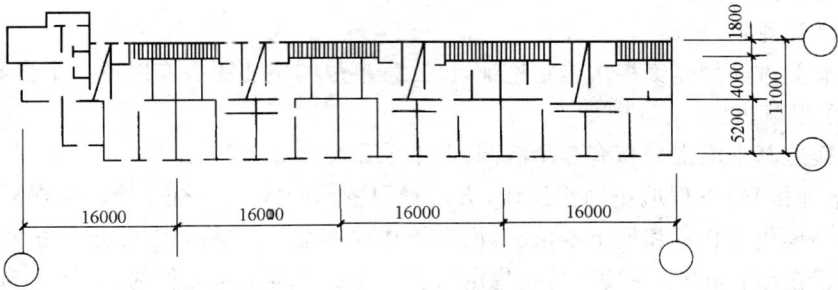

图 9.4 标准层平面图

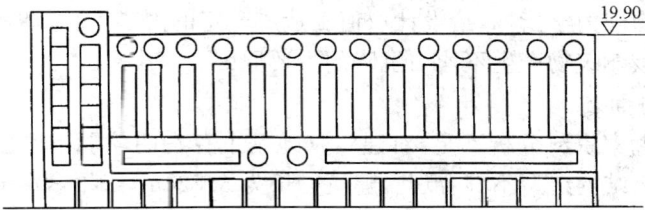

图 9.5 立面图

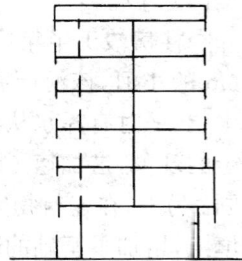

图 9.6 剖面图

该工程验收时发现第三单元楼梯外墙有一条垂直的细小裂缝,有关部门要求对该裂缝加强观察,质检部门暂缓核定该工程质量等级。其后在半年内该裂缝未出现明显扩张现象,用户陆续搬进使用。1994 年 7 月裂缝有了新的发展,裂缝部位也逐渐增多,一年后裂缝部位相继开展到地圈梁、墙体、楼面、屋顶、女儿墙等多个部位。期间有关部门多次进行观测,并根据不同时期的观测情况,分别于 1994 年 7 月、1995 年 8 月对裂缝问题进行技术分析,制定处理意见。因局限于技术条件,仅提出了加密沉降观测和进行结构裂缝修补的意见。鉴于工程裂缝继续加快加剧的情况,1995 年 11 月由建设局及有关单位技术人员组成了裂缝事故处理小组,要求用户迅速撤离。同时,邀请市、省两级质检部门对该楼进行技术鉴定。1995 年 12 月省建筑工程质量监督检验站技术人员赴现场察看了该楼现状,其裂缝和沉降为:①地圈梁和底层联系梁多处裂缝,裂缝形式以垂直裂缝为主,部分区段有斜裂缝。地圈梁裂缝宽度在 0.1~10mm 间,大部分贯穿地圈梁截面。联系梁裂缝宽度在 0.15~10mm 间,多数已延伸到梁高的 2/3 以上。②内外墙裂缝较为普遍,倒八字、垂直、斜向裂缝均有,宽度在 0.5~10mm 间。楼面面层起壳、楼板缝间开裂现象普遍。③因该楼室外回填土厚度达 3m 多,同时楼房竣工后解放南路进行改造,因此沉降观察点进行了多次重新设置,沉降观测数据为阶段性的非系统数据,检测结果仅能供参考。经对不同阶段的检测结果进行分析汇总,其房屋两边沉降量最大,中间沉降量较小,南端沉降量较大点与中间沉降量较小点之间的沉降差值达 200mm 左右。

2.事故原因

经有关方面的专家多次鉴定论证,该工程事故的主要原因有以下 3 个方面。

(1)勘察方面

该楼地基平面上分布有 3 个溶洞,洞中软黏土分布不匀,最厚达 20m。灰岩地区(岩溶地区)的工程地质勘查工作,必须查明溶洞的深度,分布范围,并查清洞内土质的物理化学指标和地下水情况,而在该楼房的地基压缩层内,上述勘察要求没有达到。在已有的资料中表明,较稳定的②~④层地基上覆盖仅为 2.5~4.8m,下卧层为高压缩性软黏土,厚度不匀,且局部缺失,勘察未明确溶洞准确边界线以及软黏土的各项物理力学指标,给设计取值上造成一定的困难,而厚薄不匀的软黏土的压缩沉降是该建筑物产生不均匀沉降的主要原因。

(2)设计方面

设计中对勘察资料分析不足,对建筑物地基下存在的软弱下卧层变形验算不够精确。建筑物结构选型不够合理。建筑物长为 64.24m,采用素混凝土基础及钢筋混凝土基础,建筑物纵向刚度不理想,同时在地基不均匀沉降的情况下未充分考虑解决不均匀沉降问题。

(3)环境影响

在楼房竣工半年后,距楼房南侧 6m 处因封门溪改造开挖了一条截面为 5.5m×6m 的小河,该河床底标高低于基础底面标高 1.5m 左右,该河水位低于基础地下水位。平时有浑水从溪的砌石护坡上的排水管中流出,出现地基中细小颗粒被水带走的现象,这加速了地基的变形,致使该楼在河道改建后不均匀沉降现象的迅速加剧。另外,在建筑物完成半年后,解放南路开始修建,在房屋四周回填了约 3m 高的填土,增加了基础的附加应力,也加速了地基的变形。

3.结论

该工程不均匀沉降的主要原因是由于地质情况复杂,结构选型欠合理以及周边环境因素的影响所造成的。

# 9.2 梁、板结构事故

## 9.2.1 藤县金鸡镇信用社综合楼倒塌事故

藤县金鸡镇信用社综合楼位于金鸡镇,藤县至容县公路旁,是一座新建的 7 层框架结构综合楼。1993 年 8 月开工,1994 年 5 月下旬完成主体结构。1994 年 6 月 28 日完成两层半室内抹灰。当晚,7 层框架一塌到底。由于施工人员及时疏散,未造成人员伤亡,但造成直接经济损失 70 多万元。

**1. 工程及事故概况**

金鸡镇信用社综合楼建筑面积 2400m²，7 层，平面呈 L 形（见图 9.7）。底层为营业厅，二层以上为住宅。底层层高 4.5m，二层以上层高 3.0m，总高 22.5m。基础为混凝土灌注桩桩基，上部为现浇混凝土梁、板、柱的框架结构，砖砌填充墙。

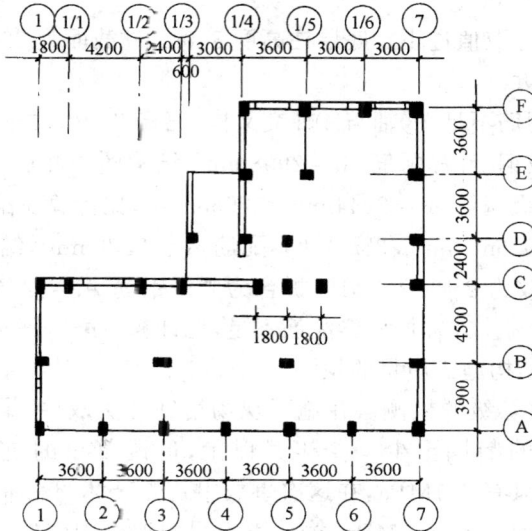

图 9.7 底层平面

该楼为金鸡镇信用社投资兴建，由藤县建筑设计室承担设计，藤州建筑工程公司负责沉管灌注桩施工，桩承台以上的工程由藤县城乡建设工程公司施工。建设单位违反基本建设程序，未办理报建和质量监督手续，就进行了施工。1994 年 6 月 28 日上午 7 时，现场施工人员发现底层③轴与⑧轴交叉的柱在设计标高 0.2～0.5m 柱段出现裂缝。施工人员立即电话通知设计人员，上午 10 时左右设计人员提出加固方案，用杉木支顶该柱顶交叉的主、次梁。下午 3 时左右发现该柱钢筋已外露，并向柱边弯曲。在此期间还采取了用槽钢由基础支顶到二层梁底，在柱四周用角钢加固等措施。但晚上 9 时 15 分，支撑木发出清脆响声。9 时 28 分支撑开始断落，混凝土柱被压坏，整栋楼分两次连续倒塌。幸好及时撤离现场人员，未造成人员伤亡，这是我国建筑史上极为少见的倒塌事故。

**2. 倒塌原因**

（1）对原设计文件的复核

1）藤县金鸡镇为抗震设防裂度 6 度地区，按《建筑抗震设计规范》(GBJ11-89) 的规定，对综合楼的框架梁、柱应采取有关的抗震构造措施。但藤县建筑设计室则内部统一意见不设防，不考虑有关抗震措施，违反了国家规范的规定。

2）结构布置不合理，结构计算不完整、不正规。原设计在框架计算上存在的主要问题有以下 4 项。

①没有考虑风荷载,有些荷载取值也偏小。例如填充墙 120mm 厚,在原设计中只取 24MPa,而实际应取 29.6MPa。

②框架底层柱的计算高度取值偏小。原计算取为 5.0m 和 7.0m;按设计图计算应取 4.5+3.5=8.0m。

③柱的截面尺寸取值过小。底层柱高度 8.0m,柱截面为 350mm×600mm,造成柱子的长宽比过大。

④框架柱、梁配筋不足,③轴与Ⓑ轴交叉柱(三跨,$b=0.35m$、$h=0.6m$)混凝土为 C20,钢筋为Ⅰ级钢,计算配筋 $A_s=2958mm^2$,结构图中配筋 4ϕ25,施工时更改为 4ϕ22,折合为Ⅰ级钢筋 $A_s=2244mm^2<2958mm^2$,比计算少配筋 24.1%。③轴框架柱,(一跨,$b=0.6m$,$h=0.35m$)计算配筋 $A_s=3270mm^2$,结构图中配筋 2ϕ25+1ϕ20,施工时更改为 2ϕ22+1ϕ18,折合为Ⅰ级钢筋 $A_s=1497mm^2<3270mm^2$,比计算少配筋 54.9%。③轴框架梁配筋不足,比计算少配钢筋 52%~67%。

(2) 承台以上结构施工质量的检测

1) 混凝土强度等级的检测。在施工现场用钻芯法取柱、梁混凝土芯样共 17 件,试压时混凝土的龄期至少一个半月以上,但混凝土的抗压强度平均只有 10.2MPa。最低的只有 6.1MPa,在这次事故中首先破坏的③轴与Ⓑ轴相交柱,底层混凝土强度等级也只有 6.6MPa,故整幢房屋的混凝土强度等级均达不到设计要求。

2) 钢筋机械性能的检测。在倒塌现场直接取样,绝大部分钢筋钢印直径与实际直径不符,直径偏小,相差较大。在 8 组Ⅱ级钢试件中,只有 3 组试件合格,5 组试件不合格。在 3 组Ⅰ级钢试件中,只有 1 组试件合格,2 组试件不合格。从取样试件中,综合评价只有 36% 合格,64% 不合格,使用钢筋大部分为不合格钢筋。

3) 施工质量问题。从现场仔细观察和清理现场的记录资料看,整幢建筑的施工管理及施工质量是非常差的,主要表现在下列 7 个方面:

①施工管理混乱,工程所使用的钢筋和水泥既无出厂合格证,又不送有关部门检验;既不做混凝土配合比试验,施工时又不留试块,以致对混凝土强度失去控制,强度差很多,却不知道,否则在施工过程中还可以采取补救措施。

②所用钢筋的钢种混乱,其中有竹节钢、螺纹钢、圆钢 3 种。在同一梁、柱中混合使用,钢筋标记直径和实际直径不符,取样的钢筋试件大部分不合格。

③混凝土质量低劣。从倒塌事故现场检查混凝土碎块可见混凝土的级配不当,石少沙多,沙细且含泥量高,而且采用质地较差的红色碎石做骨料,碎石与水泥砂浆无粘结痕迹,混凝土与钢筋无粘结力,尤其以桩承台的混凝土质量最差。对承台混凝土两次钻取芯样,均无法把芯样取出;在Ⓐ轴与②轴交叉的承台坑内已找不到承台混凝土,只有 4 个桩的钢筋外露;在Ⓐ轴与⑦轴及⑦轴与Ⓑ轴交叉的承台基坑中,发现两柱都已插入承台中,说明柱与承台之间已经产生冲切破坏。在现场还

发现⑤轴与⑧轴交叉的柱（350mm×600mm），承台面上 300mm 处柱水平断面有 260mm×250mm 片石。

④楼板厚度大大超过设计值。据现场检测对比，原设计 80mm 厚楼板，施工后的最大厚度为 120mm，最薄为 100mm，这样就较大地增加了板的自重，也增加了梁、柱及基础的负荷。

⑤混凝土保护层。柱纵筋混凝土保护层两边不均，据倒塌现场的记录资料，有 6 根柱的一边混凝土保护层为 40mm，有一根柱为 100mm。板的支座负筋的保护层，据事故现场记录一般为 40mm，最大的达 60～70mm，这样，负筋已起不到受力的作用。

⑥由施工单位提供的原施工时桩基承台底标高和事故现场清理测量的桩基承台面标高与原设计承台高度严重不符，造成承台冲切破坏。

⑦原设计在 −0.3m 处有一道圈梁，施工时未经有关单位同意而没有施工，这样做势必造成框架柱在底层的计算高度增加而降低柱子的承载力。

（3）违反基本建设程序

建设单位违反基本建设程序，未办理报建和质量监督手续，使整个工程无管理、无监督、无人过问质量。施工单位想怎么做就怎样做，钢筋采用不合格品。混凝土无配合比试验，没有留一组试块。桩施工完后，未对桩的施工质量进行检验。工程质量完全失去控制，发现问题时，已来不及补救了。

3.结论

综上所述，藤县金鸡镇信用社综合楼发生倒塌的重大工程质量事故，原因是多方面的，施工质量、设计文件、基本建设程序等都存在不同程度的问题，但从设计文件复核和承台以上工程质量检验情况分析得出以下结论。

1）施工质量低劣为事故的主要原因。钢筋不合格，混凝土强度太低，其中尤以桩基承台高度不满足设计要求，这些对框架柱的承载力的影响是致命的，综合楼的倒塌情况都说明了这一事实。

2）设计存在较为严重的问题。设计人员不按国家规范规定设计，计算错误和图纸设计深度不够等与施工问题综合在一起，引发了这次重大的工程质量事故，应负次要的责任。

3）建设单位违反基本建设程序，不办理报建和质量监督手续，也要负一定责任。

这次重大工程质量事故教训是深刻的，主管部门必须确实有效地加强工程质量监督和管理，防止类似工程质量事故的发生。

## 9.2.2 某县人民银行办公楼倒塌事故

某县人民银行营业办公楼位于文水县城大陵路南，1990 年 4 月 28 日凌晨 4 时 30 分，二层 5 块预立力空心板突然断裂坍塌，并砸断一层 6 块预应力空心板，造成 3 人死亡、1 人重伤、3 人轻伤的重大倒塌事故。

1. 工程及事故概况

文水县人民银行营业办公楼,图纸选用吕梁地区建筑设计室 1987 年 7 月为省分行设计的县级人民银行图纸,建筑面积 1300m²,3 层砖混结构,砖石基础,建筑平面见图 9.8 所示。楼板采用晋 201 预应力小孔板,荷载等级为 Ⅱ、Ⅲ 级,允许荷载分别为 3.38kN/m² 和 3.95kN/m²。1989 年 9 月 28 日由太原市第二建筑工程公司

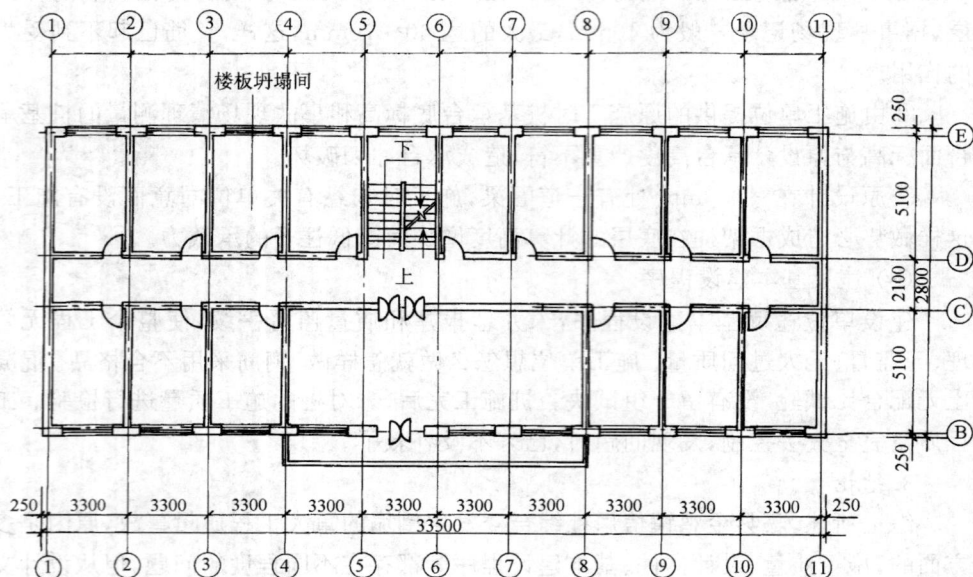

图 9.8　建筑平面图

与文水县人民银行签订建筑安装工程承包合同,该建筑工程公司第一工程处以包工不包料的形式分包给河北省定州市紫位乡建筑工程公司施工。1989 年 10 月 2 日经文水县城建局批准开工,开工后于 1989 年 11 月 5 日由建设单位组织县质检站、建设局施工股、施工单位对施工图纸进行会审,未请原设计单位参加会审,会审纪要未签字,纪要中第七条将原设计一、二层晋 201 Ⅱ 级楼板改为 CG436 Ⅲ 级,1990 年 3 月 16 日,由甲乙双方到构件厂考察楼板质量,当时银行负责人提出要 11 根钢筋的 Ⅳ 级板,由一处与水文工程机械构件厂签订 CG436 空心板购销合同。1989 年冬季,基础完工后停止施工,次年 3 月复工,后施工进展顺利。4 月 27 日 3 层砌砖基本完成,只剩Ⓓ轴、Ⓔ轴的②轴、③轴、④轴、⑤轴、⑥轴、五道内隔墙,计划 28 日全部砌完。工程队负责人杜某、李某两人商议,为不受白天停电影响,决定当晚加班上料,指派 5 名工人加班为每道隔墙上砖 500 块,合计上砖 2500 块。同时交待所上砖堆放在距隔墙 80cm 范围外,顺隔墙排放。加班工人晚上 9 时开始,12 时完成任务。28 日凌晨 4 时 30 分,堆放砖的Ⓓ轴、Ⓔ轴与③轴、④轴间的二层 5 块楼

板突然断裂坍塌,连砖带板砸向一层楼板,又将一层楼板的6块空心板砸断,坠落物砸在一层房间内睡觉的7名民工身上,导致3人死亡、1人重伤、3人轻伤,直接经济损失8.6万元。

2. 倒塌原因

造成文水县人民银行营业楼重大事故的原因主要有以下4个方面:

1) 未征求原设计单位的意见,建设、施工单位擅自变更设计,特别是更改结构构件荷载标准,定购楼柜不认真负责,致使楼层结构潜伏了事故隐患。

2) 施工中,楼板上堆放建筑材料违反了施工操作规程和安全规范。断坠的二层楼板上,堆砖严重超载,以致荷载和自重弯矩之和,达到楼板允许弯矩的2.24倍,这是造成事故的直接原因。

3) 构件厂质量管理不健全、不完善,产品质量不稳定,混凝土强度未达标准,断裂的板中有露筋现象,检查的4块板(两块为从建筑物上取下的板),抗裂度不合格,特别是板的混凝土龄期严重不足,在强度偏低的情况下,出厂并吊装使用是造成事故的原因之一。

4) 太原市建二公司一处文水人行营业楼工地负责人违反建筑安装工程安全技术规程规定,施工人员住进施工未完工房间,没有进行安全教育,且无安全保护措施。

3. 结论

文水县人行营业办公楼倒塌的直接原因是工地负责人不按施工安全技术规程施工,擅自决定工人居住在施工工程的一层,盲目指挥工人向楼面运砖,致使楼面超载堆砖,楼板超载断裂。另外文水县人行在未请设计单位参与的情况下同施工单位更改设计是一种错误的行为,致使楼层结构潜伏了事故隐患,而预制件厂产品质量不合格,混凝土龄期不足,强度偏低也是造成事故的原因之一。事故发生后,有关责任人已受到法律及行政处分,建设主管部门及施工企业应通过这起质量安全事故,深刻吸取教训,在抓工程质量的同时,也应抓好施工安全工作。

# 9.3 砌体结构事故

## 9.3.1 某住宅楼倒塌事故

1997年7月12日上午9时30分左右,某县发生一起住宅楼倒塌事故,造成36人死亡、3人受伤。

1. 工程概况

倒塌的住宅楼位于某县城南经济开发区(由县政府批准于1992年8月19日成立,1995年10月18日撤销),由县金城房地产发展有限公司(县政府直属,三级资质)开发,县建筑安装总公司设计事务所(丁级资质)设计,县第二建筑工程公司

(当时为三级资质)承建,原设计建筑面积 2326m²,实际建筑面积 2476m²,5 层砖砌体承重结构,预应力空心板楼、屋面。底层为层高 2.15m 的自行车库,上部 5 层为住宅,檐口标高 16.95m,一梯两户,共 3 个单元 30 套住房。常住人口 105 人,倒塌时楼内有 39 人。1994 年 5 月 10 日开工,同年 12 月 30 日竣工,1995 年 6 月验收,同年 6 月 28 日出售并交付给县棉纺厂做职工宿舍。1997 年 7 月 12 日 9 时 30 分整体倒塌,当时楼内的 39 人,全部被压埋,其中 36 人死亡,3 人受伤。

2. 事故调查

事故发生后,省政府专门成立了"住宅楼倒塌特大事故调查组",由省建设厅和地矿厅联合组成工程技术质量组,对事故进行了调查、取证和综合分析。

(1) 人员及装备

工程技术质量组下设地质、设计、工程 3 个小组。

地质小组由省地矿局负责,由 19 位专家和工程技术人员组成,使用了美国 GSSI 公司 10 型探地雷达仪、瑞典 ABEM 公司 MK-6 型高分辨浅地震仪、MIR-EC 多功能高密度转换采集仪和 100 型钻机等仪器和装备。

设计小组由省建设厅负责,由 13 位专家和工程技术人员组成。

工程小组由省建设厅负责,由 26 位专家和工程技术人员组成,投入了混凝土取芯机、WE-1000A 等万能试验机、YE-500A 压力试验机、经纬仪等装备 9 台。

同时,派出专门人员调查核实工程管理方面存在的问题。

(2) 调查内容和方法

3 个工作小组,分别从地质、环境、设计、施工、建材和管理等方面调查分析事故的原因。主要进行了 6 个方面的工作。

1) 地质勘察。该住宅楼在设计和施工前未进行工程地质勘查工作。采用电磁波探地雷达法、浅地震勘探法、高密度电阻率剖面法、垂向电测探法和钻探法等 5 种方法对该住宅楼所处的地质环境进行了全面的物探和钻探调查。在住宅楼地基四周布置了探地雷达法的 8 条剖面 740 点,高密度电剖面法 3 条剖面 1656 个点,浅层地震法 2 条剖面 60 点,垂向电测探 4 点,钻探孔 6 个总深度为 84.95m,取土样 11 个,岩样 5 个,做试验 16 个。

2) 现场开挖检验。工程技术组采取现场全面开挖,开挖混凝土条基 200m,占条形基础轴线长度的 70% 左右,标高测点 73 个,现场混凝土取样 4 个,钢筋取样 9 组,砖块取样 4 组,均在室内完成试验,现场原位砖砌体抗压强度试验 3 个。

3) 复核设计文件。对住宅楼工程设计文件进行了详细的调查,着重对结构体系进行全面复核,并对有些部位进行验算。同时,根据现场检测的实际强度进行复算。

4) 访谈询问。对住宅楼直接施工人员、现场管理人员、设计人员、质量监督员、抢救指挥人员和幸存者进行了详尽的询问和访谈。向有关部门了解核实是否有爆炸、地震、洪水、台风等外部影响因素。对为该住宅楼提供建材的有关厂家、沙场,特别对提供住宅楼用砖和沙的县实业公司砖瓦分场和县渣濑湾沙场进行了实地调查、取样检测。

5）清理建筑废墟。针对地圈梁是否短缺的疑问，彻底地清理了建筑废墟，共清理出 384 段地、圈梁残骸和 286 根钢筋残骸，并对每段地、圈梁和钢筋进行了测量、核对。共核实地梁残骸 86.4m，圈梁残骸 583.3m，钢筋残骸 822m，并取样检测试验。

6）查阅施工技术资料。对施工技术资料和质量保证资料的完整性、真实性逐项进行了查对。

通过上述工作，取得了大量详实可靠的第一手数据和资料。

（3）调查到的实际情况

1）环境情况。7 月 8 日至 10 日，该县县城遭受洪灾，城区三分之二被淹，水位最深处达 4.75m。该住宅楼所在的城南开发区面积约 1000m²，东、南、西 3 面环山，汇水面积较大。开发区基础设施不配套，无截洪、排水设施。该住宅楼南、北、西 3 面空旷，南北两面是低洼地，遭洪灾时，楼房底部自行车库进水，±0.000 以下基础砖墙长时间积水浸泡。此外，未发现人为破坏；未遭台风、地震；经走访幸存者，也未反映出该住宅楼有影响结构安全的装修现象。

2）地质情况。未发现岩溶、容洞、土洞、暗河，地层连续，无断错现象。该住宅楼场地土层主要由粉质黏土（厚 1 4～2.85m，$f_k=220kPa$）和沙砾混黏土（厚 4.35～21.7m，$f=180kPa$）组成，基岩为泥质条带灰岩，粉质黏土层为该场地的隔水层，全区工程地质条件较好。

3）砖和其他建材情况。该住宅楼使用的砖是该县实业公司砖瓦分厂（二都桥砖瓦厂）生产的。该厂以县技术监督检验所不定期抽查检测报告代替产品合格证。县技术监督检验所对该厂红砖的历次抽检都定为合格产品。现场踏勘，二都桥砖瓦厂生产红砖土源的土质不好，砂性重。生产过程中无质量保证体系和质量检测设备。事故现场基础部分的砖匀质性差，质量十分低劣，部分受水浸泡的砖墙破坏后呈粉末状。在残存北纵墙基础上随机抽取 20 块砖试样进行试验，自然状态下实测抗压强度平均值为 5.85MPa；比设计要求（MU10 砖抗压强度平均值≥9.81MPa）低 3.96MPa；自然状态下实测抗折强度平均值为 1.12MPa，比设计要求（MU10 砖抗折强度平均值≥2.26MPa）低 1.14MPa。从二都桥砖瓦厂成品堆中随机抽取 30 块砖样，其中 20 块进行尺寸允许偏差检测，该组砖尺寸偏差项目不合格。10 块砖样进行了抗压强度试验，该组砖匀质性差，抗压强度十分离散，高的达 21.8MPa，低的仅 5.1MPa，强度标准差达 5.2MPa，无法按规范规定的方法评定其强度等级，不符合烧结普通砖最低强度等级 MU10 砖的要求。现场原位检测砖砌体抗压强度平均值为 0.59MPa，比设计要求（MU10 砖采用 M7.5 砂浆砌筑的砖砌体抗压强度计算平均值 3.76MPa）低 3.17MPa。

砌筑砂浆的原材料中，用石灰代替石灰膏；规范要求用中、粗沙，实际采用特细沙,经抽样检测,含泥量高达 31%;混凝土粗骨料采用超规格鹅卵石,断裂的地圈梁混凝土中,大的鹅卵石直径达 13cm;抽样检测的 $\phi6.5$、$\phi8$、$\phi10$、$\phi12$、$\phi14$、$\phi22$ 六种规格的钢筋有 5 种不合格。

4）计划造价情况。县计委 1994 年 5 月 16 日批准,同意在城南开发区开发微利房两幢,建筑面积 5000m²,总投资 140 万元,每平方米为 280 元(包括投资方向调节税和城市建设配套费等税费,不含土地价),中标价 219 元/m²,合同价 255.2 元/m²(含水电)。据调查,1994 年当地住宅的合理造价每平方米在 330～360 元。

5）设计文件情况。经对原设计文件检查、复核和验算,承重砖砌体能满足规范规定的承载力要求,但由于架空层部分轴线的承重砖砌体开有门洞、窗洞,使短墙肢成为薄弱部位,经验算该薄弱部位砖砌体由荷载产生的内力,已超过规范规定的砖砌体抗压强度设计值,约为强度设计值的 67%,未超过规范规定的砖砌体抗压强度标准值。砌体结构实际承载力个别部位经验算,只达到轴向力设计值的 54%、40%。

6）施工现场管理情况。建设单位质量管理混乱,擅自多处变更设计,特别是基础部分将填土夯实地面改为架空预应力圆孔板。

施工企业偷工减料,粗制滥造,严重违反施工规范规程,使用不合格材料,用石灰替代石灰膏拌混合砂浆,混凝土、砂浆的配合比不清,搅拌时不计量,无级配报告。预应力圆孔板均未按规定封头。基础内断砖集中使用,外墙转角处留直茬。混凝土条形基础设计 350mm 高,实际只有 250mm 左右。室外散水坡一直未做。

技术资料不全,部分质量保证资料弄虚作假,钢筋质保单力学试验报告与实际使用钢材不符,混凝土、砂浆试块实验报告试块组数不足,送检试块均不是施工现场取样所做试块,而是另外弄虚作假,单独做的试块。

7）质量监督管理情况。县建设工程质量监督站对该工程的监督前期不能到位,后期严重失职,该住宅楼 1994 年 5 月 10 日开工,同年 8 月 1 日才正式办理质量监督手续。但据调查证实,质监站于 1994 年 6 月已介入该工程的质量监督,对基础工程、隐蔽工程没有进行严格监督的情况下,核定工程质量为合格等级。

8）开发区建设工程管理情况。城南开发区相对独立,权力过于集中,政府有关主管部门的管理职能难以到位,而开发区自身管理工作又十分混乱。倒塌的住宅楼无土地使用审批手续,无选址意见书,无规划用地许可证,无规划建设许可证,初步设计未经审查和审批,也没有进行施工图技术交底。

经现场踏勘,该开发区基本没有规划,也不搞市政配套,没有防洪设施。

9）事故现场情况。7 月 12 日 9 时 30 分左右,有目击者发现该住宅楼中单元略偏东部位开始破坏,数秒钟之内倒塌。经向现场抢救人员调查和实际检测,该住宅楼倒塌的形态是原地瞬间呈粉碎性解体状。

3.事故原因分析

"7.21"住宅楼倒塌事故发生在数秒之内,整幢楼成为一堆废墟,经基础全面开挖,不少砖基础内的砖和砂浆已呈粉末状,表明其结构是从基础砖墙部位粉碎性破坏开始,上部随之塌落,解体破坏。

从调查情况和资料分析得出以下结论:

1)主要原因。

①基础砖墙质量十分低劣。一是砖的质量低劣,设计要求使用 MU10 砖,购进的大部分是 MU7.5 砖,现场检测都明显低于 MU7.5,现场开挖后,基础内砖的匀质性差,质量低劣,受水浸泡的部分基础砖墙破坏后呈粉末状;二是断砖集中使用,形成通缝;三是砌筑砂浆强度极低,无粘结力,现场判定强度为 M0.4 以下。

②擅自变更设计。设计要求对基础内侧回填土逐层夯实至±0.00 标高。施工时,把实地坪改为架空板,基础内侧未回填土,形成了基础部分积水层。由于地基中有隔水层,地表水难以渗透,基础砖墙既无回填土,又无粉刷,长时间受积水直接浸泡,强度大幅度降低。另外,由于没有回填土,对于基础砖砌体的稳定性和抗冲击能力也有明显影响。

2)重要原因。7 月 8 日至 10 日,县城遭受洪灾,该住宅楼所处开发区基础设施不配套,无截洪、排水设施,造成该住宅楼±0.00 以下基础砖墙长时间积水浸泡,强度大幅降低,稳定性严重削弱。

3)次要原因。

① 该住宅楼设计架空层部分轴线的承重砖砌体有薄弱部位。

② 施工企业质量管理失控,没有施工组织设计,现场管理人员和操作工人质量意识差,技术水平低下,施工中严重违反工艺、工序标准。

③ 建设单位质量管理混乱,不按基建程序办事。现场管理人员的素质达不到管理工程建设的要求。

④ 质量监督机构工作失职,质监人员素质低,责任心差,监督工作不到位,没能发现质量隐患。

⑤ 合同价太低,违背客观规律。

4. 结论

该起事故非地质、地震、台风和人为破坏因素所致。造成这起事故的原因是多方面的,既有天灾,又有人祸,且人祸因素是主要的,是一起严重的责任事故。事故的主要原因是工程质量低劣,特别是基础砖墙质量低劣和擅自改变设计。重要原因是基础砖墙长时间受水浸泡。

5. 几点建议

通过对"7.12"住宅楼倒塌事故的调查分析,再次说明工程质量关系到人民群众的生命财产安全,关系到社会安定和经济发展。这起事故的原因是多方面的,暴露出的问题也是多方面的,有些问题值得我们高度重视。为了遏制建设工程重大事故的再次发生,提出以下 5 条建议。

（1）加强施工管理

进一步加强建筑市场和施工现场管理，规范市场行为，严格执行施工规范和规程。加强对施工及管理人员的技术培训，努力提高施工队伍的整体素质。

（2）加强建设工程质量监督

质量监督是政府行为，是强制性的措施，决不是委托行为。质量监督机构的监督职能必须强化，特别要强化隐蔽工程、结构工程的质量监督管理。有条件的工程都要实行建设监理，不具备条件的，要对影响结构安全的重要部位实行重点质量监督。

（3）加强建材管理

工业部门要对建材生产情况进行检查，把好产品质量关，严格实行生产许可证制度和出厂合格证制度。建材部门要监督施工企业严格执行建筑材料进场复验制度，防止劣质建材用于工程。要积极创造条件，逐步实行建材准用证制度。

（4）加强开发区建设工程管理

开发区建设中，曾发生数起房屋倒塌事故。开发区建设工程的质量和安全问题必须引起重视。要理顺开发区与其所在市县政府职能部门管理体制之间的关系，切实做好开发区工程建设中的各种管理工作。

（5）科学合理地确定建设工程造价

计划部门在确定工程计划造价前，要进行认真的论证和测算，并征求有关部门的意见，尽量使工程造价科学合理。

### 9.3.2　宣威市西泽乡一中教学楼垮塌事故

#### 1. 工程及事故概况

西泽乡一中教学综合楼建筑面积 1639.04m²，是一幢坐西向东的 4 层砖混结构，东面为外廊式走道（见图 9.9）。①～②轴是普通业务用房，开间 3.6m，进深 8m；②～⑥轴一至四层分别是 8m×12m 的阶梯教室、阅览室、会议室和团队活动室；⑥～⑦轴是楼梯间，⑦～⑭轴的一、二层是办公室，三、四层是普通教室。底层层高 3.90m，二层以上均为 3.60m，基础为毛石基础，基础及各楼层均设有钢筋混凝土圈梁，楼面均为现浇钢筋混凝土结构。

该综合楼总投资 62.2 万元，除省、地、市三级教育部门补助 28 万元以外，其余资金由西泽乡政府向乡属干部、职工和农民集资。工程建设由一中负责，宣威市群力建筑公司施工。使用的图纸是教育局复印 1988 年 4 月原宣威市教育局一名职工设计的一份草图。工程没有立项，未进行招标，无施工许可证，未经有关部门审批，也没有委托质量监督，仅有甲、乙双方草签的一份协议和一份没经有关部门审核签证的施工合同。甲、乙双方商定工程包工包料，按每平方米 360 元包干。施工期间所有的建筑材料和半成品均未按规定送有关部门检验。

1996 年 5 月 15 日 13 时 30 分左右，正在进行四层屋面混凝土的浇灌（由⑥轴

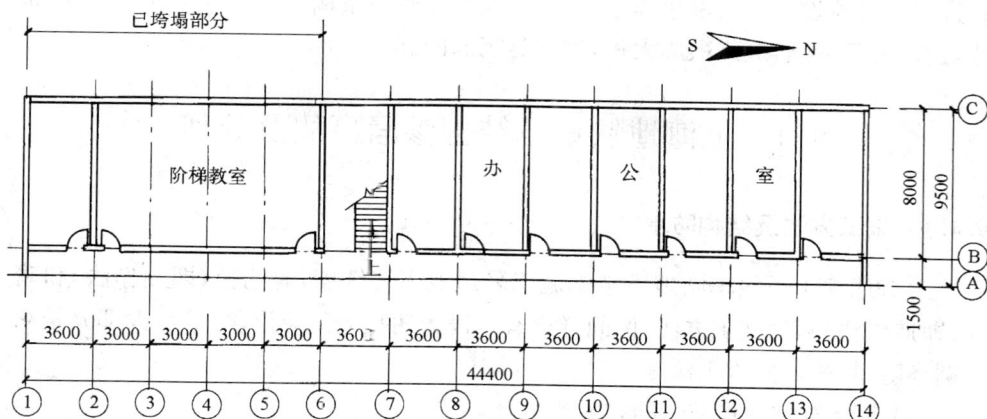

图 9.9　底层平面示意图

向①轴方向进行),当浇至②轴、③轴中间时,在无风无雨的情况下,①~⑥轴突然全部垮塌,一塌到底,致使现场施工人员死亡 1 人、重伤 3 人、轻伤 5 人,直接经济损失 20 多万元。

2.垮塌原因

西泽乡一中综合楼垮塌的原因是多方面的。

(1) 设计错误

该工程使用的图纸不是持证单位设计的,图纸不完整、不规范,说明不清楚,没有经过复核和审定。由于县教育局签字审定使用,使错误的设计得不到及时纠正。结构设计中,③~⑤轴线间一层⑧轴支承大梁的砖壁柱强度远远达不到要求,是导致建筑物垮塌的主要原因。经过对该壁柱截面强度验算,原设计底层砖壁柱的设计截面强度安全系数 $K=1.15$,远远达不到规范要求 $K$ 不小于 2.3 的要求。

(2) 施工质量失控

施工中使用达不到要求的建筑材料和半成品,经查,设计要求使用 MU7.5 的砖,而实际上使用的砖平均强度等级为 3.67MPa;设计要求砌筑砂浆强度为 M5,而实际使用的砂浆强度等级为 1.89MPa。按以上实际情况复核,壁柱的实际截面强度远低于规范要求,致使施工期间造成垮塌事故。

(3) 不按基建程序办事,违反建筑市场管理条例

该工程没有立项,没有报建,逃避行业管理。建设单位凭主观意志使用有严重结构设计错误的无证设计图纸,没有委托质量监督,施工中没有对建筑材料、半成品进行有效的控制和检验,工程质量完全处于失控状态。

3.结论

西泽乡一中综合楼施工期间垮塌的直接原因是施工中使用了不合格的建筑材料和半成品,粗制滥造,致使施工中因砖壁柱的破坏造成①~⑥轴一塌到底。设计图纸中的错误也是严重的,只是施工中垮塌掩盖了设计错误,而发生事故的根子是

在进行项目建设上违反基建程序,违反建筑市场管理条例。该工程未立项,没有报建,逃避监督管理,最终酿成大祸,教训是沉痛的。

# 9.4　上海地铁地下结构渗漏事故及处理

## 9.4.1　施工方法及结构防水

上海地铁 1 号线车站地下结构施工采用地下连续墙,有明挖(即顺作法)和暗挖(即逆作法)两种施工方法。区间隧道有一段为明挖施工矩形段,其余大部分是双管圆形隧道,采用盾构工法施工。

(1)地下车站结构防水的技术要求

车站采用防水混凝土提高结构自身防水能力,顶板、底板采用外贴防水层,地下连续墙采用防水接头,以保证渗水量每昼夜不超过 0.1L/$m^2$,站厅部分的侧墙内侧另做分离式装饰墙,两层墙之间留有墙面渗漏水的导水沟槽。

车站沿纵向全长范围内不设沉降缝,以满足地铁列车轨道的铺设要求。根据施工情况设置施工缝,顶板设伸缩缝,另采用在底板下设置倒滤层的措施,解决建筑物的抗浮问题,同时也是车站底板的防水措施。

(2)顶板外贴防水层工程量

11 个地下车站的顶板防水层施工面积为 6.2 万多 $m^2$,各车站的结构尺寸、顶板面积见表 9.1 所列。

表 9.1　上海地铁 1 号线地下车站结构尺寸

| 序号 | 站名 | 外包尺寸<br>(长×宽×高)/m×m×m | 站台宽度/m | 顶板面积/$m^2$ |
|---|---|---|---|---|
| 1 | 新龙华 | | | |
| 2 | 漕宝路 | 226.0×17.3×12.2 | 6.2~7.6 | 3909.8 |
| 3 | 上海体育馆 | 232.2×22.0×12.4 | 12.0 | 5108.4 |
| 4 | 徐家汇 | 605.9×19.4×12.4 | 14.0 | 11754.46 |
| 5 | 衡山路 | 233.0×19.7×12.3 | 8.0 | 4590.1 |
| 6 | 常熟路 | 230.0×19.6×11.6 | 10.0 | 4508.0 |
| 7 | 陕西南路 | 218.6×21.6×11.4 | 12.0 | 4765.48 |
| 8 | 黄陂南路 | 222.0×20.7×12.0 | 11.5 | 4595.40 |
| 9 | 人民广场 | 368.9×23.2×12.0 | 14.0 | 8558.48 |
| 10 | 新闸路 | 226.0×21.2×13.0 | 11.5 | 4791.20 |
| 11 | 汉中路 | 211.0×19.7×12.0 | 10.0 | 4156.70 |
| 12 | 上海火车站 | 227.8×23.0×11.8 | 14.0 | 5444.42 |

（3）车站顶板防水层材料

上海地铁系利用外资建设的基础设施项目，因资金来源的原因，确定使用美国贷款购置了美国基利士公司（W.R.Grace）的必坚定（BITUTHENE）产品，它是改性沥青和聚乙烯薄膜复合而成的一种坚韧、柔软、具有自黏性能的卷材，冷粘贴施工，作业方便。

大多数车站顶板采用必坚定产品，在若干个车站、车站出入口、矩形区间隧道顶板、主变电所等地下设施结构顶板，还采用了数种国产防水卷材和涂膜，按其使用多少依次为：APP改性沥青油毡（沈阳蓝天新型防水材料公司）、氯化聚乙烯橡胶共塑卷材（上海建筑防水集团公司）、三元乙丙卷材（上海橡胶制品二厂）、焦油聚胺酯涂膜（上海北蔡防水材料厂）等。

（4）质构法区间隧道衬砌接缝防水

上海地铁1号线采用了7台从法国FCB公司引进的土压平衡盾构，用于施工单线长度18.8km的圆形区间隧道。钢筋混凝土预制管片隧道衬砌，外径6.2m，内径5.5m，由6片管材组成。本工程采用了甲、乙、丙3种形式的管片，甲型和丙型管片的外边缘防水凹槽较深，配合使用氯丁橡胶与水膨胀橡胶相复合的齿槽型防水密封垫；乙型管片的防水凹槽较浅，配合使用纯水膨胀橡胶防水密封垫。每公里隧道防水密封垫的长度为 $5 \times 10^4$ m，全长计为 $9.4 \times 10^5$ m，净重600多t。其中水膨胀橡胶近半数。

结构防水设计规定隧道允许渗漏量每昼夜不得大于 $0.1L/m^2$；同时对任何 $100m^2$ 隧道内表面积的渗漏水量每昼夜不得超过20L。衬砌接缝不允许漏泥沙和呈现滴漏，拱底块在嵌缝作业后不允许有渗水。

钢筋混凝土管片采用高精度钢模成型（宽度允许误差±0.4mm），混凝土为C50级（配合比中需考虑掺加适量的磨细粉煤灰，水泥用量不得大于 $450kg/m^3$），抗渗等级S8；盾构穿过吴淞江底和粉沙地层时，管片外弧面加涂防水涂层；管片环接缝设置两道防线，即防水密封垫和内沿嵌缝槽；此外，衬砌背后注浆，也为重要防水措施。总体上来说，圆形隧道可认为是3道设防。

设计还规定盾构起始井和到达井的前后20环，要做整环嵌缝；其他环均嵌填拱底环2条纵缝和底部两侧各45°范围的环缝。经过工程实践，认为水膨性腻子加封氯丁胶乳水泥方案较好。

## 9.4.2 地下结构渗漏水现状

上海地铁1号线土建结构工程于1994年春全部完成，其中徐家汇以南3个地下车站和三段区间隧道已经投入运营。经过检查分析，防水技术基本上是成功的，其渗漏水量符合设计标准。上海地铁的结构防水标准与新加坡地铁一致。我们确定允许每昼夜渗漏水量小于 $0.1L/m^2$，是有根据的（1979～1982年建成的上海地铁试验隧道的实际渗漏水量实测值每昼夜为 $0.02～0.12L/m^2$）。20世纪80年代，日本有关地下铁道隧道的渗漏水资料记载，业主曾对 5 个企业施工的隧道进行了调查，隧道总长度为 132km，其中盾构施工段总长 46km，占 35%，平均每小时渗漏水量为 6.9m³/km，即每昼夜为 0.63L/m²。这比上海地铁的目前水平大了 6 倍。这一事实已为国内外隧道专家确认。

由于设计、施工以及管片的制作、养护、吊运、安装和外界诸多因素的影响，造成地下结构渗漏水在所难免，只是程度上的区别和部位的不同，有的部位，尽管滴漏超过标准，但对设备运营不构成威胁；而有的部位，尽管没有形成滴漏，只是渗水，但对设备的运行可能产生不良影响。如区间隧道下行线上海体育馆至漕宝路之间菜地井环顶滴漏，造成回流线短路、冒火；徐家汇车站 3 号环控房风井井道内积水深达 40～50cm，顶部 5 道变形缝滴漏形成雨幕，均对行车构成威胁；徐家汇站降压变电站顶部滴水和上海主变电站四周墙体渗水，已危及到供电设备的正常运行；徐家汇站 8 号出入口结构缝出现涌水，影响到乘客的通行，部分区间隧道内渗水观测状况详见表 9.2 所示。

**表 9.2　区间隧道渗漏水及衬砌裂损情况**

| 区间名称 | 渗水点数目 | 滴漏点数目 | 衬砌明显裂损漏水数目 |
|---|---|---|---|
| 入洞口—漕宝路（上行） | 22 | 0 | 3 |
| 入洞口—漕宝路（下行） | 31 | 9 | 5 |
| 漕宝路—151 井（上行） | 20 | 4 | 3 |
| 151 井—上体馆（上行） | 17 | 20 | 0 |
| 上体馆—徐家汇（上行） | 54 | 4 | 1 |
| 漕宝路—菜地井（下行） | 56 | 8 | 0 |
| 菜地井—上体馆 | 14 | 3 | 0 |
| 上体馆—徐家汇（下行） | 10 | 2 | 0 |
| 合　计 | 224 | 50 | 12 |

注：观测时间为 1994 年 10 月 10～20 日，观测气温为 15～25℃，隧道内温度为 15～17℃。

### 9.4.3　渗漏水原因分析

上海为饱和软黏土地层，地下水位较高，含水量高达 40% 以上，且地铁的所有地下建筑物均处于 −20m 以内的浅地层。有人形容"在上海修地铁犹如在豆腐里打洞"。经过观测、调查及对几处渗漏水的处理，并查找了有关资料，认为工程渗漏有以下 5 个原因。

1）在工程设计时，对地质状况缺乏足够的认识，在防水设计的指导思想上和技术准备上缺乏足够的重视和明确的工艺技术要求，特别是对车站的设计，由于考虑到满足线路安全的要求，不设沉降缝，而忽视了对施工缝、变形缝的设置技术以及特殊接头处的处理。

2）施工因素。车站地下结构施工采用地下连续墙，有明挖和暗挖两种施工方法。显然,明挖法比暗挖施工情况好,8号洞口逆做法施工,回填土不密实,墙间沟槽不通畅,施工缝变形,再加上外界因素的影响,导致多处渗漏。

3) 管片自身的质量和抗渗能力。在上海体育馆至漕宝路上行线区间隧道内较窄,管片呈潮湿状态,当天气闷热时洞内形成薄雾。

4) 防水密封垫材,位置偏移,材质变异,以及管片勾缝不均匀,不标准,导致防水性能降低。

5) 由于地下建筑物基础尚未完全稳定,加上外界动载的影响,局部出现不均匀沉降,可能引起渗漏。如3号环控机房的结构缝,便是明显的一例。

### 9.4.4 渗漏水的治理

渗漏水的治理原则是:注意调查,积累资料,查清原因,制定方案,精心施工,动态管理。具体作法是:以确保安全行车和供电设备安全为主,点线结合,突击整治。在整治过程中,坚持表里兼治、引堵结合。在地下结构逐步趋于稳定的过程中(可能经历几年),加强观测,积累经验,摸索规律,以作出系统的治理措施。

(1) 堵漏施工的基本作法

对隧道内的渗漏,属于滴漏成线的,采取堵引结合的方法,即用双快水泥加引流管。把上部水引到侧墙处。对于渗水,查不到漏点的,又长期处于潮湿状态的管片,将采用"塞帕斯"(XYPEX)材料(加拿大进口)喷刷处理;对于施工遗漏的嵌缝项目,将按技术要求逐条补救。对于设备用房和站厅、站台层渗漏水的处理,首先是排除水源,凡有积水,可能寻致渗漏水的地方,把水抽干、排净,如各站厅出入口的排水明沟的清理疏通;其次,将有可能成为新水源的墙壁洞口、落水管、风井口、风管安装孔、预留孔等堵塞隔绝。对于施工缝及由结构自身质量所造成的渗漏,按防水施工要求进行逐条修补。对于各站入口处的沉降过程中所发生的渗漏,逐步研究解决方法,予以治理。

(2) 混凝土裂缝处理

对于出现裂缝并开始渗水的混凝土,通常采用凿缝注浆的方法。具体作法为:①沿缝剔槽,缝宽8~10cm,深10cm,凿好后用压缩空气吹两遍,用钢丝刷刷两遍,以手摸上去没有浮灰为标准;②封缝埋管,用泡沫条做引水条,放于槽底,以双快水泥将注浆管埋好,注浆管管径以及埋管距离根据渗水量决定;③用阳离子氯丁乳胶、525号普通硅酸盐水泥和中粗沙配成的聚合物砂浆做防水层,再刷一遍氯丁胶净浆;④注浆封管;⑤面层刷环氧涂料。

(3) 顶板裂缝处理

车站的顶板和楼板结构不设沉降缝,其有害裂缝的产生导致了地下水的渗入,影响了地铁车站的使用功能。

楼板裂缝始终处于蠕动状态,拟作柔性处理。其修复工程如下:开槽凿缝,深度和宽度以能堵住渗漏水为准;用电动钢丝刷将新老混凝土表面打光,用防水橡胶覆盖整个渗漏区;再用聚合物纤维层和聚合物砂浆层,覆盖防水橡胶层。

（4）地下连续墙接缝

地下连续墙接缝处的混凝土,尤其是内圆接头处的混凝土十分疏松,在修复过程中采取的第一步就是尽可能将疏松的外圆接头混凝土全部凿除,直至新鲜坚硬的混凝土表面裸露,其深度至少为 20cm,宽度在 30～50cm 之间。鉴于接缝处混凝土常混杂泥沙,凿除后的清洗工作十分重要,质检的标准是混凝土表面不应有泥沙。

接下的工序分别是用堵漏剂堵住接缝渗漏,严重渗漏的先用水溶性聚胺酯注浆后,再用微膨胀砂浆对整个槽面进行防水,然后用聚合物涂层封堵微膨胀砂浆表面,交替刷涂防水橡胶和微膨胀砂浆直到与整个地下连续墙表面平齐。

（5）地下连续墙墙面

开挖后的地下连续墙表面凹凸不平,混杂膨润土的疏松混凝土层至少为 20mm,用直接堵漏的方法所造成的结果是东堵西漏,上封下漏。惟一能采用的方法是用防水砂浆进行全面堵水防水。人们普遍担心水泥浆与如此疏松的地下连续墙表面能否接合好,一旦整幅墙面被砂浆层包裹后,是否会整体起壳剥落。为此,在施工前进行了实验,经过一个月龄期的砂浆层,用榔头轻击,无空洞声响,用榔头锤击,不易破碎。如要去除,必须用钢钎猛击才能凿除。经仔细分析发现,清除浮泥及疏松的地下连续墙表面虽然坚硬程度仍不及普通混凝土,但是沙石裸露极其粗糙,这是普通混凝土虽经凿毛处理也无法比拟的。水泥浆含量极高的微膨胀砂浆,经人工用力抹面,可以嵌入裸露的沙石的孔隙,再加上砂浆与沙石表面很高的粘结力,完全可以达到只要地下连续墙混凝土表面沙石不与内部混凝土脱落,防水砂浆层也就不会与墙体分离的程度。

墙面修复程序是:清除泡沫塑料以及残留钢筋;用水清洗墙面,用钢丝刷、尼龙刷多次反复刷洗表面直至沙石裸露,人工清除表面疏松的混凝土,然后,开槽扩缝寻找渗漏点并用堵漏剂封堵渗漏点,经观察无明显的流动水源时,用微膨胀砂浆进行抹面,一次抹面后立即观察,如果发现渗漏,以后再进行二次抹面,直至完成,保湿养护砂浆层至少 2 周,最后涂刷聚合物涂层。

# 9.5　其 他 事 故

## 9.5.1　某电信楼外脚手架倒塌事故

某电信楼曾发生一起钢管扣件外脚手架倒塌事故。脚手架以中部的一个上料平台为中心,左右各 10.0m,全高倒塌约 700m²,造成死亡 2 人,重伤 4 人,轻伤 3人,直接经济损失 10 余万元。

1. 工程概况

该楼平面为 L 形,全长 60.6m,全宽 24.0m,主楼宽 12.0m,钢筋混凝土框架结构,主楼 7 层(自然地面上高 35.6m),局部 8 层(自然地面上高 38.7m,其上安装 22.0m 高抛物线形微波铁塔),辅楼 5 层(自然地面上高 21.7m)。

外脚手架采用 $\phi 48mm \times 3.5mm$ 钢管扣件式,立杆纵向间距 2.0m,大横杆横向间距 1.2m,小横杆纵向间距 1.0m,基本步架高 1.5m,个别步架高 1.6m、1.8m,内排立杆距框架柱 0.4m,在主楼背立面的脚手架纵向中间部位 +4.8m(自然地面上 5.4m)、+14.1m(自然地面上 14.7m)、+23.1m(自然地面上 23.7m)分别设有悬挑平台(交错布置),挑出 1.5m、宽 2.0m,脚手架与框架柱间设有 $\phi 6$ 钢筋柔性拉接。

2. 倒塌原因分析

1) 按建筑施工安全有关规定,高层建筑脚手架必须经过设计和计算,而该工程脚手架未经严密计算,事后经验算,悬挑平台荷载即使按 2.7kN/m² 校核,安全系数仅为 1.35,比允许安全系数 3.0 相差很多。

2) 与建筑物连接设置不合理,虽然也按有关规定设有连接点,但只是柔性拉接,脚手架与框架柱之间无支撑(见图 9.10),只能阻止脚手架向外变形,而不能阻止向内变形;同时悬挑平台斜撑直接支撑在脚手架立杆上,引起了脚手架侧向水平推力。结果脚手架因向内变形使立杆侧向挠度过大,承载能力急剧降低而失稳,这是造成事故的重要原因。

3) 管理不善。按原施工组织设计,主要材料应由提升井字架提升,悬挑平台只用于少量的辅助提升,而施工过程中为了方便和抢工期,大部分材料均利用塔吊和悬挑平台提升,塔吊又无专人指挥,卸料平台也无专人管理。日积月累,平台上余积了很多固结的砂浆和混凝土,3 个悬挑平台上堆积了很多建筑材料而未及时运走,造成悬挑平台上荷载过大,脚手架严重超载而倒塌。

3. 防治措施

1) 高层建筑脚手架除必须遵守安全技术操作规程外,还必须进行周密的设计计算,保证安全系数≥3。

2) 脚手架与建筑物间必须有可靠的连接,连接点间距要符合有关规程要求,并应拉接在脚手架的节点处,结构要合理,当脚手架高度超过有关规定,连接应采用刚性拉接。

3) 悬挑平台要进行设计计算,切忌斜撑支撑在脚手架上,应支撑在建筑物能够抵抗侧向力和竖向力的结构上,水平横杆与建筑物要有可靠地连接。使用期间应严格

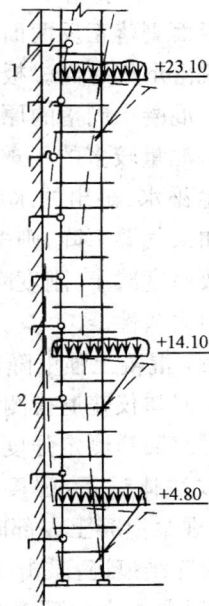

图 9.10 倒塌趋势示意图
1. $\phi 6$ 钢筋被拉断;
2. 框架柱

管理,堆积物要随时运走和清理,严禁超载。

4)加强施工机械管理,塔吊由专人指挥,严禁碰挂脚手架。建筑材料要严格按施工组织设计的提升点提升,夏季做好防雷,雨雪过后应及时检查和维护,合格后方能使用。

### 9.5.2 钢筋混凝土冻害事故处理

蚌埠市某综合加工楼在结构施工期间,由于缺乏冬季施工措施,致使屋面结构大面积严重冻损,后经加固处理,取得了较好的效果。

#### 1. 工程概况

该工程 1987 年开始施工,工程总面积 3316m²,全部为现浇钢筋混凝土梁、板、柱框架结构。1988 年 1 月浇筑屋面混凝土,采用矿渣硅酸盐水泥,骨料为河沙、卵石,施工使用钢模板。浇筑混凝土当日气温为 5℃左右,下午因大风气温降至 −5℃以下。操作中途振捣器损坏,仍继续施工,完工后未采取保温措施养护。在低温情况下,又提前拆模,拆模时即发现板反面呈麻面状,但未引起注意。春节后检查,发现板面剥落,出现很多裂缝。

#### 2. 冻害分析

经检查,混凝土有以下冻害现象。

(1) 板面剥落

板面剥落正反两面都存在。板反面覆盖着一层白色的钙化物,用手擦时表层呈粉状脱落形成麻面。板正面疏松,用木板刮时表层脱落,露出的石子稍加晃动即可脱离。混凝土剥落的原因可能是混凝土硬化初期,由于振捣和抹平,在板表面形成了含水泥量较多的不透水致密层;另一方面固体颗粒下沉挤密和混凝土硬化收缩后产生泌水,泌出的水由于温度低不易蒸发而积存在表层的下边,形成局部多孔体。如果气温下降,则多孔体部分的自由水结冰冻胀,从而使板面剥落。剥落使板的有效厚度减小,刚度降低。其次板面密实性差,易渗漏水造成板内钢筋锈蚀,影响结构的耐久性。

(2) 混凝土强度降低

用回弹仪普遍检测,混凝土强度等级大都在 C10～C13 之间,个别较差部位低于 C6。对回弹测定强度等级低于 C8 部位凿取块体试压,强度等级低于 C6,其他部位凿取块体试压,强度等级约为 C10,表明混凝土强度普遍低于设计强度等级C18。观察混凝土内部时发现,在强度等级比较低的部位,混凝土骨料砾石表面有明显的冻结痕迹,敲击即碎,且与钢筋几乎没有粘结力。其他部位虽未见明显结冰痕迹,但混凝土内部多孔隙,说明混凝土水灰比过大。另外振捣也达不到密实的要求。

混凝土冻害的原因,是混凝土在硬化过程中,水和水泥矿物的化学反应随水的活性下降而减弱,但水的活性又随温度的变化而改变,水结冰,水化反应停止。在低温条件下浇筑混凝土,由于混凝土在硬化前冻结,水化反应很弱,同时新生成的水化物强度很低,不足以抵抗冻胀力,因而使混凝土内部结构遭到破坏。随温度的回升,混凝土中水化反应又恢复,结构强度不断提高,抗冻能力也增强,但终因混凝土初始阶段强度已遭损伤而使强度下降,加之混凝土水灰比过大,搅拌不匀,振捣不实,混凝土中孔隙和自由水增加,经反复冻融,导致内部结构不断损伤,混凝土抗压强度和与钢筋的粘结强度也大幅降低,混凝土变得疏松易碎。

（3）裂缝情况

由于收缩和冻胀,板面不规则的网状龟裂较多(见图 9.11)。裂缝的宽度为0.1～0.5mm。贯通的裂缝处,板反面覆盖一层白色的钙化物。板面混凝土硬化收缩和温度变化引起的收缩,受到楼面结构梁、柱和板相互约束产生应力,当混凝土抗拉强度低于收缩应力时,便产生了裂缝。由于水沿贯通性的裂缝渗流,混凝土中的矿物盐溶解于水中并在板反面凝固,从而沿缝形成白色的矿物盐。

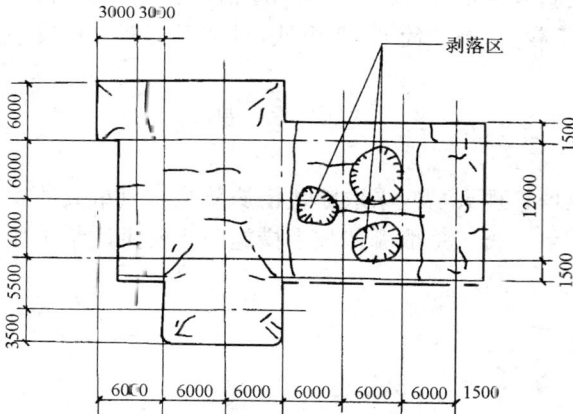

图 9.11　裂缝分布和冻害严重部位

梁上裂缝(见图 9.12)宽度 0.1～0.2mm,可能是因混凝土强度不高时拆模,在自重作用下,受拆模时冲击振动引起的冲剪和剪弯荷载而致。在柱端约500mm 范围内有宽约 0.2～0.4mm 的裂缝。

3. 冻害事故处理

根据现场冻害事故的检查分析,可采用的处理方案有两种:一是全部凿除屋面混凝土重新浇筑,二是对屋面板增加叠合层加固,梁用增大截面法予以加固。经分析论证,确定采用第二种方案进行处理,但梁改用下撑式预应力筋法进行加固。具体作法如下。

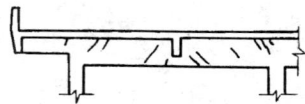

梁上裂缝

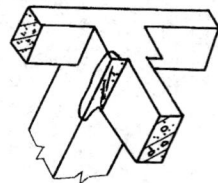

柱端头裂缝

图 9.12　梁、柱裂缝

（1）梁的补强加固

由于混凝土内部损伤，强度下降，加之板面处理又要增加屋面荷重，所以梁的承载力不足，需补强加固。经计算选用 2 ⚪ 20 下撑式预应力钢筋。加固后梁的抗弯和抗剪强度均能满足要求。

（2）板的加固

凡强度等级低于 C8 的混凝土板全部凿除，其余板面一律凿毛并清除松散剥落的面层，用清水冲洗干净，刷两遍素水泥浆。板正面现浇一层 40mm 厚、强度等级为 C20 的细石混凝土，内配 $\phi4@150$ 钢丝网，边浇捣边抹平，养护不少于 7 昼夜。板反面用 20mm 厚 1：2 水泥砂浆（掺加 5% 水泥质量的防水剂）分两遍压光抹平。采用上述作法可提高屋面板的整体刚度，增加板的防水密实性，保护钢筋不被锈蚀。

该工程冻害屋面结构经处理后，投入使用 3a 后，检查未发现结构有任何异常，跟踪检查表明，加固效果良好，说明板的加固措施合理。梁用预应力法补强加固，提高了冻损后梁的承载力，施工简便，费用低，对施工工期影响较小。

## 思 考 题

9.1　施工现场管理人员应采取哪些措施防止质量事故的发生？

9.2　施工技术人员应采取哪些技术措施防止发生质量事故？

# 参 考 文 献

东南大学.1995.砌体结构.北京:中国建筑工业出版社

范锡盛,曹薇等.1999.建筑物改造和维修加固新技术.北京:中国建材工业出版社

《建设工程重大质量事故警示录》编委会.1998.建设工程重大质量事故警示录.北京:中国建筑工业出版社

江见鲸,王元清等.2003.建筑工程事故分析与处理.北京:中国建筑工业出版社

天津大学,同济大学等.1994.钢筋混凝土结构.北京:中国建筑工业出版社

万墨林,韩继云等.1995.混凝土结构加固新技术.北京:中国建筑工业出版社

王济川.1996.房屋常见事故分析、鉴定与处理.长沙:湖南科学技术出版社

王赫.1999.建筑工程质量事故分析.北京:中国建筑工业出版社

王赫.1994.建设工程事故处理手册.北京:中国建筑工业出版社

卫龙武,吕志涛等.1993.建筑物评信、加固与改造.南京:江苏科学技术出版社

张聚山,王俊林.1995.房屋增层改造加固工程.郑州:黄河水利出版社

张富春,林志伸等.1992.建筑物的鉴定、加固与改造.北京:中国建筑工业出版社

张有才.1997.建筑物的检测、鉴定、加固与改造.北京:冶金工业出版社